建筑装饰项目管理实战宝典

主　编：张绪海
副主编：江　程　宋　辉
主　审：晏绪飞

中国建筑工业出版社

图书在版编目（CIP）数据

建筑装饰项目管理实战宝典 / 张绪海主编 .—北京：中国建筑工业出版社，2020.10

ISBN 978-7-112-25587-0

Ⅰ.①建… Ⅱ.①张… Ⅲ.①建筑装饰—建筑工程—项目管理 Ⅳ.①TU767

中国版本图书馆CIP数据核字（2020）第227256号

本书是在丰富的装饰项目管理实践探索的基础上，对先进企业项目管理的经验和教训的总结，比较系统地介绍了建筑装饰项目管理的管理运作路径和具体工作方法，基本囊括建筑装饰项目管理的全部内涵，立足项目履约，注重方法融合，指出管理难点和管理重点。书中结合实用理论，配有大量来自一线的实际案例，突出实战应用，并提供模块化思路和模板化文档，便于实际操作使用。适合于指导建筑装饰企业建立基本的项目管理制度，也适合于各级项目人员学习项目管理的基本技能，同时也适合于建筑类高校学生学习和掌握建筑装饰项目管理的实践成果。

责任编辑：张 磊 曾 威
责任校对：张惠雯

建筑装饰项目管理实战宝典
主编：张绪海
副主编：江程 宋辉
主审：晏绪飞
*
中国建筑工业出版社出版、发行（北京海淀三里河路9号）
各地新华书店、建筑书店经销
北京点击世代文化传媒有限公司制版
北京同文印刷有限责任公司印刷
*
开本：787 毫米 ×1092 毫米 1/16 印张：20¾ 字数：426 千字
2020 年 12 月第一版 2020 年 12 月第一次印刷
定价：68.00 元
ISBN 978-7-112-25587-0
（36400）

序

改革开放以来，我国经济快速增长，随着城市化进程不断加快和房地产的迅速发展，建筑业也逐渐发展壮大，成为我国经济社会的重要产业。建筑装饰行业，沐浴改革春风而生，随着我国建筑业的发展而由弱变强，已成为建筑业的支柱产业之一，在我国国民经济和社会生活中起着重要作用。

近年来，伴随着我国城镇化推进加速，房地产持续稳定增长，我国建筑装饰行业也显现巨大的发展潜能。2018、2019 年市场规模均突破 4 万亿并保持稳定增长态势。市场虽大，但由于准入门槛低，市场集中度仍然不高。目前，全国建筑装饰企业约 12.5 万家，从业人数超过 2000 万人。建筑装饰行业已有三十多年的发展历程，行业内很多优秀的企业从最初的装修队发展到如今的上市公司，在行业发展的过程中，也催生了不同的项目管理模式，形成了不同的企业管理理念。

中国建筑装饰协会自 1984 年成立以来，就一直致力于促进建筑装饰行业与时俱进、持续健康发展，一直推动建筑装饰企业转型升级、做强做优。建筑装饰作为劳动密集型行业，长期以来管理方式相对粗放，尤其对项目履约管理重视不够。在我国经济进入新常态的大背景下，建筑装饰行业粗放式、爆发式增长已无可能，精品工程、精细管理已成为建筑装饰行业的发展共识，拓展全产业链条、推行项目标准化管理已成为提升企业核心竞争力的必然选择。“明者因时而变，知者随事而制”。随着我国建筑业的转型升级和绿色、智能建筑的推广，作为同城市发展和人民生活息息相关的建筑装饰行业也必然因时而变，借势发展。重视项目履约、拓展产业链条、打造精品工程、赢得客户信任必将成为建筑装饰企业高质量发展的必然选择。行业协会也将在前期研究的基础上，同行业领先企业一起，加强项目履约管理方面的研究，不断加大项目标准化、精细化、信息化方面的探索力度，引领和推动行业改革发展。

“有项目则生，无项目则死；现场出市场，履约是王道”。项目虽是建筑装饰企业最小的组织单元，却是企业赖以生存的基石。一个优秀的建筑装饰企业，它的主要管理活动必定离不开项目履约。随着我国经济社会的不断进步和人民生活水平的持续提高，人们对建筑装饰的设计理念、工程品质、绿色环保等要求越来越高，新材料、新工艺、新技术应用越来越广。同时，信息化时代，建筑装饰利润空间越来越窄，这必然对项目履约管理带来新的思考和更加严峻的挑战。

本书牵头编撰人张绪海同志是建筑装饰行业发展的历史见证者和实际参与者。他通过对建筑装饰行业的实践和探索，对项目管理的总结和感悟，以及对建筑装饰行业领先企业的调研观察和对标分析，组织企业的相关同志对建筑装饰项目管理进行了一个系统的梳理和思考。他们对建筑装饰项目全生命周期管理的所见所闻、所思所悟，是在无数次项目管理经验教训和数十年企业管理亲身实践所形成的。正所谓“它山之石可以攻玉”，希望广大读者尤其是从事建筑装饰行业的读者阅读本书时，能够有所启发，有所借鉴。同时，“天下物无完美”，也希望广大读者对书中的理论观点和实操内容进行批评指正，以更好地推动建筑装饰项目管理不断优化升级。

目前，社会上虽有许多项目管理实务方面的书籍，但多数偏重于理论，或者聚焦于项目管理的某些重要环节，比如施工组织管理、合同管理等。对于既能站在项目全生命周期管理的角度，又能体现管理思想和管理体系的书籍不多。本书的编撰就是为了对项目全生命周期管理进行“麻雀式解剖”，将“履约是大局”作为项目管理核心思想，按照履约准备、全面履约、履约实现三大阶段进行谋篇布局。对项目全周期管理进行系统梳理，对项目管理重点难点进行精准剖析，既有理论阐述，也有实践总结，为建筑装饰项目管理传业授道、答疑解惑。

建筑装饰行业是朝阳产业，管理创新永远在路上。希望本书的读者们能够在探索建筑装饰项目管理上接力赛跑，推动行业管理再进步、再升级。

刘晓一

中国建筑装饰协会会长

2020 年 9 月 8 日

前　言

作为中国建筑行业的重要组成部分，建筑装饰行业自改革开放以来，规模增长巨大、工艺不断提高、管理持续改进，见证了中国基本建设的高速发展和人民生活水平的稳步提升。2018年，中国建筑装饰行业完成工程总产值4.22万亿元，其中公共建筑装饰2.19万亿元，住宅装修装饰2.03万亿元，为建材、家电等相关行业发展提供了基础与动力，成为推动我国经济发展和解决民生就业的重要支柱。

近年来，绿色装饰成为响应国家政策要求、促进社会发展、推动行业进步的新方向，“工厂化生产、装配式施工、信息化管理”实施的范围与程度已经深深改变了行业特征和施工模式，BIM、智慧工地、3D打印等新兴技术更是为行业发展注入了新的动力。行业的蓬勃发展，极大吸引了资本市场垂青，截至2018年年底，全行业登陆资本市场的企业达到147家，其中在国内外证券交易所上市的企业达到37家。可以说，装饰行业是建筑行业内发展最活跃、最吸引注意力的璀璨明珠。

我国建筑装饰项目管理发源于鲁布革水电站施工管理经验及在此基础上建筑施工行业企业项目法施工的实践探索。随着项目管理思想的导入、行业企业的发展，建筑装饰项目管理综合装饰业设计、材料、技术等因素，不断发展成为具有自身特点的管理体系。二十多年来，在中国建筑装饰企业蓬勃发展的大潮中，众多领军企业纷纷总结并推行符合自身管理追求与现实基础的项目管理标准化体系，为装饰项目的完美履约、效益创造、质量保证、安全保障、人才培养等提供了可资借鉴的管理样本，体现出各自特点和管理竞争力，可谓尽显其能，精彩纷呈。当前，建筑装饰行业发展日新月异，装饰项目管理也呈现出诸多新特点和新要求，比如，管理行为的标准化、管理手段的信息化、管理组织的扁平化、管理要求的精细化等，使得项目管理的深度、广度与精度要求较之过去出现了巨大飞跃。因此，各家装饰企业的项目管理活动，都面临着再梳理、再优化、再提升的变革要求，这是时代发展的必然趋势。

全国约有12.5万家装饰企业，各家项目管理制度相差甚远。无论是从满足现场管理需求的角度，还是从促进行业水平提升的高度，建筑装饰项目管理都值得我们认真探讨和深入研究。从理论层面而言，需要充分吸收包括PMBOK体系在内的先进项目管理的思想营养，在土木工程项目管理体系基础上，结合装饰施工特点，形成一整套能够指导大多数装饰企业实施项目管理的模式与标准，促进整个行业提升管理水平。从实践层面而言，需要认真总结先进企业和优秀项目的好经验、好做法，结合不同企业的实际特点，区分一般原则与特殊情况，形成具有普遍指导意义的先进模式，使装饰项目管理走到新的发展阶段，提高装饰行业的工业化水平。这是广大建筑装饰从业者，特别是装饰项目管理人员所肩负的历史责任。

本书的撰写，正是基于对建筑装饰行业发展的趋势分析、对装饰项目管理的实践探索、对先进企业项目管理的经验总结，试图为广大读者提供具有理论指导和实操指南的工具，其内容具有以下特点：

一是立足项目履约。建筑装饰企业的项目管理有其特定的生命周期，项目履约贯穿项目全周期，本书立足项目履约，以履约为主线，把握项目管理，为建筑装饰企业特别是项目经理部的权利行使和义务履行奠定了基础。同时，履约时间轴的划定，也为在不同生命阶段把握项目管理内容和管理重点要求提供了工作依据。

二是注重方法融合。建筑装饰项目管理既是建筑装饰企业管理的主要内容，又是一种综合管理方法。本书以项目管理为主要方法，融合系统管理、目标管理、绩效管理、经济技术分析等，为建筑装饰项目管理中的专业管理、要素管理、综合管理提供了具体的管理方法。

三是突出实战应用。理论是灰色的，生命之树常青，掌握理论的目的在于改造世界本身。本书突出地把基础理论与实际工作的管理重点和管理难点结合起来，结合案例分析，提供模块化思路和模板化文档，便于实操实战。

为合理阐明建筑装饰项目管理体系，本书从“建筑装饰项目管理的主线、内容与原则”“建筑装饰项目管理基础工作”“项目准备阶段主要工作”“项目实施阶段主要工作”“项目交付维保阶段主要工作”五个方面，比较系统地介绍了建筑装饰项目管理的管理运作路径和具体工作方法，基本囊括建筑装饰项目管理的全部内涵，适合于指导建筑装饰企业建立基本的项目管理制度，也适合于各级项目人员学习项目管理的基本技能，同时也适合于建筑类高校学生学习和掌握建筑装饰项目管理的实践成果。

本书在撰写过程中，收集了大量建筑装饰企业的管理制度和实践案例，同时得到众多装饰项目管理人员提供的宝贵意见和合理建议，特别是刘凌峰同志、孙丹阳同志帮助校稿、审稿，在此表示衷心感谢！

希望本书的出版能够为中国建筑装饰行业项目管理的发展与进步贡献力量！

2020 年 9 月 16 日

目　录

第3章　履约准备——建筑装饰项目准备阶段主要工作

第4章　全面履约——项目实施阶段的主要工作

第1章
建筑装饰项目管理及其主线、内容与原则

1.1 建筑装饰项目管理的概念及基本职能

1.1.1 建筑装饰项目管理的概念

建筑装饰项目管理大体上分为三类，即建筑装饰建设单位的项目管理、建筑装饰施工单位的项目管理和社会中介组织（代建单位、监理单位）的项目管理。建筑装饰施工单位又可分为建筑装饰施工总承包企业和建筑装饰专业承包企业。本书所称建筑装饰项目管理系指建筑装饰专业承包企业的项目管理。

建筑装饰项目管理，是指建筑装饰企业以具体建筑装饰项目为对象，以履约为主线和目标，以项目经理负总责、项目经理部具体承担责任实施为基础，综合运用项目管理等方法，对施工项目加以组织、计划、服务、控制的一次性系统管理活动。它是建筑装饰企业最基础、最核心的管理工作，能够体现建筑装饰企业的核心竞争力，对企业的市场营销和全面管理具有最有力、可持续性的支持作用。

理解建筑装饰项目管理的概念，我们需要在项目管理实践中着重把握好其基本特点。建筑装饰项目管理既是建筑装饰企业管理的内容，又是管理的方法和工具；既是项目管理主体的具体管理行为，又是综合管理活动。具体表现为：

（1）一次性与系统性。建筑装饰项目是一次性的，其管理也是一次性的。同时，建筑装饰项目管理的全过程贯穿着系统性特点，既依据“整体–分解–综合”的思想，又遵循项目生命周期的理念。

（2）专业性与综合性。专业性表现在建筑装饰的专业特征，综合性表现在项目管理的涵盖内容。

（3）组织配置与责任明晰。项目管理的一个鲜明特征就是组织附着性，项目构成为企业的基层临时性组织单元，是建筑装饰企业资源支配和专业、综合管理活动实施的载体。同时，其责任划分十分具体、明确，为全部管理任务提供了明晰的责任界线。

（4）目标导向与过程控制。项目实施主体围绕项目履约大目标，分解为关键控制目标和阶段性目标，并加以严格的过程控制，在过程控制中既实现管理行为，又实施管理活动，直到使命任务实现。

1.1.2 建筑装饰项目管理的基本职能

建筑装饰项目管理的基本职能没有超出项目管理的基本职能。但从组织层次上，项目管理在每个管理主体的职能表现不尽相同。因此，从企业层次和项目经理部层次加以比较，有助于加深对项目管理基本职能的理解并开展好各层次的职责。

	企业层次基本职能	项目经理部层次基本职能
组织	1. 组建项目经理部； 2. 配备项目经理部管理团队； 3. 明确项目经理部职责、工作流程、管理制度、细则要求、绩效考核； 4. 指导、督促项目经理部	1. 履行项目经理部组织职能（订制度、明责任、抓落实、带团队、育人才、业主企业双满意）； 2. 服从企业领导、指挥、管理
计划	1. 编制项目管理计划（生产、质量、安全、环境、商务、现场等总体计划和专项计划）； 2. 审批项目总策划书； 3. 将单个项目管理计划纳入企业总体项目管理计划； 4. 计划变化及调整	1. 项目管理的总策划书及专项策划书，按企业要求报送审批或备案； 2. 适时、动态作好策划的调整
服务	1. 项目生产要素（资金、材料、设备、劳动力、分包）的采购、调配； 2. 项目技术方案的论证与服务； 3. 项目公共关系的支持和维护； 4. 项目保修和回访	1. 项目生产要素的计划申请和接受； 2. 开展各专项项目管理活动； 3. 处理好项目现场、业主、代建、监理、总包等相关关系
控制	1. 质量、安全、成本、工期、环保、效果六大控制与预警； 2. 各项专业管理的日常检查与考核； 3. 项目的专项审计和兑现； 4. 项目监督	1. 编制项目月度工作报告，对六大控制目标进行自查、自检； 2. 接受业主和企业层次对项目开展的日常检查和专项检查； 3. 接受企业审计和监督； 4. 形成项目管理综合自评报告

1.2 建筑装饰项目管理的主线、内容

1.2.1 建筑装饰项目管理的主线

在建筑装饰项目管理实践中，有人主张以关键目标控制为主线，抓好工期、质量等管理，也有人主张以项目经理部组织活动为主线，还有人主张以生产要素管理为主线，都有一定道理。笔者认为，建筑装饰项目管理工作以项目履约为主线更符合项目管理周期要求，有利于阶段性工作划分，有利于不同主体管理目标实现和共赢，更有利于市场经济框架下契约精神的构建。理解把握履约这一建筑装饰项目管理的主线，可以

从建筑装饰企业的外在市场行为加以解读，也要从外在市场成果体现和管理需要的适用上加深理解。

建筑装饰企业的外在市场行为主要体现为装饰项目的投标和议标活动、装饰项目合同的谈判和订立、装饰项目合同的履行，也就是市场营销缔约和生产管理履约。营销缔约的市场性比较好理解，生产履约的市场性不好理解。其实，对于装饰企业的相对方来说，企业自身的内部生产称为项目管理，外部表现就是项目履约，这是由建筑装饰企业的市场性质所决定的。

建筑装饰企业的外在市场成果最直接表现就是一个一个项目地承接，亦即施工合同的获取。一纸合同，意义重大。其一，合同构成项目管理的根据，项目施工完成都是建立在施工合同基础之上；其二，合同贯穿项目管理的始终，项目管理源于合同，终于合同，项目管理的生命周期与合同的生命周期具有高度同一性；其三，合同明确项目管理的内容，包括项目施工的价格、质量目标、计价原则、工期、变更、争议解决方式等；其四，合同规范项目管理实施主体的权利义务。因此，实际工作中以履约为建筑装饰项目管理的主线，有利于企业有序有节地抓好项目管理。

从建筑装饰企业层次看，合同管理是企业商务专业系统管理的重要组成部分，与此同时，它也被作为企业管理的方法和手段加以运用。项目经理部组建后，一般都与企业签订项目管理目标责任书，这为项目经理部抓好项目管理提供了内部管理依据。项目经理部代表企业对业主履行施工合同，同时作为企业一次性基层组织，对企业履行管理义务。内部履约服务外部履约，共同贯穿项目管理的全过程。

1.2.2　建筑装饰项目管理的基本内容

简单地讲，建筑装饰项目管理过程中所涉及的主要管理活动就是其管理的基本内容。从建筑装饰企业角度，基于建筑装饰项目管理的主线，可以把项目管理分为三个阶段，即履约准备、全面履约和履约实现。

1. 企业层面项目管理的基本内容

1）履约准备阶段

（1）项目组织管理。主要是指建筑装饰企业根据建设单位要求，结合项目特点，通过组成项目经理部、明确项目管理目标、建立项目职能组织和工作岗位、委派项目经理部人员、划分职责与权限、督促项目人员执行企业管理制度、实施目标责任考核等工作，确保项目团队代表企业履行合同。

（2）项目目标管理。主要是指建筑装饰企业根据施工合同要求，为项目经理部设定明确的工期、质量、成本、安全、环保、效果等总目标及分解的子目标，明确企业对项目的要求。

（3）项目策划管理。主要是指建筑装饰企业对项目各项工作开展综合、完整、全面的总体计划，其主要内容包括项目管理目标的确定和目标的细化、项目管理的工作程序、项目管理所采用的步骤和方法、项目管理所需资源的安排等。

（4）项目商务管理。主要是指建筑装饰企业为保证项目实现预期经济目标、控制潜在风险采取的商务管理行为，其主要内容包括项目成本管理责任体系的建立、项目风险管理体系的建立、项目成本计划的制订等。

2）全面履约阶段

（1）项目现场管理。主要是建筑装饰企业通过职能部门，对项目现场管理目标和管理标准进行确定，包括项目现场管理主要技术组织措施、现场安全卫生、文明施工、环境保护、场容管理、料具管理、施工用地和平面布置方案等的规划安排，以及施工现场平面布置、现场CI管理等。

（2）项目工期管理。主要是建筑装饰企业对项目工期目标和施工总进度的管理行为，包括建设单位的总工期及其分解、主要施工活动的进度安排、保证进度目标实施、生产资源协调、重大工期风险化解等。

（3）项目商务管理。主要是建筑装饰企业对项目在运行过程中的经济成本及风险进行监控，主要内容包括成本统计、成本核算，以及对劳动力、物资材料、管理费用的使用进行审批控制，对项目成本管理情况进行考核，防止项目成本超支。

（4）项目质量、安全管理。主要是指建筑装饰企业对项目的质量和安全管理实施过程控制，包括指导和监督项目建立质量安全控制体系，委派专门人员驻现场对生产要素的质量和安全特性进行管控，对施工方案、施工计划、施工方法及检验方式进行审核，对现场质量和安全状况进行监督，对质量和安全文件进行审核与建档等。

（5）项目生产要素管理。主要是指建筑装饰企业对项目实施过程中所需要的生产要素，从数量、质量、时间和要素间的组合等方面进行优化配置，实施动态控制，以保证生产要素达到项目生产需要，最大限度发挥要素作用，降低要素使用成本。建筑装饰项目的生产要素主要包括装饰材料、劳务资源、工具机具、生产资金等。

（6）项目综合管理。主要是指建筑装饰企业为保障项目有效管理实施的综合性管理，主要包括对外税务管理、建筑行政主管部门的联系等公共关系管理，企业内部行政办公事务管理等。

3）履约实现阶段

（1）项目竣工验收管理。主要是指建筑装饰企业为实现对建设单位的履约承诺，在施工即将结束时，按照施工合同及法律法规要求，向建设单位及相关方移交建筑装饰产品的一系列活动。主要包括编制竣工计划、组织完工收尾、组织内部验收、参加竣工验收、开展竣工资料管理等。

（2）项目结算管理。主要是指建筑装饰企业相关部门与项目经理部向建设单位或总包单位提交结算资料，核实并确认双方或三方最终经济数据，为回收工程款项提供

法律依据的过程。主要内容包括收集结算资料、递交结算报告、双方签章认可等。

（3）项目维保修管理。主要是指建筑装饰企业根据工程合同保修约定，对交付后的建筑装饰产品在保修范围内的质量缺陷进行修复的活动。主要包括项目回访、实施修理、办理维修验收等。

2. 项目经理部层面项目管理的基本内容

1）履约准备阶段

（1）项目策划管理。主要是指项目经理部为了圆满完成施工任务，实现项目管理目标，根据项目实际情况，针对项目生产运营情况提出的总体计划与安排。主要内容包括项目管理目标的细化、总体进度计划、管理人员配置计划、劳动力使用计划、专业分包方案、物资采购计划、设备及工具配置计划、现场及办公设施配置计划、专项技术方案、成本控制计划、环境保护计划、资金使用计划等。

（2）项目合同管理。主要是指项目经理部行使法人委托权，以施工合同作为履约的基本依据，在项目准备阶段围绕施工合同开展的一系列工作。主要内容包括施工合同分析、施工合同交底、施工合同文件资料管理等。

（3）项目目标管理。主要是指项目经理部围绕施工项目的安全、质量、成本、进度、环保、效果等目标，在项目准备阶段开展的一系列管理活动。主要包括施工目标设定、专项目标分解等。

2）全面履约阶段

（1）项目组织管理。主要是指项目经理部根据施工需要，对公司委派的项目管理团队实施组织管理，主要包括建立质量、安全、技术、环境等组织体系，实施管理团队分工，明确责任目标，考核节点任务完成情况等。

（2）项目生产要素管理。主要是指项目经理部在项目实施过程中，对项目生产要素实施的计划、指挥、控制、协调等管理活动，主要包括劳动力动态管理、物资进场管理、专业分包队伍施工管理、生产资金收支管理等。

（3）项目现场管理。主要是项目经理部对项目现场的安全、卫生、文明施工、环境保护、场容管理、料具管理等实施的过程监督与管理。主要包括项目现场管理计划的落实、定期与不定期检查、问题协调处理等。

（4）项目工期、质量、安全管理。主要是指项目经理部在项目施工过程中，按照施工合同和建设单位或总包要求，协调生产要素，安排工作时间，保证项目进度符合工期要求；对现场材料质量、劳务队伍的施工质量进行监督与控制，使之达到规定的质量标准；对物的安全状态和人的安全行为进行监督，确保现场施工作业安全。主要内容包括严格执行施工进度计划、落实工艺技术标准、把好材料验收关、实施过程质量控制、落实安全管理技术等。

（5）项目商务管理。主要是指项目经理部为实现项目成本管理目标，对项目团队的商务管理行为，以及现场发生成本及变更签证情况进行的管理行为。主要包括开展项目商务策划、分解成本管理目标、实施现场成本统计、及时办理变更签证、开展项目成本分析、纠正成本偏差行为等。

（6）项目技术与设计管理。主要是指项目经理部为保障装饰项目的设计效果与使用功能，严格落实建设单位对设计的要求，并且在施工过程中落实装饰规范与技术标准的管理行为。主要包括熟悉装饰图纸与文件、开展设计与技术交底、修改与完善设计方案、实施技术优化、开展技术检查等。作为新兴技术，建筑装饰 BIM 技术是装饰项目设计与技术管理的重要组成部分。

（7）项目综合管理。主要是指项目经理部在项目实施过程中，为保证项目主要施工活动的实现，所开展的内外部组织协调管理工作。主要包括公文管理、会议管理、后勤管理、公共关系管理等。

3. 履约实现阶段

（1）项目竣工验收管理。主要是指项目经理部在完成合同规定的施工内容后，接受有关单位的检验，合格后向公司和建设单位交付装饰产品的工作。主要内容包括完成收尾工程、准备竣工验收资料、参加企业内部预验收、整改存在问题等。

（2）项目结算管理。主要是指项目经理部与建设单位或总包单位进行的工程进度款结算与竣工验收后的最终结算工作。主要内容包括整理结算资料、制订结算工作计划、编制结算书、办理结算确认手续等。

项目管理的基本内容见表 1-1。

项目管理的基本内容 表 1-1

阶段 \ 层面	企业	项目经理部
履约准备	项目组织管理	项目合同管理
	项目目标管理	项目目标管理
	项目策划管理	项目策划管理
	项目商务管理	项目商务管理
全面履约	项目现场管理	项目组织管理
	项目工期管理	项目现场管理
	项目商务管理	项目工期、质量、安全、环境管理
	项目质量、安全、环境管理	项目商务管理
	项目生产要素管理	项目技术与设计管理
	项目综合管理	项目生产要素管理
	项目竣工验收管理	项目综合管理
履约实现	项目结算管理	项目竣工验收管理
	项目维保修管理	项目结算管理

企业层面的项目管理活动与项目经理部层面的项目管理活动从本质上讲是完全一致的，只是从不同管理层级、实施时间、责任分工的角度加以区分，两者的共同目标都是为了全面履约与价值实现。在实际操作中，项目管理活动往往是将两者的基本内容按时间顺序进行表述。

1.3 建筑装饰项目管理的原则

遵循项目管理的一般要求，结合建筑装饰项目管理的实践，建筑装饰项目管理应把握好以下原则：

1.3.1 法人直管原则

法人管项目是中建系统提出并贯彻得比较好的一条原则。市场经济条件下，法人疏于或者放弃项目管理对建筑装饰企业来说是灾难性行为。建筑装饰行业企业数量众多，产业集中度不高，大多是小微企业，不把现场抓好，市场就会丢失。法人直管，要把握好以下四点：第一，组织管理。法人企业层面要设立负责项目管理的职能部门，分支机构也要设立职能部门去管理项目，在此基础上实现对项目的有效管控。第二，制度规范。要建立一套法人层面的项目管理制度体系，项目上也要有具体指导管理实施的操作指南。第三，标准化管理活动开展。法人企业层面和项目经理部层面都要按照梳理出的常规管理流程开展管理活动，良好的管理结果要靠一个个管理活动来实现。第四，项目责任承包。通过签订目标责任书，把法人企业与项目经理部的权、责、利明确下来，这既是双方开展项目管理的依据，也是法人企业考核项目经理部的标准。

1.3.2 目标导向原则

没有目标是盲目的。围绕项目目标，努力实现目标，是项目管理参与者的使命和任务。建筑装饰项目管理的目标大致可分为“二维二面”。

“二维”即企业层级和项目层级两个维度。在企业层级，建筑装饰项目目标全部体现在工程承包合同中，这一合同有时可能是双方合同，即建设单位与装饰企业合同或工程总承包企业与装饰企业合同，有时也可能是三方合同，即建设单位与工程总承包企业、建筑装饰企业一起签署。在项目层级，是在体现建设单位项目目标和总包项目管理目标基础上、贯彻落实装饰企业要求的项目目标意图，这一目标体现在项目经理部与装饰企业签订的项目目标责任书中。

“二面”即管理重点面和一般面。管理重点面指工期、成本、质量、安全、环保、效果六大控制管理要点。提出六大控制管理要点，较之一般建筑工程而言，多了效果控制这一因素。因为，建筑装饰是最后一关，没有预期的效果是不能算成功的。在这六大控制中，建设单位方、总包方、装饰企业方因时因地、各有侧重，但质量、安全和环保三大控制点具有最大普适性。在此基础上，建设单位方关注效果，总包方关注工期，建筑装饰企业关注成本。一般面指构成为项目管理的其他管理目标，如现场文明施工、劳务队伍管理、设备机具管理、材料物资管理等。不论是管理重点面，还是一般面，必须目标具体、清晰、尽量可量化。项目经理部一方面代表企业，落实建设单位方和总包方要求，另一方面落实所在企业方要求，同时也为自身绩效考核提供依据。

1.3.3 过程控制原则

项目实施过程中，干扰制约项目目标实现的因素很多，可能出现的问题也很多。过程控制是依据企业相关管理制度要求、由企业和项目经理部两个层级通过管理活动实施管理行为，使项目管理在规范中运行、在轨道上落地。过程控制有过程中的主动控制和被动控制。主动控制包括企业和项目定期召开的经济活动分析会、成本分析会、阶段性的成本考核、月度的成本核算等。被动控制包括“三边”工程应对、建设单位工期变动、质量安全等突发事件处理等。抓好过程控制是企业和项目经理部实施项目管理的主要职责。把握好这一原则，要做到以下几点：

（1）联动。即企业与项目上下形成纵向联动，不能形成“以包代管”“以包抗管”，专业系统上形成横向联动，不能“隔岸观火”“自耕自食”。

（2）时效。项目经理出身的人大多急躁是有一定道理的。装饰施工项目产生的矛盾和发生的问题不以人的意志为转移，如不及时解决，就会贻误战机，所以过程控制要讲求时效。项目经理不是在实施标准化的管理活动，就是在被动地应对工作中解决问题，一刻也不能耽误。与此同时，施工过程中有的装饰企业还通过目标过程预警，及时化解相关风险。

（3）改进。过程中发现问题、发生问题，都要朝改进努力；不改进，过程控制没有任何作用，这是项目管理的目的使然。试想，石材铺贴过程中发现侧面防护遭到破坏仍不吱声、继续施工，可以被允许吗？不改进，宁可不做，改进、持续改进，这就是过程控制的态度。

1.3.4 策划先行原则

策划的目的是规避风险，实现目标是在装饰施工合同签订后，法人企业组织职能部门和项目经理部以合同履约和企业自身目标为主线，细化管理目标，推行管理节点，提出管理措施，并贯穿整个项目管理全过程所开展的重要管理活动。它可分为项目管理的总策划、专项策划，有施工前策划，也有施工过程中的策划。策划工作完成要形成经过编制人、审核人签字的《策划书》，按照策划开展项目管理，策划实施中要注意动态调整。

1.3.5　精细施工原则

精细是装饰之道，建筑装饰企业要把精细贯穿于项目管理始终。装饰施工的生产方式已经发生了比较大的变化，“设计标准化、产品工厂化、施工装配化、管理信息化”已涵盖大部分施工生产活动。精细施工要把握如下五点：第一，精准设计，装饰项目的设计变更是常态，在变化中达到设计追求的效果要靠项目施工来把握和实现。第二，样板先行，总体效果通过局部样板呈现，样板就是做小做细予以诠释精细，并在这一过程中准确把握大面积施工的管理重点和管理难点。第三，交叉施工处理，装饰是最后一道工序，但施工中常常与机电施工、消防施工等交叉，如何互相配合，在破坏中修复、在修复中突破是施工要把握的一个管理重点。第四，工厂材料的监督，这一点非常重要，工厂生产过程中如放任合同约定，不设定相应质量保证、工期保证的监督权利，就极有可能在精细原则上犯大错误。第五，收边收口，自然的收边收口是成就赏心悦目的细微功夫，项目管理过程中要对所有的收边收口做一个专项的技术工艺策划，把精细原则落到实处。

第2章 建筑装饰项目管理的基础工作

2.1 建筑装饰项目管理基础工作及特点

项目是建筑装饰企业生存发展的根基。建筑装饰企业的综合管理、专业管理和管理基础工作，都必须围绕项目组织展开。因此，项目管理是建筑装饰企业管理的一面镜子，企业的各项工作都要在项目管理活动中得到不同程度的体现。我们在阐述项目管理基本内容时，主要讲的是项目的各项专业管理，这些专业管理活动必须具备一些最基本的前提、依据和手段来加以支撑，这就要求建筑装饰企业抓好各项管理的基础工作。建筑装饰项目管理基础工作主要指建筑装饰企业为发挥企业管理各项职能，实现项目管理目标，支撑企业综合管理和专业管理所开展的条件性、共同性、依据性管理活动。

建筑装饰项目管理基础工作与建筑装饰企业管理的基础工作，总体上具有同一性，企业要抓好的管理基础工作都可为项目管理提供支撑或在项目管理活动中得到丰富和深化。比如，企业内部装饰定额就能为项目成本管理提供依据，而项目档案资料管理本身就要在项目管理中得到具体的开展。另一方面，两者又具有一定的差异性，项目管理没有涵盖建筑装饰企业管理的全部，企业的一些管理基础工作也不需要在项目上开展，只需要进行相应的成果运用和具体执行，如规章制度管理就要求项目贯彻执行，技术标准、规范等也需要项目遵照执行。

建筑装饰项目管理基础工作与建筑装饰项目管理既有联系，又有区别。基础工作广义上是项目管理的一部分，它们密切关联，共同构成项目管理体系。但基础工作有其特殊性，是项目管理中最基本的、共同的东西，是实施项目管理的前提条件、基本依据和手段。建筑装饰项目管理基础工作有如下三个特点：

一是基础性。项目管理基础工作为项目有效开展管理活动打下基础，能有效地支撑项目管理活动的开展，渗透在项目管理的各项专业管理活动中。如信息化工作，运

用项目管理信息系统能及时管控项目成本，控制项目资金收支平衡。再如项目职工培训教育工作，既是企业管理的基础工作，也是项目管理的重要基础工作。

二是系统性。基础工作具有区别于综合管理、专业管理的独立性，是一个相对独立的整体，构成为一个系统。管理基础工作的环节出现问题，不仅会阻碍企业战略实现，也会对各项专业管理造成不利影响。如部门、项目、岗位的职责和任务规定不清楚，主要管理活动梳理不到位，管理行为不规范，就极易造成项目管理的随意、放任乃至失控。整个基础工作和每一项基础工作的系统性为项目管理的系统性提供了有力支撑。

三是全员参与性。基于基础工作的基础前提性，项目经理部的全体员工都要参与到基础性工作中来。如档案资料管理，项目每一位管理参与者都应树立档案资料管理的可查证、可回溯意识，自觉做好本职工作范围内的资料收集和归档工作。又比如，对于企业规章制度的执行，不是项目经理一个人的事，而是项目全体员工的共同责任。可以说，项目管理基础工作有了项目全员的共同参与，项目管理实现履约目标就有了坚实保障。另一方面，全员参与不仅是项目的全员参与，也包括企业全员参与，基础工作贯穿于企业经营、生产、改革发展的全过程，面广、量大又是日常性工作，没有全体员工的共同参与是不可能抓好的。

2.2 建筑装饰项目管理基础工作的主要内容

建筑装饰项目管理基础工作包括哪些主要内容？各方有不同的见解和认识。从项目管理实践角度，笔者认为主要包含合规建设、职工教育培训、标准化工作、信息化工作、定额管理、绩效管理、计量管理、档案资料管理。上述八项工作，需要企业层次提供管理成果、项目抓好运用执行的是合规建设、职工教育培训、标准化工作、信息化工作、定额管理、绩效管理；需企业层次做好统筹安排、项目抓好具体实施的是计量管理、工程档案资料管理。

2.2.1 合规建设

合规建设，是企业以法治思维为引领，以法治方式为手段，建立健全完备的合法合规治理、经营、管理体系的管理活动。建筑装饰企业现实经营管理过程中，法律风险增多，依法合规经营管理是企业各专业、各层级、各环节都需要正视并解决的问题，因此将它纳入管理基础工作是时代之势、法治之要、经营管理之需。

（1）依法完善企业治理。充分发挥公司章程在企业治理中的统领作用，突出章程在规范相应治理主体权责关系中的基础作用，厘清股东会、董事会、监事会、经理层的职责边界，明确履职程序。

（2）依法合规经营。依法建立健全企业决策机制，细化企业层次和项目层次的决策范围、事项和权限。严格遵守建筑行业法律法规开展市场经营，参与海外竞争的企业还要按照国际规则和所在国法律依法竞争办理，有效防范法律风险。

（3）依法规范管理。建筑装饰企业应根据国家法律法规，结合企业实际，建立健全企业各类规章制度，并注重制度立项、论证、评审、实施和落实监督。同时对于对外担保、物资采购、招标投标和资金使用等管理重点领域和关键环节要规范流程，公开透明。也可以配备法律专业人才，将法律审核纳入经营管理的必经流程，确保规章制度、各类合同、重要决策都通过法律审核。

2.2.2 职工教育培训

职工的思想政治教育和专业知识培训是提高企业文化软实力和专业硬支撑的有力手段。

（1）思想政治教育。不论企业所有制性质，企业都有必要加强职工的思想政治教育，这是企业文化建设的重要内容。搞好职工思想政治教育，需要把握以下几点:第一，教育内容，主要是马克思主义理论时代化、中国化的最新理论成果，社会主义核心价值观，国家法律法规以及世界局势，行业发展趋势。第二，教育形式，要注重结合互联网发展和当代员工身心特点，开展形式多样的教育活动，反对一味大一统集中灌输式的宣教，把教育与员工关爱有机结合起来。第三，教育标准和效果，思想政治教育是内化于心、外化于形的企业管理活动，是做人的工作，做人心的工作，标准和效果不能简单地进行量化评价，应该做到让员工“引得来、留得住、有奔头、出效益”。

（2）专业知识培训。这里面包括两方面内容。一是企业通识知识培训，二是岗位专业知识培训。建筑装饰企业有必要制订专项员工培训规划，对全员分类加以培训；要通过“导师带徒”“轮岗交流加强培养”；要集中学习，加强青年员工培养；要注重加强各类执业资格考试培训，给予时间和激励，提高企业注册执业资格人员比例；要建设学习型团队，形成学专业、以学促用的良好氛围；企业技术、施工、合约商务等业务系统都要组织专业培训会，把员工的专业操作能力提上去。

（3）在岗教育培训。员工在岗位工作中也有一个因岗教育和适岗培训的问题，一是对管理人员的合同交底、技术交底，二是对施工班组的日常岗前安全教育，三是施工过程中的岗位示范。

2.2.3 标准化工作

标准是对重复性事物和概念所做的统一规定，标准化是对重复性事物和概念通过制订、发布、实施标准，形成统一，实现有序和效益。标准化的目的和作用要通过标准的制订和贯彻来具体体现，标准是标准化活动的核心，但又受标准化范围的限制。

建筑装饰企业的企业标准分为三类，即技术标准、管理标准、工作标准。技术标

准是企业标准的主体，是对标准化领域中需要协调统一的技术事项所制订的标准，它包括国家行业主管部门和行业协会的各类装饰技术标准和规范，企业制订的设计施工技术集成图式、工艺、工法。管理标准是企业在依法守法的前提下，按照企业管理制度的要求，明确管理对象、提出管理目标、梳理管理活动、制订管理流程所形成的一套管理规范。工作标准是企业衡量各部门、各项目、各类人员工作业绩的标准，一般包括部门、项目或岗位职责和素质要求，工作主要任务和目标，相关程序和方法，与上下周边的协调配合关系，业绩考核内容和方法。在建筑装饰企业管理实践活动中，有标准三分法，即技术、管理、工作三类标准分开各成体系，又有标准体系二分法，即分技术和管理工作标准两类，整合管理标准与工作标准形成一体化文件。不论采取哪种标准化管理形式，只要有利于分清职责、明确依据、把握流程、提高效率和效益又便于工作，都是值得提倡的。

案例导引

某建筑装饰企业在标准化工作中，制订企业标准化工作的总体要求，提出企业标准化的工作目标，明确加强企业和项目两个层面（6+6）的标准化工作内容。第一阶段“管理对象和范围标准化”，主要包括企业层面和项目层面“6+6”共计 12 项管理对象和范围的标准化。企业面层，推进组织机构与岗位设置标准化，对组织机构和岗位配置进行统一规范；推进管理制度和流程体系标准化，先后制订 240 多项管理制度和 160 多个管理流程，建立适应企业发展要求的管理体系，并将内部控制、全面风险管理和 ISO 贯标等要求与管理制度体系进行高度融合；推进绩效考核标准化，以方针目标管理为抓手，构建“横向到边、纵向到底”的标准化考核体系；推进薪酬体系标准化，实现职级序列统一、薪酬结构统一、基础薪酬统一、考核兑现统一等“四个统一”；推进经营模式化，确定了“自主经营、项目承包、规范管理”的发展路径，严格推行项目承包责任制和风险抵押制；推进主要管理方式方法标准化，坚持以“战略引领、干部选任、专业管控、综合服务”为主导的管理方式；全面推进以“方针目标管理、项目管理、全面预算管理”为主体的管理方法，实现了主要管理方式方法的标准化。为规范项目管理行为、统一项目管理模式，在项目层面积极推进项目管理、商务、技术、质量、安全、现场六个方面为主要内容的项目标准化管理。

开展标准化工作达标验收，企业制订了标准化工作第一阶段（管理对象标准化）达标验收标准，各单位在标准框架下制订了落实方案。第二阶段（管理活动标准化）工作，其中重要环节就是编制企业管理标准化手册。企业各专业系统组织人员对所有活动及过程进行识别，进一步明确管理对象、管理主体、素质能力要求、管理职责、管理流程等，形成一整套集管理对象、管理流程、表格记录、文件模板为一体的标准化文件汇编，作为各专业系统开展工作的操作性指导文件。通过两个阶段的标准化工作，有力促进了企业形成学标准、用标准的良好氛围，也为三类标准的整合运用奠定了基础。

2.2.4 信息化工作

企业管理基础工作从“信息工作”到“信息化工作”,是信息技术快速发展的结果。信息化工作是提高企业经营决策能力和项目管理水平的重要手段，是实现企业知识积累和发挥企业知识作用的重要载体，是有效保障企业战略落地的重要支撑。成为一个整合互联网的数字化建筑装饰企业应当是建筑装饰企业信息化建设的总目标。

案例导引

某建筑装饰企业信息化工作中注重贯彻好标准化先行、开放可扩展、集中统一、纵横贯通等原则，实施统一规划、分步实施、总体协调、整体推进、标准规范、互通互享等策略。紧紧围绕信息化建设和运用这个主线，企业信息化建设不断取得进步，夯实了管理基础。主要做法一是搭建一个平台，即以项目管理为核心的企业综合管理信息平台，布置服务器、路由器、防火墙、交换机以及 UPS 等硬件设备，扩展网络带宽，部署负载均衡，加固网络基础环境和安全环境。二是开展专业信息系统建设，完善主数据系统，开发企业官方网站、办公信息系统、人力资源管理系统、物资集中采购系统、高清视频会议系统。三是着力推广项目管理信息系统，主要以项目管理标准化为基础，以成本管理为核心，实现项目经济活动的全覆盖。项目管理信息系统的运用，又反过来促进项目成本测算标准化、成本核算标准化、成本动态管理标准化、项目结算标准化、项目资金管理标准化。

某建筑装饰企业以工业化、信息化“两化融合”促进项目管控方式的转型升级，推进信息化建设与企业管理变革互联互通、双向驱动，走出一条支撑运营、推动战略、引领行业，具有鲜明特点的信息化发展道路。

（1）建设全产业链一体化平台。针对幕墙装饰工程施工，定制研发大型信息化管理平台，把企业各部门、外部供应商、建设相关方纳入到一个系统平台内开展生产经营管理活动，解决了上下游企业之间、企业内部之间的数据共享难题。投入资金，组建技术研发团队，形成具有海量三维引擎、智能管控、全设备接入、建筑空间管理、设备上下游管理等功能的信息平台。可以加载机场、场馆、超高层幕墙等高精度模型；可以为 BIM 软件提供三维显示管理基础平台；可以实现物料全生命期管理，使每个物料、单元板块、铝材等都能设置唯一的二维码身份信息；可以准确高效地完成材料统计、设计提料、加工生产、安装验收，并实施全过程监控；可以通过现场第一手数据资料把控项目进度、质量、成本等管理，发出风险预警信息；可以为供应商、业主、监理、总包方提供支持，实时显示幕墙设计加工施工过程信息。

（2）开发四个亮点，助力行业发展。数据共享共用让业务合作更有深度，企业内部单位和供应商、建设方、总包方、监理方都可以安装系统平台，共享项目工期、设计图纸、加工和安装状态等信息，实时显示工程进度，供应商、劳务队伍可提前备料和组织人员，加工厂、项目现场可准确预知生产计划和施工组织，建设方、总包方及监理方可及时了解项目整体状态和细节方案。平台通过聚集各相关方信息，实现共享交互，有利于工程项目生产要素的组织和现场生产关系的协调，提高项目生产效率。在平台架构选择上，根据“实用高效、全面应用”的原则，按照先搭建主数据平台、再完善子系统的思路，逐步建成贯通产业链各环节并向上下游合作伙伴开放的协同平台。选择了在系统扩展性、兼容性和适应性上具有明显优势的“1+2+N”技术架构，可以满足交互业务流、海量数据处理以及多种软件的嵌入和对接。“1”代表一个大平台；“2”代表两个中心，即数据中心和加工中心。数据中心功能是数据采集和存储，将幕墙建造全生命期的数据有效归集，形成大数据库；可以通过挖掘数据的内在联系推进技术融合、业务融合和数据融合，实现数据驱动业务、数据服务管控、数据辅助决策、数据连通产业。加工中心集成仓储、备料、生产计划、包装、物流等子系统，供工厂使用。“N”代表接入外部软件系统的个数可以很多，如材料供应商的仓储系统、劳务公司的人员管理系统等，该系统设置数据通信接口，供相关方在权限内调用。

（3）做好三个创新，探究幕墙生态未来之路。整个系统从设计到研发，拥有完全自主知识产权。作为企业核心竞争力量，平台的成功研发和应用，促进企业从传统幕墙施工升级为以科技创新为动力的信息化管理。系统上线后，把一体化专用客户端、手机 APP 发放给一定范围内的企业用户使用，目前接入一体化平台的企业超过 30 家，产生的价值逐步显现。实现一体化平台与智能加工制造两个系统的无缝对接，将幕墙加工技术提升引导到智能加工制造的轨道上来，把传统制造生产模式转移到“互联网＋”的智能工厂模式上来，推进智慧工厂建设。

2.2.5　定额管理

定额是指在一定时间内的生产技术条件下，企业在人、财、物的利用和消耗方面所规定的数量标准，是企业相应经营目标实现的依据。定额管理，主要是指定额的制定、贯彻、分析、修订和日常的业务管理活动，是企业搞好各项专业管理工作的前提，也是项目管理基础工作的现成部分。

建筑装饰企业定额主要有人工定额、材料定额、水电消耗定额、资金定额、费用定额等，定额制订主要通过统计分析、经验估算、类推比较、技术测定等方法编制，它具有内部统一性、强制性、先进性、科学性等特点，因而在项目成本管理过程中，要运用好定额工具对成本进行合理测算。项目成本管理过程中，新工具、工法的运用和推广也能为企业定额水平提高提供修订依据。

案例导引

某建筑装饰企业非常注重内部定额编制与运用工作。劳务管理部门根据历年积累的数据，对装饰施工中使用频率高、技术工艺成熟的分部分项人工消耗情况进行统计，形成包括80余项内容的企业内部劳动定额，并运用于投标成本测算、施工成本测算、劳务招标、劳务结算等工作，为科学合理控制劳务费用提供了数据基础。商务部门统计诸多项目材料消耗情况，总结形成企业内部预算定额，涵盖了近300项装饰施工分部分项，对主材消耗水平、辅料基本价格与消耗水平等进行规范，并随工艺变化，每三年组织评审更新，对于提高投标报价、成本测算、成本核算等商务管理工作，在数据科学性方面起到了较大作用。

2.2.6 绩效管理

绩效是指组织或个人在相应职责和任务目标范围内，所实现的阶段性结果以及实现过程中可评价的行为。绩效管理是企业对其下属组织或个人，依据任务目标和职责，对经营生产管理活动进行效率、效益及其过程表现进行考核，实施奖惩兑现的一系列管理活动。

建筑装饰企业绩效管理应当以问题为导向，完善制度，健全机制，改进方法，突出管理重点，全面覆盖，加强考核，强化结果运用，不断提高组织和个人的绩效。绩效管理工作的不断改进，为建筑装饰项目和员工绩效评价和绩效提升提供了有力支撑。

案例导引

某建筑装饰企业为加强绩效管理，建立了覆盖企业下属各系统、各部门以及项目经理部各层级、各层次组织和员工的绩效管理体系。确立并规范项目经理部“经营绩效＋管理绩效”的考核模式。经营绩效包括项目收入、利润及利润率、工程质量、安全管理、客户发展与维护等。管理绩效包括管理基础工作开展、人才培养、专业管理工作开展、管理制度执行、文明施工等。经营绩效采取定量评价方式，具体指标、目标、评价方式、奖罚方式均明确写入项目目标责任书。管理绩效实行过程评价与项目完工综合评议方式，评价与评议主要包括完成目标得分、违反规定扣分与管理创效加分三个方面内容。项目综合考核结果与项目最终兑现挂钩。

建立健全项目经理部员工绩效管理机制。对项目经理考核实行“目标责任书考核＋项目管理能力考核＋日常工作考核”模式，项目其他管理人员考核实行“任务绩效＋综合评价”模式；任务绩效由岗位目标责任书完成情况和月度工作评价两部分组织，

综合评价包括专业素质、业务能力、执行能力、沟通协作、工作态度、劳动纪律等方面,由项目经理及项目经理部其他员工进行评价。在规定的项目员工绩效管理框架下，结合实际，制订《项目员工绩效考核办法》。项目经理部所有岗位人员均签订目标责任书，明确岗位工作目标、考核方式、考核结果应用等内容。

2.2.7 计量管理

计量管理是在建筑装饰施工过程中，对计量检验测试活动和计量设备的管理工作。在建筑装饰施工的全过程，要选择合格人员开展测量工作，严格管理计量器具，有效监控测量过程，以保证施工计划的准确性、装饰效果的精美性、项目成本管理的严密性。

认真开展施工前计量策划 。建筑装饰产品丰富多样，施工工艺复杂多变。为了保证施工过程中具备合适的计量器具，需要开工前认真策划。一是准备计量器具。建筑装饰施工所配备的计量器具要满足预期使用要求，正常条件下计量器具的误差，要在可以接受的范围之内。二是选择工程测量点。工程测量点存在于建筑装饰施工生产的各个环节，如施工试验、原材料试验、分项工程施工、预验收、隐蔽工程检验、质量验收评定等，选择工程测量点要根据测量位置、测量点开始的测量时间及测量对象，施工图纸和施工规定的允许误差要求等。确定工程测量点以后，要对其进行分析，根据测量结果对装饰工程质量、施工生产及生产中涉及的相关影响程度来确定重要的工程测量点。三是关注重要工程测试点。重要的工程测量点是指测量结果对装饰工程质量、施工生产、人身安全等有着重要影响的工程测量点。

规范使用计量检测设备。建筑装饰施工现场流动性大，施工人员素质参差不齐，施工季节性较强，造成计量检测设备的数量和种类经常变化，难以控制。项目经理部对计量检测设备的管理需要格外严格，避免出现人为损坏以及未按规范使用。装饰施工现场存在大量小型、简易或是自制的计量设备，如木工所用水平尺，还有一些自制的容积、长度测量器具等。这些设备未经规程检验，管理人员应保证计量设备的有效性和准确性，认真对其进行检查，避免因为计量设备问题而导致计量结果不准确。

严格管理工程计量工作程序。一是要按规定程序使用。建筑装饰工程计量工作可以是由项目经理部和监理方指定合格人员在施工现场实施，也可以用图纸和记录在室内按照计量规则来计算。最终计量结果必须经过项目经理部和监理方同意并签字。监理方对工程进行计量，要求事先通知项目经理部，然后由项目经理部指派合格人员前往施工现场，协助监理方开展计量工作。二是要建立测量台账。建筑装饰工程完成招标以后，合同文件工程清单因为施工图在细部数量计算过程中及汇总过程中出现错误，或者是合同文件的技术规范对计量的解释不清，或是工作范围界限模糊而造成计量偏差。由此，在工程开工的同时，计量工作也就应该同步进行。此时工程计量人员要学习和研究合同文本，熟悉施工技术规范、计量范围，同时要研究图纸，验算和复核各分部分项工程的设计工程量，一旦发现问题，应立即与监理方或相关人员进行沟通，对工程量进行重新核对。

2.2.8 工程档案资料管理

工程档案资料是指在建筑装饰项目管理过程中形成的对企业具有保存价值的竣工资料、商务资料、劳务资料、物资资料等文书材料，不限于文字、图表、电子数据等形式。

工程档案资料实行综合管理。企业行政办公室下设的档案室是工程档案资料管理的接收和保管部门。企业的项目管理部负责牵头管理工程档案资料，主要职责是建立健全工程档案资料管理规章制度、工作标准，制订工作计划，统一组织实施；对企业工程档案资料管理工作进行督导；在施工过程中对技术、劳务、物资等资料进行检查、指导；督促商务部门、物资管理部门等及时完成相关档案资料的归档工作；根据法律、法规、规范及上级要求及时更新并完善工程竣工资料、劳务结算资料的归档标准、范围、流程及要求；对项目提交的工程档案资料进行审核并移交档案室。商务部门、物资管理部门、劳务管理部门、技术部门等，根据制度要求，对所属业务范围内的工程档案资料进行监督、检查、审核、移交。

档案室建设需达到规范标准。一是档案室要配备专业设备，主要包括：直列式档案架、档案目标柜、计算机及适用的档案管理软件、空调机、抽湿机、排气扇、窗帘、防盗门、干粉灭火器、温湿度计、防虫药、复印机、打印机等。二是档案室管理要做到“八防”，即：防高温、防潮湿、防盗、防火、防霉菌、防光、防尘、防虫等。具体而言，要做到以下方面：在防尘工作方面，经常性的除尘工作，坚持一天一小扫，一周一大扫，节假日全面大扫除；适时开、关档案库房门窗，防止尘灰、烟雾进入档案库房；定期擦拭档案库房地板、档案柜表面及柜内的灰尘，保持档案柜、档案自身的干净清洁。在防火工作方面，档案库房门上悬挂“严禁烟火”的警示牌，无关人员不得进入档案库房，需进入档案库房的人员一律严禁烟火、抽烟；下班时切断电源；灭火器定点放置，不得随意移动或拿作他用，定期检查，对失效过期的灭火器适时更换，使其保持良好的灭火状态。在防盗工作方面，档案库房配备报警器、防盗网、铁门铁窗铁橱，并保持良好的工作状态；下班时关锁好门窗，上班时检查档案库房门窗、铁网、铁橱、档案是否完好。在防潮工作方面，防止雨水进入档案库房，每天掌握库房内的湿度变化情况，库内、库外设置温湿度计，进行库内外湿度对比；当库内湿度大于库外时，采取抽风、排气、打开库房门窗进行通风或关闭门窗启动除湿机；当库房湿度小于库外湿度时采取关闭门窗等措施将库房湿度控制在45% ~ 60%范围内。在防高温工作方面，注意掌握高温气候条件下库房温度的变化情况，当库房温度大于或小于库房温度标准时，采取排气、抽风、通风或启动空调机进行降温，使库内温度控制在标准范围

内。在防光工作方面,给档案库房门窗安装防光布帘,注意防止太阳日光直射档案库房,严禁档案纸张材料在太阳下暴晒;做好除湿、降温、防光工作，有效防止档案纸张材料发生霉烂、变质、字迹褪色。在防蛀工作方面，注重做好防治虫害工作，库房内严禁存放杂物，定期施放杀虫驱虫药物，根据药效时限适时更换失效过期的杀虫驱虫药物;定期做好库内库外的防虫灭虫工作，每月翻动橱内档案两次，查看虫害档案情况，一旦发现虫害档案，立即采取措施扑灭虫害，防止虫害档案的漫延。在防腐工作方面，档案库房内经常性进行抽风、通风，保持室内空气清新，严禁有害气体、物品进入档案库房，定期施放、更换防腐药物，净化库房周围环境，保持库房内清洁。

第3章 履约准备——建筑装饰项目准备阶段主要工作

3.1 项目组织准备

3.1.1 项目组织架构设置

1. 概念释义

项目组织架构是指企业为实现项目履约，所设立的项目管理层级、职能、人员配置等组织形式。项目经理部是建筑装饰企业实施项目现场管理的一次性组织机构。其主要职责是为实现项目管理目标，负责从工程开工到竣工的全过程施工生产管理工作。项目经理部一般由项目经理、项目副经理（生产）、技术负责人、施工员、预算员（负责人）、安全员（负责人）、质量员（负责人）、物资管理员、资料员等组成，具有明确的管理职责和权限。

案例导引

2018年5月，小王所在的装饰公司中标A市一家五星级酒店的室内装饰项目，合同额人民币9000多万元，合同工期8个月，质量要求达省级优质工程。经企业内部考核筛选，决定委任小王担任该项目的项目经理。小王一方面备受鼓舞，因为经过多年的历练，上级终于给他一个施展才能的机会。另一方面也有些担心，毕竟是第一次独立负责项目，怎样才能圆满完成任务呢？经公司项目管理部与商务部、安监部、人力资源部等部门共同商议，报公司领导审批同意后，在公司项目人才库中挑选合适人员组建了项目经理部。具体人员配置情况如表所示。

具体人员配置表

序号	岗位名称	姓名	性别	年龄	执证情况	学历	工作年限
1	项目经理	王 **	男	31	高级工程师、注册建造师	本科	8

续表

序号	岗位名称	姓名	性别	年龄	执证情况	学历	工作年限
2	项目副经理（生产）	张 **	男	31	工程师	本科	8
3	技术负责人	何 **	男	38	—	大专	15
4	商务负责人	赵 **	女	30	注册造价工程师	大专	8
5	安全负责人	陈 **	男	31	安全员	大专	9
6	施工员	胡 **	男	36	施工员	本科	13
7	施工员	李 **	男	32	施工员	本科	9
8	施工员	王 **	男	28	施工员	大专	6
9	物资管理员	李 **	男	28	材料员	本科	5
10	资料员	陈 **	女	32	资料员	本科	9

2. 管理难点

（1）项目人员数量是否符合施工管理的需要。

（2）项目人员素质和能力是否胜任岗位要求。

（3）项目人员是否具备相应的职业资格证书。

（4）项目人才库中人员不足时，如何跨项目调动人员。

3. 流程推荐

项目经理部组建流程如图 3-1 所示。

4. 管理要点

（1）形成项目经理部组建意见。项目中标后，公司项目管理部门根据项目性质、工程体量、工期要求、质量要求、安全要求等，同公司技术部门、商务部门、安全管理部门等协商，提出项目班子初步人选，形成项目经理部组建意见，报人力资源部门审核。

（2）审核项目经理部组建意见。人力资源部门对项目经理部候选人员进行任职资格审查，通过后报公司负责生产管理的副总经理及公司法人代表（总经理）审批。

（3）审批项目经理部组建意见。公司法人代表（总经理）对项目经理部组建意见进行审批，相关部门正式发文成立。

5. 管理重点

（1）项目经理部应按照“合理配置、精干高效、动态管理”原则进行组织机构设置和人员配置。

（2）项目经理、质量员、安全员等按规定需要持证上岗的人员，应持有符合规定要求的有效证书。项目班子成员应满足岗位任职资格的要求。若公司在投标文件中已明确承诺委派响应建设方要求业绩的人员，应严格执行相关承诺。

（3）项目管理人员职数配备主要根据项目规模、工期要求、难易程度等因素进行

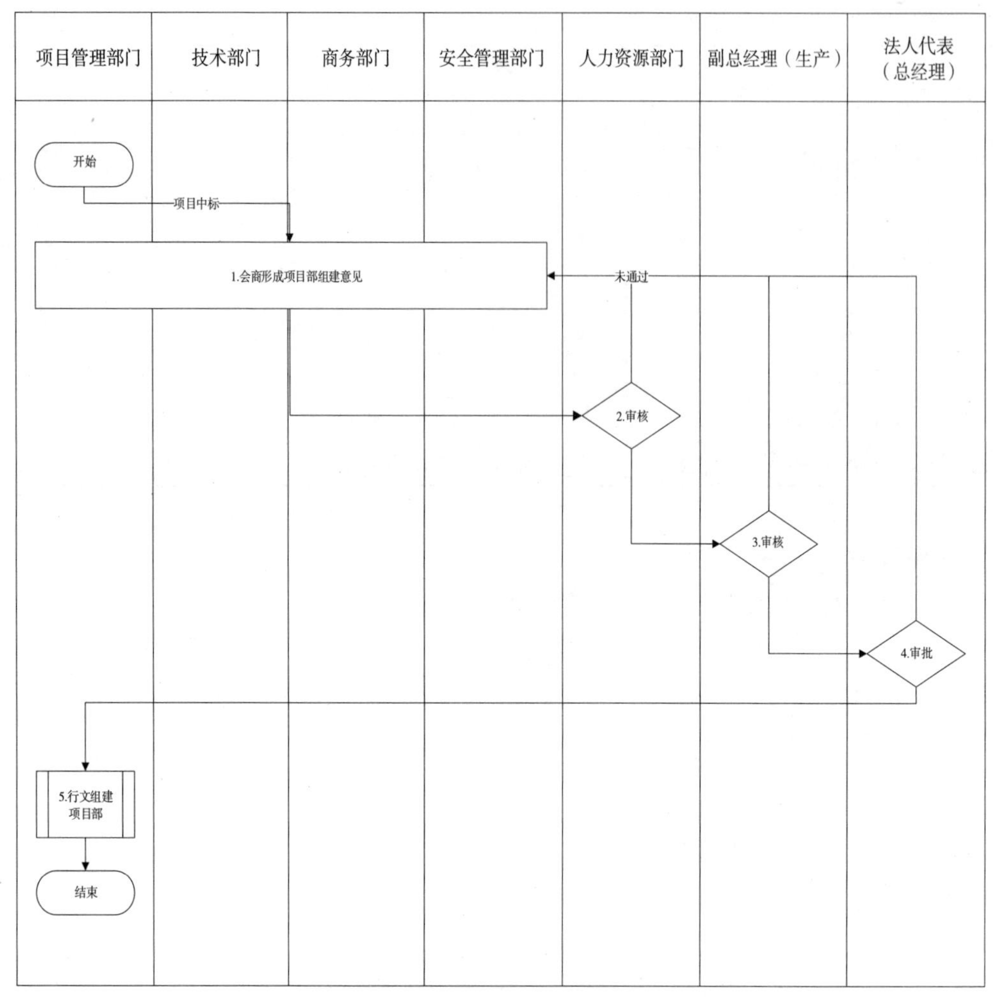

图 3-1　项目经理部组建流程图

考虑。一般而言，建筑装饰项目（内装）人员配备数量可以参考表 3-1 所示标准。

建筑装饰项目（内装）人员配备数量　　**表 3-1**

岗位	特大型项目	大型项目	中型项目	小型项目
项目经理	1	1	1	1
项目副经理（生产）	1 ~ 2	1	—	—
技术负责人	1	1	可兼职	可兼职
预算员（负责人）	1 ~ 2	1	1	1
施工员	3 ~ 5	2 ~ 4	1 ~ 3	1 ~ 2
质量员（负责人）	1	1	可兼职	可兼职
安全员（负责人）	1	1	1	1
物资管理员	1	—	可兼职	可兼职
资料员	1	1	可兼职	可兼职

6. 文件模板推荐

项目经理部管理人员审批表

项目名称			
项目地址			
建设单位		设计单位	
合同开工日期		合同竣工日期	

工程基本情况						
承建合同额（万元）	建筑面积（m^2）	专项工程（万元）				
		装饰	幕墙	机电	消防	其他

招标文件、合同及建设方关于项目经理部主要人员的要求
1. 对项目经理的要求：
2. 对项目技术负责人的要求：
3. 其他要求：
有关说明事项：（可附件）

投标时拟定项目主要人员							
序号	岗位	姓名	性别	年龄	专业年限	职称	建造师级别
1	项目经理						
2	项目技术负责人						

中标后拟聘项目人员情况表								
序号	岗位	姓名	性别	年龄	职称	专业年限	执业资格	专（兼）职
1	项目经理							
2	项目副经理（生产）							
3	技术负责人							
4	施工员							
5	预算员（负责人）							
6	安全员（负责人）							
7	质量员（负责人）							
8	其他							

部门意见：	副总经理意见：	法人代表（总经理）意见：

项目经理部成员简历表

项目名称					
姓名		拟任职务			
执业（职业）资格		等 级		证书编号	
曾经历项目名称		曾经历项目职务			
身份证号码				从事本岗位年限	
工作简历及主要业绩：					

3.1.2 项目岗位职责与分工

1. 概念释义

项目岗位职责与分工，是指根据项目组织中各工作岗位的性质和业务需求，明确规定的职责权限和管理关系。设定岗位职责和开展岗位分工的目的是使项目工作有序化、规范化、高效化。

案例导引

接到建设单位进场通知后，2018 年 5 月 15 日，项目经理小王及其他项目成员到场。本项目在客房灯具方面，建设单位要求从西顿、飞利浦、欧司朗品牌中选取。在样品确认过程中，建设单位和设计单位对灯具的参数、照度等进行多次调整，项目经理部小王和老董进行了对接。在设计变更单下发至项目经理部后，因信息不对称，小王、老董误认为对方已安排物资管理员周工将信息反馈至公司集采中心，而实际情况并非如此，致使该样品确认滞后 15 天，严重影响样板房施工和验收。为了避免此类情况的再次发生，使项目更好地高效运转，项目经理部进行了一次内部会议，明确了项目各岗位权责。

2. 管理难点

（1）项目岗位职责的完整性。项目经理部是企业授权、代表企业全面负责项目活

动管理的基层组织。项目管理活动涉及时间管理、成本管理、质量管理、安全管理、人力资源管理及风险管理等，具有多样性、复杂性、不可替代性的特点。因此，项目管理要求赋予各岗位人员相应职责，使之能够完全满足上述管理要求。

（2）项目岗位职责的明确性。项目活动的开展，往往涉及多个层面，项目经理部会与装饰公司、分供方、建设单位、总包方及其他外部单位发生业务往来，其内部各岗位之间也存在大量的工作联系。这些管理活动由谁发起、由谁对接、由谁审核、由谁汇报、由谁审批都需要按照一定的“秩序”来执行，岗位职责就是这种“秩序”建立的基础。

3. 管理要点

1）项目经理岗位职责

（1）项目经理是公司履行工程承包责任和义务，实现项目管理各项目标的第一责任人。

（2）确定项目经理部各人员的职责范围，并监督管理与考核。

（3）认真贯彻执行国家、地方政府和上级制订的法律法规、强制性标准以及公司的各项规章制度。

（4）根据工程项目需要及公司要求，认真履行施工合同，正确处理好与业主、监理、总包、设计、当地政府有关部门等方面的关系，提高业主及各相关方的满意度。

（5）组织制订项目管理策划书、各项方案和计划，加强内部协调管理，组织生产，正确、合理利用资源，全面履行目标责任书，保证各项经济、技术指标和其他管理目标的完成。

（6）认真贯彻执行公司的质量 / 环境 / 安全方针和目标，保证公司质量 / 环境 / 安全管理体系在本项目的运行。

（7）参与图纸会审、重要技术交底和工程项目各类合同的洽谈，对项目员工及相关方进行技术、质量、安全等方面的交底，并监督其贯彻执行。

（8）对项目的各项成本费用支出负责审核、控制，定期开展成本核算和经济活动分析；及时回收工程款，确保完成上交。

（9）做好竣工验收、竣工图的绘制、竣工结算、竣工资料的移交及相关后续工作；

（10）保质保量完成公司交办的其他工作。

2）项目副经理（生产）

（1）协助项目经理开展项目生产管理工作。

（2）支持项目经理依法行使职权，维护项目班子团结，协助项目经理对项目各级人员实施监督、考核。

（3）协助项目经理协调项目经理部同相关方关系。

（4）按合同、图纸、规范及进度计划科学地组织和协调施工。

（5）组织项目各级人员定期和不定期召开生产会议，协调、解决生产中的问题。

（6）施工中严格贯彻执行有关质量、环境和安全规范、标准和规程，定期和不定期组织检查并督促整改。

（7）项目经理赋予的其他职责。

3）项目技术负责人

（1）协助项目经理开展项目技术管理工作。

（2）组织项目有关人员编制项目质量、环境和安全方案、计划。

（3）负责项目的技术创新，新材料、新工艺、新设备的推广工作及 QC 活动的组织实施工作。

（4）按合同、图纸、规范要求协调施工，严格贯彻执行有关质量、环境和安全规范、标准、规程。

（5）对施工中出现的不合格问题，组织项目有关人员及时制订纠正、预防措施，执行 PDCA 循环并将问题的原因及时总结上报公司主管部门。

（6）竣工后审查竣工图和竣工资料。

（7）项目经理赋予的其他职责。

4）项目商务负责人

（1）负责编制项目商务策划，并组织实施。

（2）组织编制和复核项目施工成本预算，做好成本测算工作。

（3）开工前对分部分项进行工料分析，并将数据提供有关部门和人员，以用作编制资源需用计划的依据。

（4）做好项目合同管理。

（5）参与同建设单位磋商设计变更、合同修订、补充协议等事项。

（6）定期进行成本分析，掌控项目成本运行状况。

（7）主办结算工作，牵头处理结算中出现的各类问题。

（8）项目经理赋予的其他职责。

5）项目施工员

（1）负责现场施工管理。

（2）参与项目有关方案、计划的编写。

（3）熟悉并掌握设计图纸、施工规范、标准和施工工艺，负责本工种环境因素和危险源的辨识，向班组进行分部分项质量、环境、安全交底，监督指导工人实际施工操作。

（4）根据施工进度及现场实际情况，及时、准确地提出物资需用计划和劳动力需用计划，严格控制不必要的消耗和浪费，对分管业务的成本承担责任。

（5）按照进度计划合理安排劳动力，按施工方案、技术要求和施工工艺组织施工，

对进场物资进行领用分配，完工后对主要物资进行损耗分析，组织班组进行分项工程自检、互检，对施工中的质量、环境、安全进行把关。

（6）按规定填写各种施工资料，对出现的质量、环境和安全不合格，及时调查、分析原因，制订纠正和预防措施报项目经理批准后持续改进。

（7）按规定参与劳务和物资结算，参与劳务队伍考核。

（8）项目经理赋予的其他职责。

6）项目质量员（负责人）

（1）负责项目质量的检查、监督、教育工作。

（2）贯彻执行国家和当地政府部门颁发的质量相关标准和规章，代表上级主管部门行使监督、检查职权。

（3）参与项目有关质量方案、工作计划的编写。

（4）在现场适当部位设置质量宣传标语，开展质量管理宣传。

（5）负责质量动态监督检查，随时掌握承包范围内各部位的质量状况，对过程质量进行控制。

（6）对出现的质量不合格督促整改并持续改进，上报上级主管部门，协助上级主管部门处理质量事故。

（7）项目经理赋予的其他职责。

7）项目安全员（负责人）

（1）负责项目安全和环境管理的检查、监督、教育工作。

（2）贯彻执行国家和当地政府部门颁发的安全、环境规范以及相关标准和规章，代表上级主管部门行使监督、检查职权。

（3）参与项目有关环境和安全方案、工作计划的编写。

（4）负责入场工人的安全教育，监督特种作业人员持证上岗。

（5）在现场适当部位设置安全、环境宣传标语及警示标志。

（6）负责环境和安全动态监督检查，随时掌握承包范围内各部位的安全状况，对过程环境和安全进行控制。

（7）对出现的环境和安全不合格情况督促整改并持续改进，同时上报上级主管部门，协助上级主管部门处理安全和环境事故。

（8）项目经理赋予的其他职责。

8）物资管理员

（1）掌握各种物资的特性及相应的验收标准，确保采购物资符合国家质量、环保、安全标准和规定，合格证、许可证、检验和试验报告等资料完备，合法有效。

（2）对进场物资的规格、质量、数量进行验收把关。

（3）负责监督物资、半成品外加工定货的质量和供应时间。

（4）对采购的不合格品进行退货处理，并分析其原因。

（5）严格执行仓库管理制度和仓库管理流程，防止收发物资出现差错。入库要及时登账，手续不齐或检验不合格的物资不准入库；出库时手续不全不发货，特殊情况须经项目经理或主管人员签批。

（6）保持库区整齐清洁，合理安排物资存放地点，必须按物资种类、规格、等级分区堆码，不得混合乱堆，要保证领用方便。

（7）负责定期对仓库物资清仓盘点，做到账、物、卡三者相符，做好盘盈、盘亏的调账处理，真实反映物资库存情况。

（8）负责仓库管理中的送货单、验收单、限额领料单等原始资料的收集整理和账册的建立、登录及建档工作，及时编制上报物资统计报表。

（9）项目经理赋予的其他职责。

项目管理岗位任职资格可参考表 3-2 所示标准。

项目管理岗位任职资格 **表 3-2**

项目类型	职级	职级定位及原则性要求	职（执）业资格	工作经历	考核
特大型项目	项目经理	全面负责项目的管理与内外协调，能独立主持项目工作	须持一级注册建造师证书，安全生产考核 B 证	4 年项目管理工作经验，主持过两项以上大型项目施工	近 2 年考核评定为良及以上
	项目副经理	负责分管业务的管理与内外协调，能组织开展分管业务工作，独立主持或在授权下临时组织项目工作	须持二级注册建造师证书、安全生产考核 B 证	2 年相应专业项目管理工作经验，或主管 2 个以上大型项目相应专业项目管理工作	近 2 年考核评定为良及以上
	专业负责人	在项目领导授权下，独立组织某专业系统开展工作	施工员、预算员、质量员、安全员等证书	1 年相应专业项目管理工作经验	近 2 年考核评定为良及以上
	专业管理人员	独立承担某项专业工作	施工员、预算员、质量员、安全员等证书	1 年辅助管理人员工作经验	表现良好
	辅助管理人员	辅助完成常规性工作	—	—	表现良好
大型项目	项目经理	全面负责项目的管理与内外协调，能独立主持项目工作	须持一级注册建造师证书，安全生产考核 B 证	1 年及以上项目副经理工作经验，2 年项目管理工作经验，主持过两项以上中型项目施工	近 2 年的考核评定为良及以上
	项目副经理	负责分管业务的管理与内外协调，能组织开展分管业务工作，独立主持或在授权下临时组织项目工作	须持安全生产考核 B 证	1 年相应专业项目管理工作经验 2 年专业（部门）负责人工作经验	近 2 年的考核评定为良及以上
	专业负责人	在项目领导授权下，独立组织某专业系统开展工作	施工员、预算员、质量员、安全员等证书	2 年专业管理人员工作经验	表现良好

续表

项目类型	职级	职级定位及原则性要求	职（执）业资格	工作经历	考核
大型项目	专业管理人员	独立承担某项专业工作	施工员、预算员、质量员、安全员等证书	1 年辅助管理人员工作经验	表现良好
	辅助管理人员	辅助完成常规性工作	—	—	表现良好
中型项目	项目经理	全面负责项目的管理与内外协调，能独立主持项目工作	中型（小型）项目须持一级（二级）注册建造师证书，安全生产考核 B 证	1 年项目副经理工作经验	近 2 年的考核评定为良及以上
	项目副经理	负责分管业务的管理与内外协调，能组织开展分管业务工作，独立主持或在授权下临时组织项目工作	须持二级注册建造师证书，安全生产考核 B 证	2 年专业（部门）负责人工作经验	近 2 年的考核评定为良及以上
	专业管理人员	独立承担某项专业工作	施工员、预算员、质量员、安全员等证书	半年辅助管理人员工作经验	表现良好
	辅助管理人员	辅助完成常规性工作	—	—	表现良好
小型项目	项目经理	全面负责项目的管理与内外协调，能独立主持项目工作	中型（小型）项目须持一级（二级）注册建造师证书，安全生产考核 B 证	1 年项目副经理工作经验	近 2 年的考核评定为良及以上
	专业管理人员	独立承担某项专业工作	施工员、预算员、质量员、安全员等证书	半年辅助管理人员工作经验	表现良好
	辅助管理人员	辅助完成常规性工作	—	—	表现良好

4. 管理重点

（1）根据项目合同规模需求，设立工作岗位名称，明确岗位数量要求。

（2）根据岗位特性，按照企业规章制度，明确岗位职务范围。

（3）确定各个岗位之间的相互关系，权责清晰，不冲突。

（4）根据岗位的性质，明确实现岗位的目标责任。

（5）根据岗位权限，明确考核管理重点。

3.1.3　项目目标责任管理

1. 概念释义

项目目标责任管理，是指为全面履行施工合同，充分调动项目员工的积极性，优质、高速、安全、文明、低耗地组织好项目施工，强化项目目标管理，明确项目责、权、利，对项目经理部在经济、质量、安全、物资、进度、环保等方面设立目标，并根据项目岗位职责，将目标通过工作界面划分、材料用量划分、经济指标划分等方式分解到项目各岗位人员的过程。项目目标主要包括经济目标、工期目标、工程质量目标、安全生产目标、物资管理目标、CI 管理目标、环境保护等。

案例导引

小王所在公司对项目管理实行责任承包制。项目进场后，公司对项目设置了相应目标。经济目标方面，项目与公司商务部门核对，本项目合同额 9000 多万元，预计利润率 11%，项目设立目标上缴率 14%。在质量方面，公司项目管理部要求项目满足合同约定，实现“省优”目标。在工期方面，确保在合同工期要求内完工。环境保护方面，满足当地地方环境质量标准和地方污染物排放标准。各项目标确认后，项目经理小王代表项目经理部全体员工，与公司法人代表签订了目标责任书。

2. 管理难点

（1）设定目标的可行性。项目目标在项目管理活动正式开展前设立，是经过相应测算得出的理论目标。在目标设立过程中，应充分结合合同条款、中标预算、工程概况、企业消耗定额、市场水平等因素，以确保目标的合理可行。

（2）设定目标的全面性。项目管理活动是系统性工作，其目标具有多样性，包括经济目标、工期目标、工程质量目标、安全生产目标、物资管理目标、环境保护目标等。要最大化实现项目履约价值，项目目标设立应体现全面履约的原则，做到内容完整。

（3）目标分解的合理性。项目目标分解是将项目各项“大目标”细化成“小目标”，并由项目各岗位人员具体承担。这些细分后“小目标”并非简单均分，需要与岗位人员的权限、职责、工作内容、工作体量、工作重要性有机结合，做到公平、公正、客观，并最终能量化考核。

3. 流程推荐

项目目标设定流程如图 3-2 所示。

4. 管理要点

1）项目目标设置的负责部门

（1）经济目标的确定：由商务部门负责，根据审定的项目成本测算及施工商务策划书的内容，确定项目的成本控制、效益创造、商务策划、项目结算等目标。

（2）质量目标的确定：由项目管理部门负责，根据审定的项目策划书，制订满足合同要求的质量目标，有创优要求的必须在项目责任书中明确。

（3）安全目标的确定：由安全管理部门负责，根据审定的项目策划书，包括杜绝

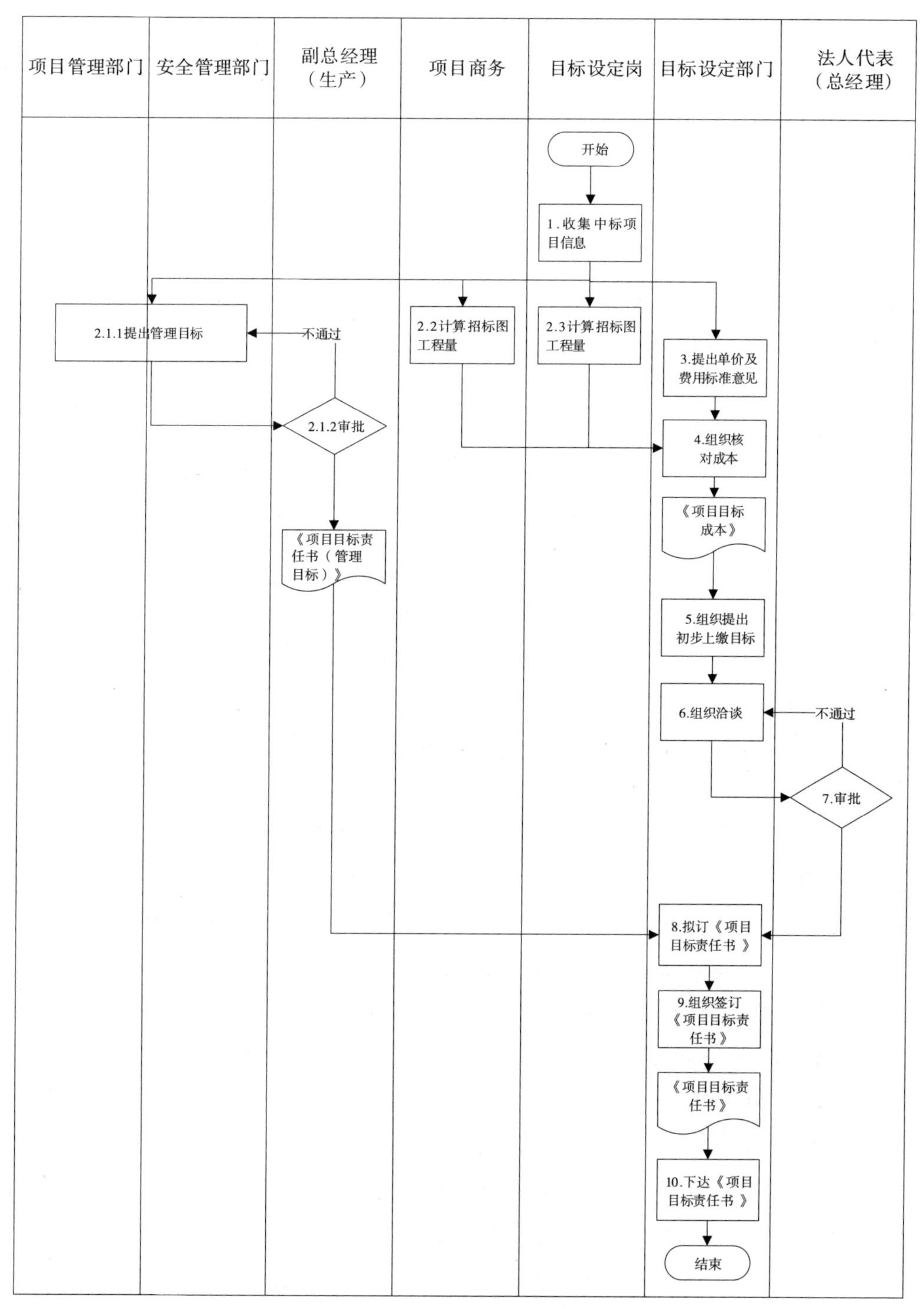

图 3-2　项目目标设定流程

死亡和重伤事故、严格控制工伤频率、达到合同约定的安全文明施工目标等。

（4）工期目标的确定：由项目管理部门负责，根据审定的项目策划书，制订满足合同要求的工期目标。

（5）创优目标的确定：由项目管理部门负责，根据审定的项目策划书，制订满足合同要求的创优目标，包括设计、科技、质量、安全文明、环境等。

（6）环境目标的确定：由项目管理部门负责，满足当地环境质量标准和地方污染物排放标准。

（7）其他目标的确定：由目标管理的考核主体负责，根据审定的项目策划书，明确考核标准制订。

2）项目目标责任书编制

（1）编制依据：招标及投标文件、项目组织管理模式、工程承包合同、项目管理策划书、目标责任成本测算书、企业有关的项目管理制度和规定等。

（2）编制内容：包括工程概况、项目经理部的组建、目标责任范围、项目管理目标责任指标、公司与项目经理部的责任与权利，项目经理部绩效分配、考核兑现及违约处罚等。

（3）编制原则：全面满足工程施工合同约定，在项目经理部责任范围内可控，与项目组织管理模式相匹配，符合企业内部各项管理要求和项目实际情况，便于量化和评价。

3）目标责任书签订

（1）责任书评审：由公司目标设定管理部门组织对草拟完成的目标责任书进行评审。

（2）责任书签订：由公司法人或其授权人与项目经理签订。

（3）责任书调整：当合同条款发生重大调整，合同工期、施工范围、施工环境等存在较大变化，或发生重大设计变更时，项目经理部可根据原始资料和项目实际情况编制《项目责任目标调整表》，报公司审批同意后签订《补充协议》。

5. 管理重点

（1）签订时间：一般来讲，特大型项目要在实际进场 45 天内，大型项目在 30 天内，中小型项目在 20 天内，由公司法人代表与项目经理签订责任书，“三边工程”或遇特殊情况可适当延长。

（2）责任履行：责任书签订以后，公司组织例行检查，项目经理部按照责任书的具体要求开展项目管理工作，有变化调整时双方应及时沟通反馈并加以调整。

（3）责任兑现：项目兑现按公司项目绩效考核方式方法进行，项目完工由项目经理部提请公司进行审计，由审计部门提出兑现审计报告，并按审批流程予以兑现。

6. 文件模板推荐

详见 33 ～ 37 页。

项目目标责任书

甲方：

乙方：

为全面履行施工合同，优质、高速、安全、文明、低耗地组织好项目施工，强化项目目标管理，明确项目责、权、利，甲方聘任__________同志为项目经理组成__________项目经理部，对外代表公司，全面履行与建设单位签订的施工承包合同范围内的全部工程内容履约责任，对内接受公司各职能部门的监督管理。

第一条　工程概况

<table>
<tr><td>工程名称</td><td colspan="3"></td></tr>
<tr><td>工程地址</td><td colspan="3"></td></tr>
<tr><td>建设单位</td><td colspan="3"></td></tr>
<tr><td>总包单位</td><td colspan="3"></td></tr>
<tr><td>施工范围</td><td colspan="3"></td></tr>
<tr><td>层　　数</td><td></td><td>建筑面积</td><td></td></tr>
<tr><td>合同造价</td><td></td><td>承包造价</td><td></td></tr>
<tr><td>合同工期</td><td></td><td>开、竣工日期</td><td></td></tr>
</table>

第二条　项目管理目标

一、经济目标

1. 总成本目标

序号	名称	目标成本（元）	备注
一	直接费		
1	人工费		
2	材料费		
二	安全费		
三	措施费		
四	管理费		
五	深化设计费		
六	计提维修费用		
七	其他		
八	税金		
九	成本合计		
十	策划后总收入		
十一	利润上缴率		

2. 劳务费用控制目标

项目劳务费用控制目标为__________元，占项目总成本不得超过________%。

3. 主要材料损耗控制目标

序号	材料名称	单位	净用量	目标损耗率	总控量	责任人
一						
二						
三						
四						
五						
六						

4. 措施费控制目标

序号	措施费明细	金额（元）	责任人	备注
一	临时设施费用			
二	安全文明施工费			
三	成品保护			
四	脚手架费用			
五	二次搬运			
六	其他措施费用			
合计				

5. 间接费控制目标

序号	名称	月数	每月金额	总金额（元）	备注
一	管理人员薪酬				
二	业务费用				
三	办公费用				
四	通信费用				
五	交通费用				
六	其他间接费用				
合计					

二、质量目标

1. 工程实体质量控制目标

工程质量必须确保______质量标准。

2. 工程创优控制目标

本工程必须获得全国建筑装饰行业科技创新成果奖______项，全国建筑装饰行业

科技示范工程奖______项，工法______篇，论文______篇，专利______项，施工技术总结______篇，推广应用新技术、新工艺、新机具______项，其他______。

三、安全目标

1. 安全生产控制目标

1）杜绝重大火灾、机械、环境事故发生，工亡率为____以内；负伤频率在____以内。

2）工人入场三级教育______%，特种作业人员持证上岗率为______%。

3）因项目安全、环境管理问题被投诉到媒体、地方政府部门，对企业造成严重不良影响的次数为______。

4）意外伤害保险购买率______%。

2. 标化工地创建控制目标

本工程必须达到__________工地标准。

四、环境保护目标

1. 地方环境质量标准

本工程必须满足____________环境质量标准。

2. 地方污染物排放标准

本工程必须满足____________污染物排放标准。

五、项目管理责任关键目标

序号	项目	考核标准	奖罚标准
一	工期	工期保护、工期投诉、工期索赔	
二	劳务	劳务结算、劳务纠纷、零星用工量	
三	物资	物资结算	
四	科技创新	科技成果申报、推广应用开展	
五	资金	税务处理、收款	
六	资料	资料真实、时效、针对、完整性	
七	信息系统	项目数据录入、项目审批效率	
八	环境保护	环保监测、环保投诉	

第三条　责任书的调整

1. 当合同条款发生调整、施工范围发生较大变化、发生重大方案变更时，造成合同造价增减____%及以上，由商务部门根据项目经理部相关变更原始资料和项目实际情况对项目经理部目标利润进行调整并报批，通过审批后重新签订目标责任书。

2. 当项目进度发生非我方原因拖延，导致目标成本超标（主要为间接费的增加）时，根据项目实际情况，以及项目经理部工期保护及索赔等工作的开展情况，由主管领导决定公司与项目的分担比例。

第四条　项目分工

序号	岗位	姓名	职级	具体负责事项	备注
1	项目经理				
2	项目副经理				
3	技术负责人				
4	安全员（负责人）				
5	质量员（负责人）				
6	预算员（负责人）				
7	施工员				
8	物资管理员				
9	资料员				

第五条　双方的责任与权利

甲方：

1. 负责按项目管理规定，通过指定方式产生项目经理，成立项目经理部并配备管理人员。

2. 负责督促、指导项目履行公司与建设单位签订的施工承包合同。

3. 负责组织生产要素的集中招标采购并与要素供应单位签订劳务分包、物资采购合同，及时解决项目所需的人、财、物。

4. 负责编制或指导项目编制施工组织设计、施工方案、其他专业方案并按程序进行审批。

5. 确定项目目标责任成本，组织签订《项目目标责任书》。

6. 督促并参与项目成本核算分析。

7. 对项目经理部进行合同交底，明确合同实施目标及注意事项。

8. 指导项目经理部办理竣工结算并协助收取工程款。

9. 有对不称职的项目经理的罢免权。

10. 审核工程完工总结，对结算完项目进行项目综合效益审计并按《项目目标责任书》对项目经理部进行奖罚兑现。

11. 监督、指导项目经理部的施工过程管理、安排竣工后的回访与保修工作。

乙方：

1. 项目经理受企业法人代表委托，组织项目经理部全面履行施工承包合同。

2. 参与项目管理班子组建，根据公司规定结合工程具体情况制订项目管理规定等，保证施工管理高效有序。

3. 编制或参与编制《项目商务策划书》《项目质量策划书》《项目安全策划书》《施

工组织设计》及其他专业方案，脚手架施方案、安全措施方案、CI 方案需按规定报上级主管部门审批，并严格遵照执行。

4. 参与工程劳务、材料供应招标工作，对不能满足项目施工生产要求的分包商有辞退权。

5. 负责工程的签证索赔工作，确保工程款按合同约定及时回收；乙方必须在甲方与建设单位的施工合同约定期限内收回履约保证金。

6. 提交完工总结，具备兑现审计条件后，按规定提出兑现审计申请并有权根据审计结果提出兑现要求。

7. 负责按公司有关规章制度进行过程成本核算与分析，确保各项经济指标的实现。

8. 不得以包抗管，自觉接受上级检查、监督，按要求进行落实整改。

甲方：　　　　　　　　　　　　　　　甲方代表：

乙方：　　　　　　　　　　　　　　　项目经理：

签订日期：　　年　　月　　日

3.2 项目策划准备

3.2.1 项目总体策划

1. 概念释义

项目总体策划，是指在建筑装饰工程领域内，以项目经理为首的项目经理部成员根据总的项目管理目标要求，从不同的角度出发，通过对建筑装饰项目进行系统分析，对施工活动过程进行预先考虑和设想，选择最佳的结合点，组织资源和开展项目运作，为保证项目获得预期的经济效益、环境效益和社会效益所开展的项目管理活动，其管理成果由《项目管理策划书》和专项管理策划书构成。

案例导引

2015 年是小李进入公司的第 2 年，他被公司派遣到 A 项目从事施工员一职。该项目共有 2 个标段，小李所在的项目经理部负责一个标段。项目承接后，项目经理与项目经理部全体同事按照公司要求进行了系统的策划。而另外一个标段由另一家装饰公司负责，由于其派遣的项目经理经验不足，项目各项筹划工作不细，导致材料供应混乱，劳动力安排无序，施工质量和进度远无法满足要求，被建设单位终止该项目合作，使得该装饰公司蒙受巨大的信誉和经济损失。

2. 管理难点

（1）策划内容繁多，包括管理人员配置、施工中管理难点预控、成本控制、风险预控、进度计划、劳务及物资采购、资金计划等。

（2）策划要求较高，能够真正起到预见风险、统筹资源、指导施工的目的，没有一定的理论水平和较丰富的实际经验，往往会导致策划流于形式。

（3）过程调整较快，由于装饰项目过程变更内容多、要求快，项目策划一般都会面临经常调整的问题。

3. 流程推荐

项目管理策划流程如图 3-3 所示。

4. 管理要点

（1）编制：项目经理组织项目经理部人员编制《项目策划书》，主要依据为项目投标文件、施工合同、施工图纸、建设单位等相关方要求、工程情况与特点、适用法律法规、工程所在地生产资源状况等。各岗位人员工作内容如下：

项目经理：编制项目实施风险评价、资金流量计划、工期控制、任务细分、施工时间预测、项目施工管理重点和管理难点分析、制订预控措施等。

项目副经理（生产）：协助编制项目实施风险评价、工期控制、任务细分、施工时间预测、项目施工管理重点和管理难点分析、制订预控措施等。

技术负责人：编制项目技术方案、科技创新目标及计划、技术风险分析识别及对策、总平面管理、技术交底等。

预算员（负责人）：编制资金计划相关内容，包括预收款管理、进度款计划、应付款计划等。编制成本商务相关内容，包括项目成本内容细分、造价控制目标、商务专题策划、法律风险、安全环境风险、劳务及材料风险、工期进度风险、财务资金风险识别和制订预控措施等。

施工员：根据总控计划，编制和细化与施工相关的技术、物资、劳务管理部分内容，包括施工内容细分、材料计划、计划用工数量、进退场时间等。

安全员（负责人）：编制安全环境管理部分内容，包括安全和环境管理目标、安全和环境管理组织结构及职能分配、安全设施及人员配置清单、安全和环境管理制度清单、安全和环境管理措施、安全技术措施、危险源识别及评价清单、重大危险源清单、安全专项方案控制计划、需专家论证的危险性较大的安全专项方案控制计划、

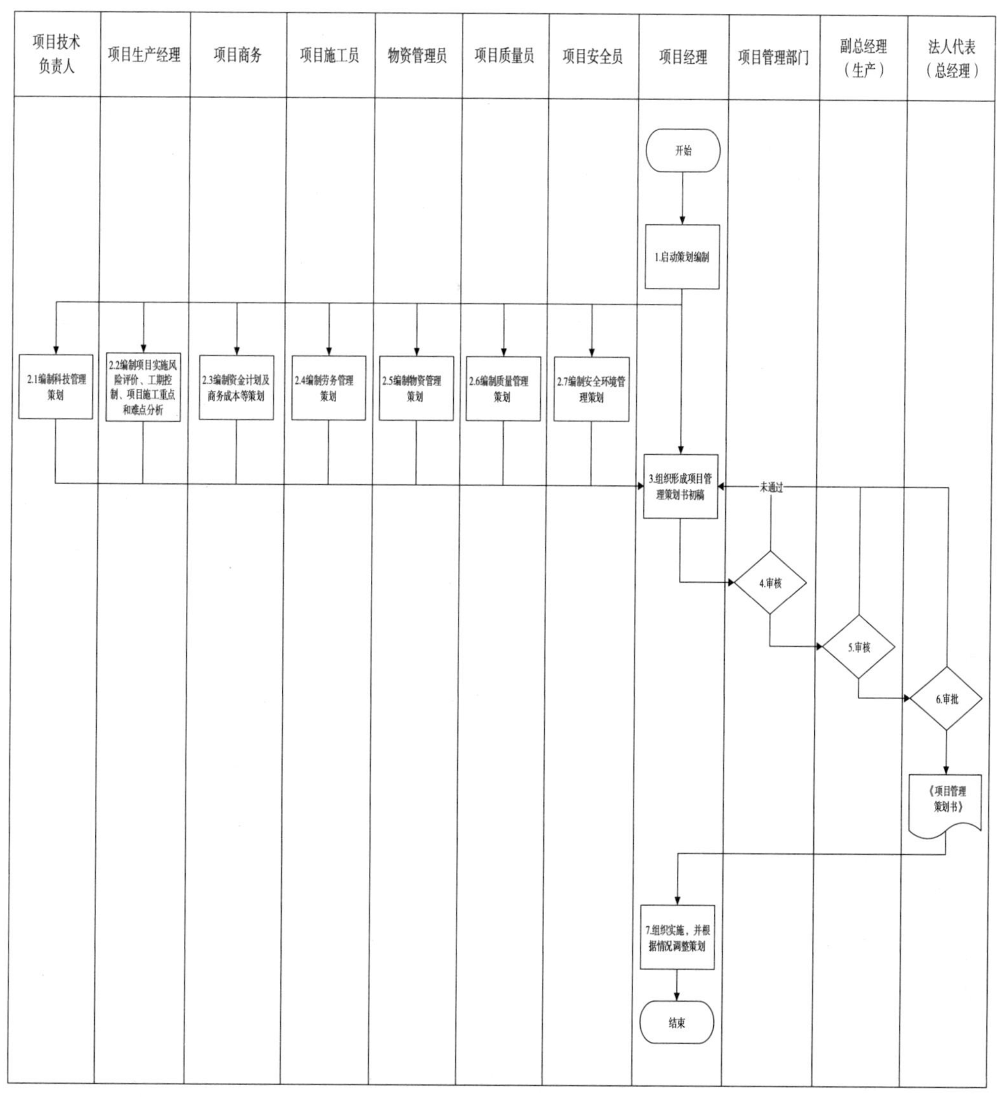

图 3-3　项目管理策划流程

应急预案、安全生产费用的投入计划等。

质量员（负责人）：编制质量管理部分内容，包括质量目标和质量内控标准的确定和分解，质量风险、关键工序、特殊工序、质量关键控制点识别，质量成本控制措施，工程创奖可行性分析，创优亮点策划等。

物资管理员：编制物资管理部分内容，包括需要用物资与设备统计、订货安排、出场计划等。

（2）审核：由公司项目管理部门经理和公司分管领导负责审批相关内容。

（3）审批：由法人代表（总经理）负责批准《项目策划书》。

5. 管理重点

（1）所有项目均应编制《项目策划书》。

（2）《项目策划书》由项目管理部门组织、相关部门、项目经理部参与编制，至少于开工前15日编制完毕。

（3）对工期紧、合同签订滞后或"三边工程"（边勘测、边设计、边施工）的项目，可进行分段计划。

（4）《项目策划书》的重要内容应包含项目具体实施方案，即项目经理部根据项目策划的主要依据和输出成果，将相关工作分解到项目责任人员，并明确实施时间和方法。

（5）《项目策划书》在项目实施过程中需要调整的，应对计划调整部分做出书面说明，按原流程进行审批。

6. 文件模板推荐

详见41 ~ 50页。

项目策划书

（项目概况）

<table>
<tr><td rowspan="1">工程概况</td><td>项目名称：　　　　建筑面积：
工程地点：　　　　工程造价：
业主名称：　　　　监理单位：
总包单位：　　　　投资性质：
设计单位：　　　　合同范围：
合同工期：____年____月____日～____年____月____日，共____日历天
承包方式：

结构形式：　　　　建筑用途：
新建翻建：　　　　防火等级：
建筑面积：　　　　装修建筑面积：
建筑高度 / 层数：　　　　装修层数：
装修档次：　　　　平米造价：
合同要求的施工范围和内容：</td></tr>
<tr><td>项目总目标</td><td>质量目标：□ 鲁班奖　□ 部优　□ 省优
　　　　　□ 市优　□ 优良　□ 其他
工期目标：总工期（　　）月，竣工日期（　　）年（　　）月（　　）日。
安全目标：杜绝死亡、重伤事故，一般事故频率不超过（　　）‰
环境目标：噪音污染控制（　　　）；粉尘污染（　　）；节能减排（　　）
成本目标：详见预算成本
技术目标：
（　）项 QC 成果；　　创□　市，□ 住建部
（　）项新工艺标准；　　创□　市，□ 国家
（　）项工法；　　创□　市，□ 住建部
（　）项专利；　　□ 国家
（　）项质量管理奖；　　创□ 全国建筑工程，□ 国家
（　）科技（论文）进步奖；创□　市，□ 国家
（　）项科技示范工程　　创□　市，□ 国家
管理目标：□ 创（　　）安全文明工地，创（　　）CI 样板工地
□　其他</td></tr>
<tr><td colspan="2">附件：</td></tr>
</table>

项目策划书

（主要管理人员配置方案）

项目名称：

序号	岗位名称	姓名	性别	年龄	执证情况	从事施工年限	到场时间	离场时间
1								
2								
3								
4								
5								
6								
7								
8								
9								
10								
11								
12								
13								
14								
15								

项目策划书

（项目实施风险评估）

项目名称：

序号	风险因素	风险具体内容	风险控制措施
1	合同法律风险：包括但不限于合同价款形式、签证变更审批、工程款支付、违约索赔处罚金、不可抗力等		
2	安全风险：包括但不限于重大危险源识别、重大环境因素识别等		
3	质量风险：包括但不限于招标图潜在风险、达不到质量目标处罚、新技术新材料新工艺等		
4	劳务及材料风险：包括但不限于工艺复杂要求高素质劳务队伍、特殊材料及投标材料价格风险等		
5	工期进度风险：包括但不限于工期与设计、材料加工订货周期不匹配，工期与专业及外部条件不匹配等		
6	财务资金风险：包括但不限于垫资、工程款滞后、质保金、保函金额及返还期等		
7	其他风险因素		

项目策划书

（项目经理授权）

<table>
<tr><td colspan="7">工程名称：</td></tr>
<tr><td colspan="7">合同造价：</td></tr>
<tr><td colspan="7">项目经理：</td></tr>
<tr><td>权限名称</td><td>常规额度
（人民币）</td><td>浮动额度
（人民币）</td><td>建议额度
（人民币）</td><td>浮动原因</td><td>浮动依据</td><td>备注</td></tr>
<tr><td>分包商选择</td><td></td><td></td><td></td><td></td><td></td><td></td></tr>
<tr><td>供应商选择</td><td></td><td></td><td></td><td></td><td></td><td></td></tr>
<tr><td>分包、材料付款</td><td></td><td></td><td></td><td></td><td></td><td></td></tr>
<tr><td>其他</td><td></td><td></td><td></td><td></td><td></td><td></td></tr>
<tr><td></td><td></td><td></td><td></td><td></td><td></td><td></td></tr>
<tr><td></td><td></td><td></td><td></td><td></td><td></td><td></td></tr>
<tr><td></td><td></td><td></td><td></td><td></td><td></td><td></td></tr>
</table>

项目策划书

（工程总工作计划）

序号	工程量清单工序	施工作业计划			设计工作计划（图、法）			物资供应计划（料）						劳务保障计划（人、机）				专业协同计划（环）			
		开始	结束	日历天	设计出图	技术交底	责任人	材料名称	材料数量	样品签认时间	下单订货	材料到场	责任人	作业班组	作业人数	班组长	进场时间	协同内容	强相关方	完成时间	责任人

项目策划书

（分包选择方案）

项目名称：

序号	分包项目	工作内容/工程质量/施工工期	预计分包造价	选择方式	分包方式	选择方法	进场时间
1				□业主指定	□包工包料	□招标	
				□公司选定	□劳务	□议标	
				□项目择定	□包工及部分材料	□报价	
2				□业主指定	□包工包料	□招标	
				□公司选定	□劳务	□议标	
				□项目择定	□包工及部分材料	□报价	
3				□业主指定	□包工包料	□招标	
				□公司选定	□劳务	□议标	
				□项目择定	□包工及部分材料	□报价	
4				□业主指定	□包工包料	□招标	
				□公司选定	□劳务	□议标	
				□项目择定	□包工及部分材料	□报价	
5				□业主指定	□包工包料	□招标	
				□公司选定	□劳务	□议标	
				□项目择定	□包工及部分材料	□报价	

项目策划书

（物资采购、设备租赁方案）

项目名称：

序号	物资名称	单位	数量	单价	合计价格	订货时间	进场时间	物资采购方式			
								业主	公司	项目	分包
1											
2											
3											
4											
5											
6											
7											
8											
9											
10											
11											
12											
13											
14											
15											
16											
17											
18											
19											
20											
21											

项目策划书

（项目资金流量计划表）

项目名称：　　　　　　　　　　　　　　　　　　　　　　　　　　　　单位：人民币元

月份	预收工程款	收工程进度款	资金流入累计	应付分包款	应付材料款	现场经费	其他付款	资金需支出累计	资金盈缺	备注

项目预控成本测算表（汇总表）

项目名称：

序号	项目	合同总价（元）	预控成本（元）	比率	备注
一	直接费				
1	人工费				
2	材料费				
3	分包费用				
4	措施费				
5	安全文明及 CI 费用				
6	其他直接费				
二	暂定金额（暂估工程）				
三	临时工程				
四	现场管理经费				
1	管理人员薪酬				
2	现场办公费				
3	租房费用				
4	差旅交通费				
5	业务费				
6	成品、半成品保护费				
7	检验试验费				
8	竣工清理费				
9	其他				
五	深化设计费				
六	税金				
七	其他费用				
八	预控成本合计				
九	合同额				
十	预计利润				
编制 / 日期：	确认 / 日期：		审核 / 日期：	批准 / 日期：	
项目预算员（负责人）	项目经理		合约商务部门	副总经理	

项目策划书

（办公设施配置方案）

项目名称：

序号	办公设备名称	单位	数量	规格	来源				合计价格	进出场时间
					公司调配	项目采购	租赁	分包		
1										
2										
3										
4										
5										
6										
7										
8										
9										
10										
11										
12										
13										
14										
15										
16										
17										
18										
19										
20										

3.2.2　项目专项策划

1. 概念释义

项目专项策划，指根据项目总的目标策划，从技术、效益、进度、质量、安全、资金、现场环境等角度进行针对性策划，一般包括技术管理策划、质量策划、安全策划、文明施工策划、商务策划、资金策划、卫生防疫策划等。

案例导引

一、技术管理策划

五星级酒店是充满人性化、科学性、实用性、经济性、艺术性、超前性的，要实现这些目标，细致、科学、全面的技术管理策划是一个重要手段。装饰工程通过以下项目的技术管理策划成果来了解项目经理部是如何开展工作的，也通过技术管理策划，了解项目专项策划的一些特性。

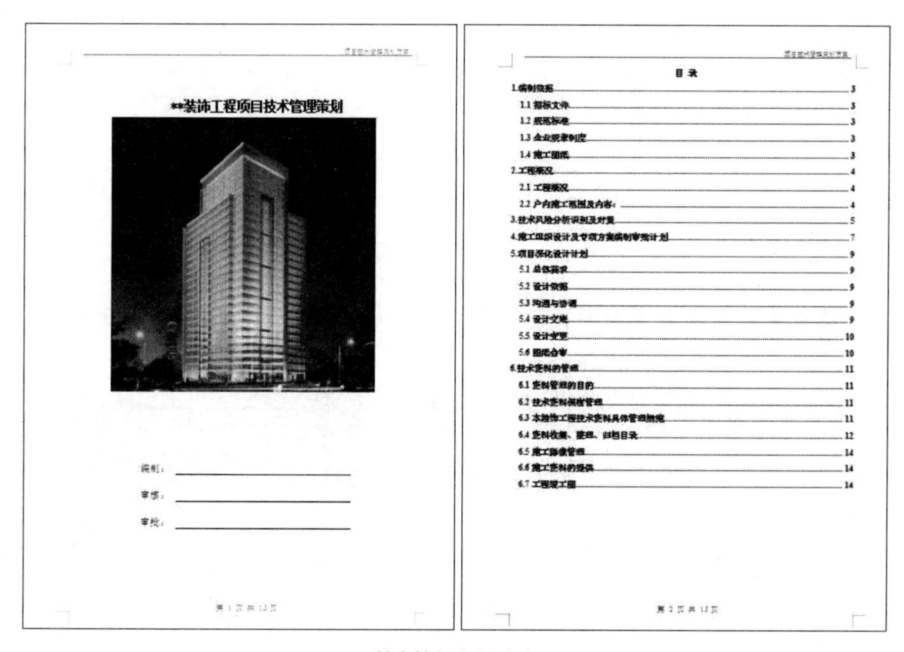

**装饰工程项目技术管理策划

编制：

审核：

审批：

目 录

策划封面及目录

二、质量策划

项目质量是项目的生命线，它不仅关系工程的适用性和建设项目的投资效果，而且关系到人民群众生命财产的安全，是企业生存发展的根本。项目作为五星级高端酒店，为了实现项目质量目标，项目经理部员工在项目经理的带领下，结合工程的特点和管理难点、合同质量目标，从质量管理组织、质量管理策划、质量控制、质量监督、质量样板、质量创优等多个方面进行了详细策划。

1.编制依据

1.1 招标文件

**项目装饰工程合同

1.2 规范标准

类别	名称	编号或文号
国家标准	建筑装饰装修工程质量验收标准	GB50210-2018
国家标准	建筑给水排水及采暖工程施工质量验收规范	GB50242-2002
国家标准	建筑地面工程施工质量验收规范	GB50209-2010
国家标准	建筑电气工程施工质量验收规范	GB50303-2015
国家标准	建筑内部装修防火施工及验收规范	GB50354-2005
行业标准	施工现场临时用电安全技术规范	JGJ46-2005
行业标准	建筑施工安全检查标准	JGJ59-2011
行业标准	建筑涂饰工程施工及验收规程	JGJ/T29-2015

企业规章制度

序号	企业标准
1	《公司装饰项目管理手册》
2	《公司企业管理制度》
3	《公司项目标准化管理手册-施工现场标准化管理手册》
4	《公司精装修工程节点构造标准图集》
5	《公司施工工艺标准》
6	《公司贴面工长实务操作手册》
7	《公司木工工长实务操作手册》
8	《公司油漆工长实务操作手册》
9	我司质量、环境及职业安全健康手册、程序文件及其支持性文件

1.4 施工图纸

（1）业主下发的**项目装饰工程施工图；

（2）项目深化后经业主审批通过的施工深化图纸；

3.技术风险分析识别及对策

序号	技术风险识别内容	对策	备注
1	卫生间的台面钢架，图纸显示基层为L30角钢，根据施工经验，预计承载力不足	向业主建议改为L40角钢，规避后期可能存在台面承载力不足的风险并为商务提供重新报价的机会。后经业主下发正式联系函同意把L30角钢改为L40角钢	详见附图1
2	卫生间的玻璃隔断，图纸显示为6mm的钢化玻璃，通过2个不锈钢夹子和墙体固定，存在安全隐患，并且商务此项没有利润	从安全的角度，向业主建议改为6+6mm的钢化夹胶玻璃，业主综合考虑安全风险及商务成本后，下发正式联系函把6mm钢化玻璃调整为10mm的钢化玻璃。	详见附图2
3	卫生间的吊顶，图纸显示为PVC吊顶，卫生间吊顶的防火等级要求为A级防火，PVC材料不符合A级防火的要求	从消防防火要求，向业主建议改为铝扣板或耐潮纸面石膏板吊顶，业主综合考虑后，下发正式联系函把PVC吊顶改为300*300mm铝扣板吊顶。	详见附图3
4	客房玄关吊顶，图纸显示没有检修口，对后期风管及其他设备的检修造成很大的困难，并且清单中并未包括检修口	从方便设备检修的角度，建议业主在玄关吊顶位置增加检修口，方便以后设备检修以及商务获得新增项报价的机会。截止目前业主下发正式联系函把H户型玄关吊顶增加检修口，其他户型暂未下发正式文件。	详见附图4
5	客房吊顶窗帘盒，图纸窗帘盒平顶与幕墙竖封下口平，窗帘盒立面与结构梁侧平，均存在开裂风险	经过现场实际测量，向业主建议窗帘盒平顶上调20mm，窗帘盒立面外移后，收到梁上延伸至吊顶以上，避免两个部位的开裂风险。业主同意让我们画在施工草图内，他们予以确认，目前已经确认。	详见附图5
6	客房玻璃幕墙（存在可开启扇）处窗台板（标高为230mm），图纸显示没有防护栏杆，从消防角度，不满足消防防火规范要求	从不满足消防防火规范要求的角度，向业主建议在幕墙处增加防护栏杆，以满足消防防火规范相关要求。后经，业主下发正式联系函增加不锈钢防护栏杆。	详见附图6

策划内容

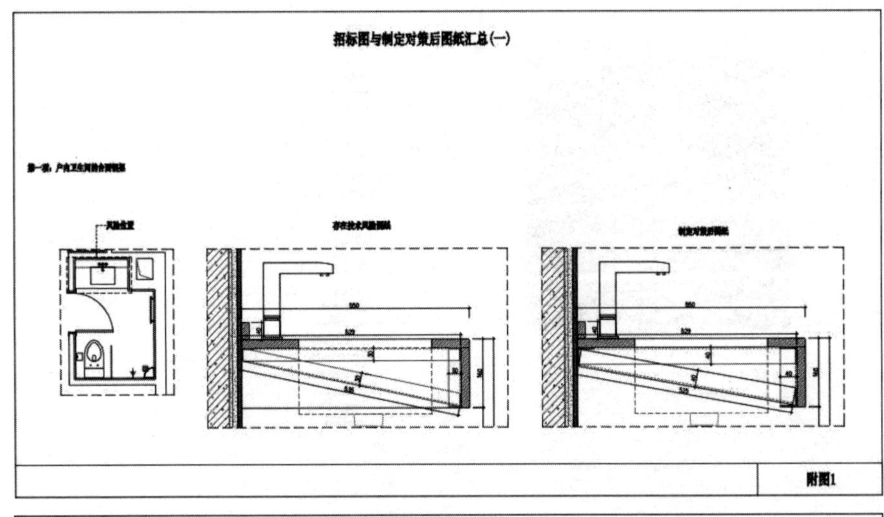

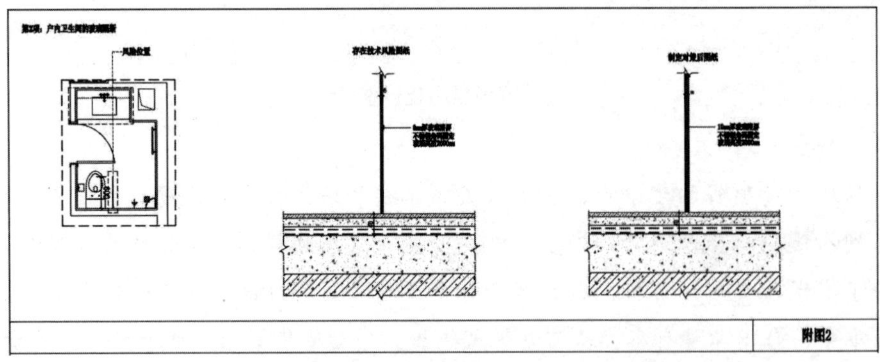

策划点具体施工方案

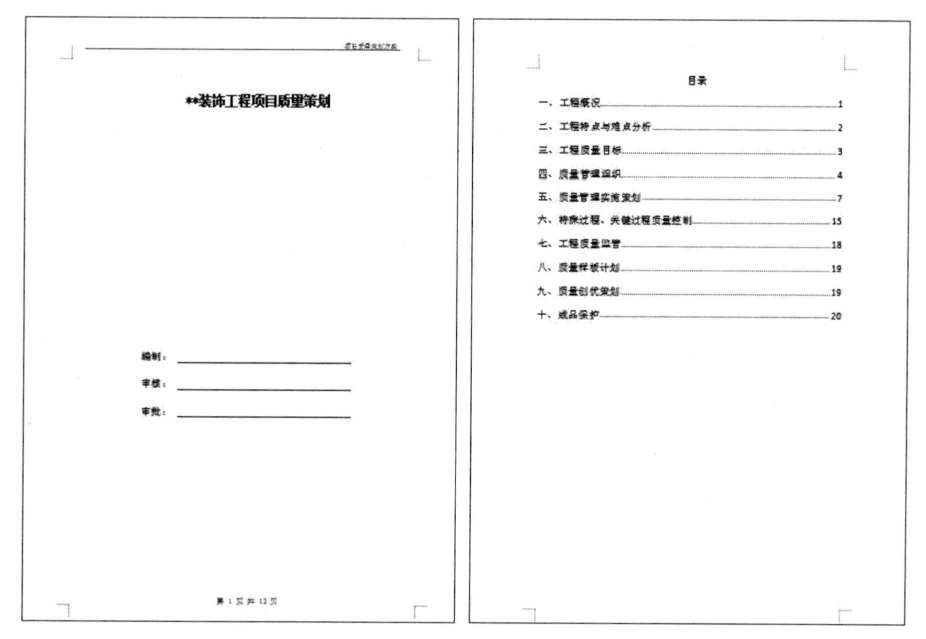

**装饰工程项目质量策划

编制：

审核：

审批：

第 1 页 共 12 页

目录

策划封面及目录

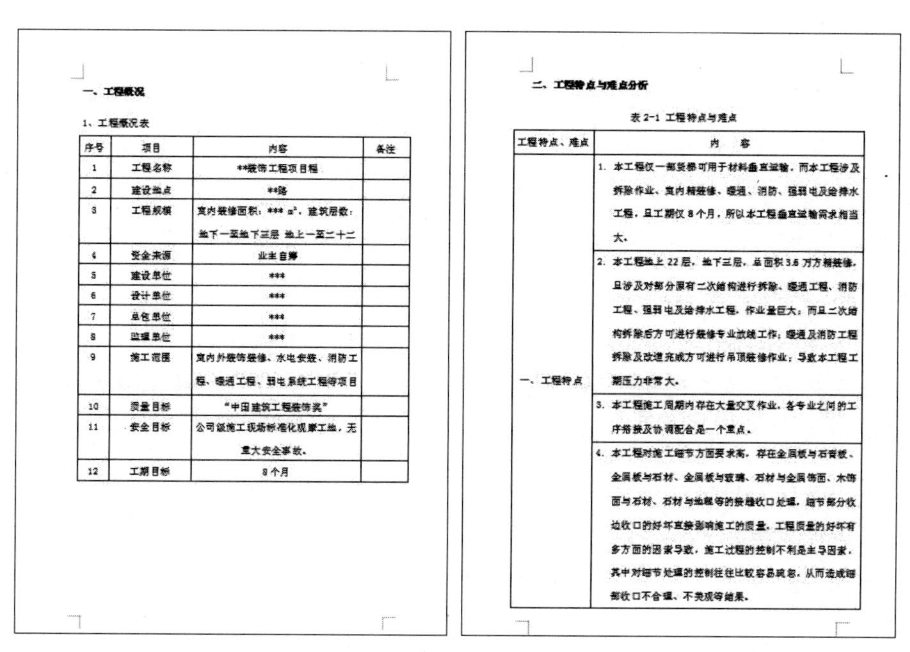

一、工程概况

1、工程概况表

序号	项目	内容	备注
1	工程名称	**装饰工程项目程	
2	建设地点	**路	
3	工程规模	室内装修面积：*** m²，建筑层数：地下一至地下三层 地上一至二十二	
4	资金来源	业主自筹	
5	建设单位	***	
6	设计单位	***	
7	总包单位	***	
8	监理单位	***	
9	施工范围	室内外装饰装修、水电安装、消防工程、暖通工程、弱电系统工程等项目	
10	质量目标	"中国建筑工程装饰奖"	
11	安全目标	公司级施工现场标准化观摩工地，无重大安全事故。	
12	工期目标	8 个月	

二、工程特点与难点分析

表 2-1 工程特点与难点

工程特点、难点	内　　容
一、工程特点	1. 本工程仅一部货梯可用于材料垂直运输，而本工程涉及拆除作业、室内精装修、暖通、消防、强弱电及给排水工程，且工期仅 8 个月，所以本工程垂直运输需求相当大。
	2. 本工程地上 22 层，地下三层，总面积 3.6 万方精装修，且涉及对部分原有二次结构进行拆除、暖通工程、消防工程、强弱电及给排水工程，作业量巨大；而且二次结构拆除后方可进行装修专业放线工作；暖通及消防工程拆除及改造完成方可进行吊顶装修作业；导致本工程工期压力非常大。
	3. 本工程施工周期内存在大量交叉作业，各专业之间的工序搭接及协调配合是一个重点。
	4. 本工程对施工细节方面要求高，存在金属板与石膏板、金属板与石材、金属板与玻璃、石材与金属饰面、木饰面与石材、石材与地毯等的接缝收口处理，细节部分收边收口的好坏直接影响施工的质量，工程质量的好坏有多方面的因素导致，施工过程的控制不利是主导因素，其中对细节处理的控制往往比较容易疏忽，从而造成细部收口不合理、不美观等结果。

策划内容

三、安全策划

进行质量策划时项目经理部要把握以下几点：

（1）施工合同签订后，项目经理部应索取设计图纸和技术资料，指定技术负责人编制并公布项目的有效文件清单。

（2）项目经理部的技术管理应执行国家技术规定和企业技术管理制度。项目经理全面负责主持项目的技术管理工作。项目经理部可自行制订特殊的技术管理制度，并由总工程师审批。

（3）项目经理部的技术管理工作应包括下列内容：

技术管理基础性工作，施工过程的技术管理工作，技术开发管理工作，技术经济分析与评价。

（4）项目经理（或项目技术负责人）应履行下列职责：

主持项目的技术管理，主持制订项目技术管理工作计划，组织有关人员熟悉与审查图纸，主持编制项目施工方案并组织落实，负责技术交底，组织做好测量及其核定，指导质量检验和试验，审定技术措施计划并组织实施，参加工程验收，处理质量事故，组织各项技术资料的签证、收集、整理和归档，组织技术学习，交流技术经验，组织专家进行技术攻关。

（5）项目经理部的技术工作应符合下列要求：

项目经理部在接到工程图纸后，按要求进行图纸会审和技术交底工作。项目经理提出设计变更意见，进行一次性设计变更洽商。在施工过程中，如发现设计图纸中存在问题，或施工条件变化必须补充设计，或需要材料代用，可向设计人员提出工程变更洽商书面资料。工程变更洽商应由项目经理签字。

（6）项目经理编制施工组织设计或施工方案。

（7）技术交底必须贯彻施工验收规范、技术规程、工艺标准、质量检验质量评定标准、成品保护、环境保护等要求。书面资料应由施工员签发，项目经理审批签字确认，使用后归入技术资料档案。

（8）项目经理部应将合作单位的技术管理纳入技术管理体系，并对其施工方案的制订、技术交底、施工试验、材料试验、分项工程预检和隐检、竣工验收等进行系统的过程控制。

（9）项目经理应按质量计划中工程合作单位和物资采购的规定，参与选择并评价合作单位和供应商，并应保存评价记录。

（10）公司人力资源部应定期组织对项目施工人员进行质量知识培训，并应保存培训记录。

安全是项目的红线，一旦发生项目安全事故，不仅项目面临巨大损失，项目管理人员、企业管理人员更要受到法律的制裁，其严重性不言而喻。项目经理小王充分吸取其他项目安全事故的教训，总结经验，针对自己项目的特点，进行了相应的安全策划。

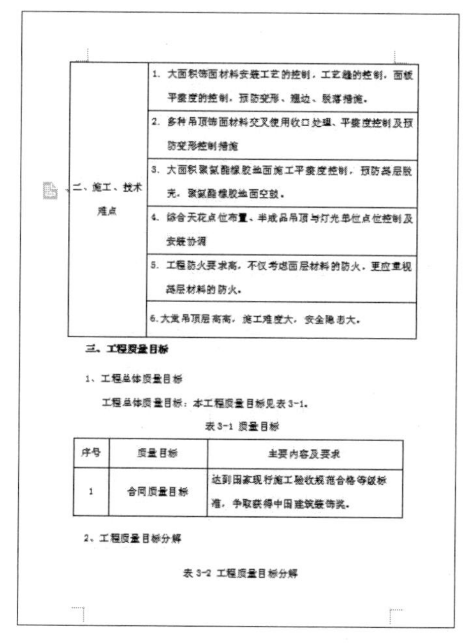

二、施工、技术难点	1. 大面积饰面材料安装工艺的控制，工艺缝的控制，面板平整度的控制，预防变形、翘边、脱落措施。
	2. 多种吊顶饰面材料交叉使用收口处理、平整度控制及预防变形控制措施
	3. 大面积聚氯酯橡胶地面施工平整度控制，预防基层脱壳，聚氯酯橡胶地面空鼓。
	4. 综合天花点位布置、半成品吊顶与灯光单位点位控制及安装协调
	5. 工程防火要求高，不仅考虑面层材料的防火，更应重视基层材料的防火。
	6. 大堂吊顶层高高，施工难度大，安全隐患大。

三、工程质量目标

1、工程总体质量目标

工程总体质量目标：本工程质量目标见表 3-1。

表 3-1 质量目标

序号	质量目标	主要内容及要求
1	合同质量目标	达到国家现行施工验收规范合格等级标准，争取获得中国建筑装饰奖。

2、工程质量目标分解

表 3-2 工程质量目标分解

分项工程	质量目标		责任单位
分项工程	主控项目	偏差项目	
墙面	饰面板	垂直度、水平度	项目部
墙面	钢骨架基层	垂直度、水平度	项目部
墙面	干挂石材/砖	垂直度、水平度	项目部
墙面	隔墙骨架	垂直度、水平度	项目部
墙面	软硬包面层	垂直度、水平度	项目部
地面	防水层	厚度、整体性、细部处理	项目部
地面	地面砖/石材	水平度	项目部
地面	环氧地坪	水平度	项目部
地面	地毯	水平度、边角收口	项目部
天花	玻纤板	水平度、收口细节	项目部
天花	矿棉板	水平度	项目部
天花	烤漆钢板	水平度	项目部
天花	空净顶棚系统	水平度	项目部

四、质量管理组织

1、质量管理机构

（质量管理机构考虑企业、项目相关管理部门及分包组成及关系，如施组中已明确可按施组执行。）

2、管理人员职责及分工

策划内容

**装饰工程项目安全策划

编制：

审核：

审批：

第 1 页 共 12 页

目录

封面及目录

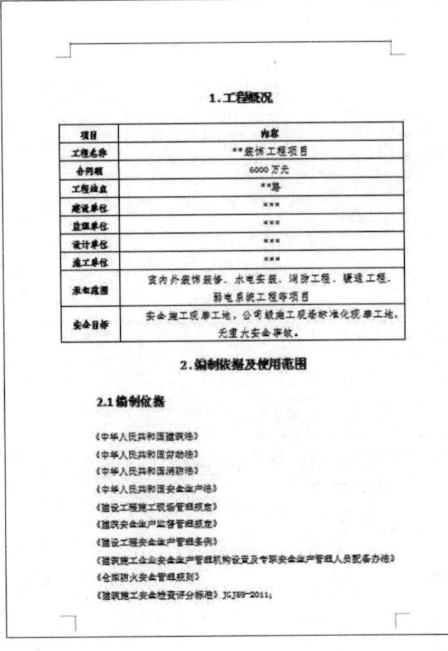

1.工程概况

项目	内容
工程名称	**装饰工程项目
合同额	6000万元
工程地点	**路
建设单位	***
监理单位	***
设计单位	***
施工单位	***
承包范围	室内外装饰装修、水电安装、消防工程、暖通工程、弱电系统工程等项目
安全目标	安全施工观摩工地，公司级施工现场标准化观摩工地，无重大安全事故。

2.编制依据及使用范围

2.1编制依据

《中华人民共和国建筑法》
《中华人民共和国劳动法》
《中华人民共和国消防法》
《中华人民共和国安全生产法》
《建设工程施工现场管理规定》
《建筑安全生产监督管理规定》
《建设工程安全生产管理条例》
《建筑施工企业安全生产管理机构设置及专职安全生产管理人员配备办法》
《仓库防火安全管理规则》
《建筑施工安全检查评分标准》JGJ59-2011；

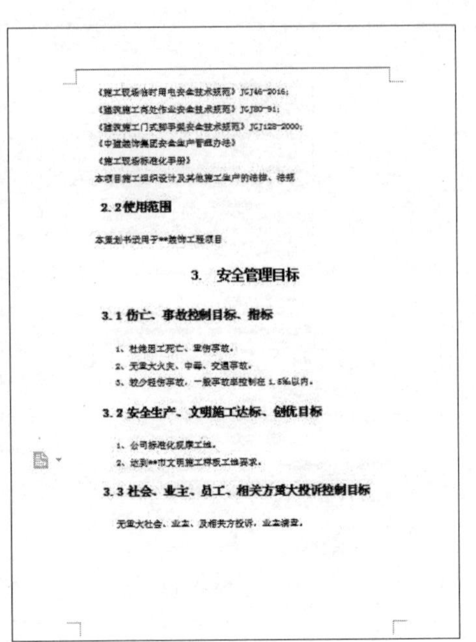

《施工现场临时用电安全技术规范》JGJ46-2016；
《建筑施工高处作业安全技术规范》JGJ80-91；
《建筑施工门式脚手架安全技术规范》JGJ128-2000；
《中建装饰集团安全生产管理办法》
《施工现场标准化手册》
本项目施工组织设计及其他施工生产的法律、法规

2.2使用范围

本策划书适用于**装饰工程项目

3. 安全管理目标

3.1伤亡、事故控制目标、指标

1、杜绝因工死亡、重伤事故。
2、无重大火灾、中毒、交通事故。
3、较少轻伤事故，一般事故率控制在1.5‰以内。

3.2安全生产、文明施工达标、创优目标

1、公司标准化观摩工地。
2、达到**市文明施工样板工地要求。

3.3社会、业主、员工、相关方重大投诉控制目标

无重大社会、业主、及相关方投诉，业主满意。

策划内容

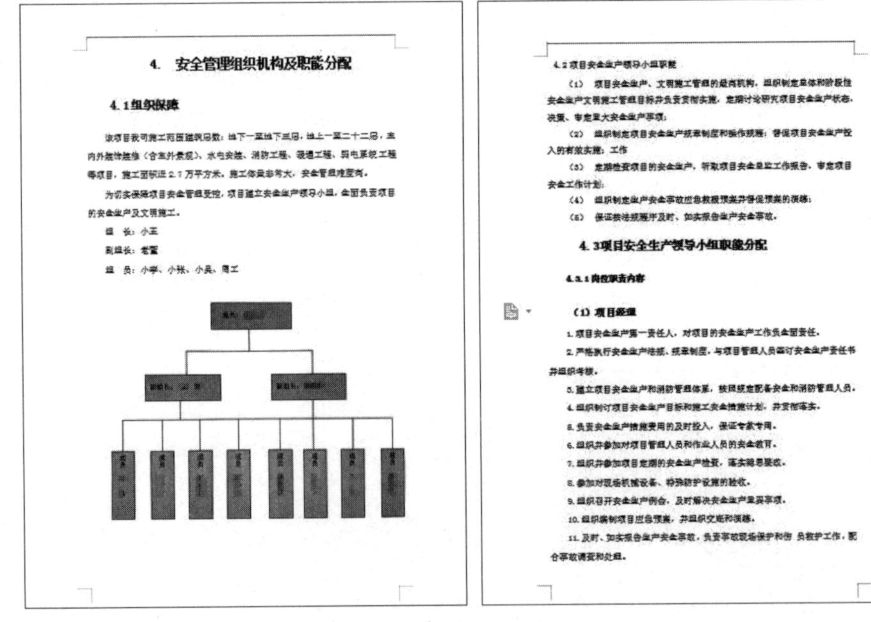

4. 安全管理组织机构及职能分配

4.1组织保障

该项目我司施工范围建筑层数：地下一至地下三层，地上一至二十二层，室内外装饰装修（含室外景观）、水电安装、消防工程、暖通工程、弱电系统工程等项目，施工面积近2.7万平方米，施工体量非常大，安全管理难度高。

为切实保障项目安全管理受控，项目建立安全生产领导小组，全面负责项目的安全生产及文明施工。

组 长：小王
副组长：老董
组 员：小李、小张、小吴、周工

4.2项目安全生产领导小组职能

（1） 项目安全生产、文明施工管理的最高机构，组织制定总体和阶段性安全生产文明施工管理目标并负责贯彻实施，定期讨论研究项目安全生产状态，决策、审定重大安全生产事项；
（2） 组织制定项目安全生产规章制度和操作规程；督促项目安全生产投入的有效实施；工作
（3） 定期检查项目的安全生产，听取项目安全总监工作报告，审定项目安全工作计划；
（4） 组织制定生产安全事故应急救援预案并督促预案的演练；
（5） 保证按法规程序及时、如实报告生产安全事故。

4.3项目安全生产领导小组职能分配

4.3.1岗位职责内容

（1）项目经理

1.项目安全生产第一责任人，对项目的安全生产工作负全面责任。
2.严格执行安全生产法规、规章制度，与项目管理人员签订安全生产责任书并组织考核。
3.建立项目安全生产和消防管理体系，按照规定配备安全和消防管理人员。
4.组织制订项目安全生产目标和施工安全措施计划，并贯彻落实。
5.负责安全生产措施费用的及时投入，保证专款专用。
6.组织并参加对项目管理人员和作业人员的安全教育。
7.组织并参加项目定期的安全生产检查，落实隐患整改。
8.参加对现场机械设备、特殊防护设施的验收。
9.组织召开安全生产例会，及时解决安全生产重要事项。
10.组织编制项目应急预案，并组织交底和演练。
11.及时、如实报告生产安全事故，负责事故现场保护和伤员救护工作，配合事故调查和处理。

策划内容

5.2项目危险源辨识及控制措施清单

部门/单位：		泛海国际招商银行项目			
序号	危险源	危险因素	方法措施	责任人	完成时间
1	临时电箱	非专业电工接驳、维修，未采用三级配电、二级保护措施，配电系统未经验收投入使用	落实安全生产责任制度，建立临电验收制度，落实临时电工责任考核制度，及时巡查，落实整改；悬挂安全警示牌		全过程
2	电缆	电缆破皮、泡水、超负荷使用导致触电	落实安全管理责任制，建立临电验收制度，落实临时电工责任制度及考核制度，及时巡查，落实整改；悬挂安全警示牌		全过程
3	用电设备	不遵守操作规程用电，设备未经验收投入使用，不佩戴劳保用品，设备漏电导致触电	落实安全生产责任制度，建立机具设备验收制度，落实临时电工责任制度及考核制度，加强现场安全教育，及时巡查，落实整改；悬挂安全警示牌		全过程
4	脚手架	脚手架未验收及投入使用，脚手架上违章施工，未佩戴劳保用品，擅自拆除防护设施等	落实安全管理生产责任制度，落实安全技术方案的编审，建立脚手架验收制度，落实安全技术交底制度、班前教育，加强安全教育，及时巡查，及时排除隐患；悬挂安全警示牌		全过程
5	临边洞口	临边洞口未搭设防护设施，防护设施搭设不符合要求，防护设施被拆除，挪用防护设施等	落实安全生产责任制度，按照公司标化图集搭设防护设施并进行验收（在途中洞口位置搭设防护栏杆并悬挂安全平网），加强工人安全教育，落实安全技术交底及班前教育制度，及时巡查，落实整改，排除隐患；悬挂安全警示牌；		全过程
6	动火作业	不按操作规程动火、动火前未清理周围易燃物品、无接火斗、无看火人等	落实安全生产责任制，建立动火审批制度，加强工人安全教育，落实安全技术交底制度及班前教育制度，及时巡查，落实整改，排除隐患；		全过程

策划内容

6.1.1责任分解

项目安全生产管理责任矩阵图									
序号	项目安全管理清单								
1	安全职业健康体系建立	★				■			
2	安全管理规章制度建立	★	☆	☆		■			
3	安全生产责任制度建立与分解	★	☆	☆		■			
4	安全策划编制	★	☆	☆		■			
5	安全费用投入计划	☆	★	☆		■	☆		
6	安全专项方案编制	★	☆	☆		■			
7	危险性较大工程专家论证	★	☆	☆		■		☆	
8	入场安全教育培训	■	☆	☆	☆	★			
9	与劳务方、分包方签订安全协议	★	☆	☆		■			
10	项目班前教育	■	★	☆	☆	☆			
11	每周、季节性、节假日安全教育	■	☆	★	☆	☆			
12	每周安全会议	★	☆	☆	☆	■	☆	☆	☆
13	项目经理每周带班检查	★	☆	☆		■			
14	施工安全技术交底	■	☆	★	☆	☆		☆	
15	安全责任评定考核	★	☆	☆		☆			

策划内容

某五星级酒店室内装饰工程建筑面积46000 m^2，装饰施工范围内建筑面积30000m^2，合同造价1.5亿元。该项目采用固定价格合同，单价固定，总价按实结算。工程无预付款，进度款累计付到工程合同价款的70%时停止拨付，竣工验收后付至80%，办理完工结算审计一个月内付至95%，5%质保金一年后付清。工程工期为500天，配合整体工程争创省优。项目班子进场后，在质量、安全、效益、工期等方面工作取得进展，主要开展以下工作。

一是以企业管理制度为依据，分工协作。进场后，项目组织全体管理人员认真学习企业制度要求，建立质量、安全、工期、成本及文明施工等保障体系，明确管理职责，量化考核指标。项目经理对整个项目进行宏观管理，严格履行与业主、与企业的合同责任。同时，还负责项目质量目标、效益目标、进度目标、安全文明目标的策划、组织、管理与落实。项目技术负责人负责现场技术管理工作，同时兼管项目生产和设计优化工作，主持每日工作例会。各专业施工员负责本专业范围内的质量、进度、材料包耗、人工费控制等工作，是本专业质量管理的第一责任人。项目安全员负责安全监督管理，管理重点做好防高空坠落和防火防盗工作。项目物资管理员对接公司物资部采购门，负责材料询价、比价、招标和材料款支付建议等工作。项目还对资料员等管理岗位的具体工作进行量化，明确责权，做到科学分工，有效协作。

二是以项目策划为主线，理清思路。企业领导对该项目给予高度重视和支持。项目进场初期，企业分别组织召开了两次专题会议，对项目的各项策划工作进行详细部署。项目班子集思广益，通过分析项目的各种因素，明确了策划工作的管理重点和目标。本项目存在报价偏低、工期较紧、无预付款、资金支付压力大、总包单位协调难度大等不利因素。同时，也具有自购材料占主体、部分项目易于变更、监理服务配合好等有利因素。在分析了利弊因素后，项目就商务、质量、安全等方面作了精心策划。在商务策划方面，项目对业主履约情况进行了充分了解。为缓解资金压力，灵活机动地制定策略，逐一实施。在质量安全方面，项目把管理重点放在大堂、餐厅、会议室为主的A区，客房为主的B区次之。因为大堂空间大、要求高，所以是质安工作的重中之重，在材料品质和劳动力的挑选上，提出了更高的要求。在工期策划方面，项目结合现场实际，采取了先客房，后公共部分，班组按区域施工的管理措施，为缩短工期创造了条件。

三是以资源配置为手段,加强保障。项目管理的关键在于资源配置。该项目体量大，工期紧，工艺复杂，加上没有预付款，因此，对劳务、材料及资金资源的使用上提出了更高的要求。为此，项目主要做了以下工作：

积极开展劳务招投标工作。结合项目实际情况，选择了一个普工班、一个安装班、三个贴面班、三个油漆班和四个木工班，施工高峰期间达到500余人，基本满足项目施工的需要。另外，在生产班组中推行材料包耗管理，有效降低材料使用量。同时，项目对班组提出了明确的质量、安全、文明施工等要求，在劳务合同中制订了具体的奖罚条款。通过实施优胜劣汰机制，在一定程度上促进了班组之间的竞争，提高了班组的积极性。认真抓好材料招投标管理，大宗材料由企业集中招标，从中心城市采购，零星材料以当地供应为主。项目经理部在材料的使用上遵循两条重要原则：其一，材料商必须具备一定规模，尽可能使用与企业合作过或者正在合作的供应商；其二，为节省人工，降低成本，尽可能采取专业化、工厂化施工，减轻人工费和材料费的支付压力，降低和转移潜在的资金风险。严格控制资金支付。项目管理重点加强合同管理，严格遵守公司的财务纪律，力求做到以收定支。

四是把握阶段管理重点，力求忙而不乱。项目进场初期，合同谈判、工程量复核、界面划分、样板房施工、材料送审、劳务及材料招投标等工作亟待开展。经过分析，项目经理部把合同谈判和样板房施工作为项目的管理重点。为尽可能规避风险，项目经理部会同业主展开了多次合同谈判。样板房的顺利施工让项目经理部获得了业主的充分信任，为后续的设计变更奠定了基础。施工过程中，项目经理部同样面临资源配置、设计变更与签证、工期控制、质量安全、工程款回收等诸多问题，任何环节都不容许丝毫放松，风险性极大。鉴于此，项目经理部进行了详细的分工，项目经理主要负责签证和工程款回收；物资管理员主要负责材料资源的配置；技术负责人则以工期控制为管理重点，项目经理部充分发挥团队精神，各施所能，各尽其责。

五是加强对接力度，协调各方关系。项目是企业对外的窗口，与业主、监理、总包、设计等单位建立良好关系，是实现项目经营目标的重要因素。项目进场以后，始终以满足业主、服务业主为己任，以创造良好的合作关系为管理重点，审时度势，灵活把握，为工程的顺利进展打下了基础，赢得了各方一致好评。

四、商务策划

某软件基地一期精装修工程是由知名高科技公司投资兴建。整个工程建筑面积25万m^2，某建筑装饰公司中标施工该项目一号楼精装修分包工程，造价约6000万元，2012年5月30日前完工，争创“鲁班奖”。项目经理部于2011年12月进场进行施工准备，次年1月完成样板房施工，2月底展开大面积施工作业。项目经理部自进驻现场以来，认真开展策划管理，重点做好商务策划。

第一、充足的准备，是成功商务策划的先决条件。

编制商务策划书的事前准备。严谨精细的商务策划书是实施项目商务管理的基础，项目前期要对经济状况进行分析，充分把握和整合资源，收集相关经济资料和数据，为编制商务策划书做好充分准备。一是充分的资料收集。工程中标后，项目经理部会同公司商务部门，将工程招标文件、招标图纸、往来文件、中标通知书、合同文件、投标文件（包括投标报价、施工组织设计、样品等）、相关定额等资料收集完整，对管理重点经济数据和效益点进行筛选，掌握项目的商务状况，做到心中有底，为策划做好充分准备。二是必要的商务交底。项目经理部在开始编制商务策划书前，专程邀请公司商务部门相关人员，从合同条款、预算清单、地方定额等方面，对项目经理部全体人员进行商务交底及策划交底，对工程投标中存在的漏项及经济风险点进行剖析，提出商务关键点和相应措施，确定商务策划方向。三是项目目标责任承包。为确保项目取得良好的经济效益目标，项目经理部与公司、分公司多次磋商成本测算，并结合当地定额、项目工期、合同条款等，反复论证，最终确定目标利润率，签订《项目目标责任书》，明确项目商务策划目标。

编制商务策划书的要件分析。准备充分以后，项目管理重点围绕商务策划的可行性和操作性进行要件分析。一是合理统筹资源。项目经济资料很多，合同文本2000多页，还有其他投标过程中往来的经济函件，以及相关定额和当地市场的管理规定。结合项目的材料采购、施工人员组织、工程进度款回收、质量要求和工期履约要求，项目经理部在公司的指导下，认真分析资源组织能力，采用经济合理的资源组合，对项目的人、财、物等各项资源进行统一配置，从资源组织上确保项目生产管理的需要。二是量化责任指标。通过分析，策划书分别对合同工期履约、价款、质量、收款等风险，以及变更签证等方面逐一进行策划。同时，对项目目标责任书中各项指标进行分解，确定专项的目标成本。为超额完成责任指标，项目经理部对成本进行了仔细测算和详细分析，编制低于目标成本的计划成本，从人工费、材料费、措施费等方面并行策划、控制，明确了目标，量化了指标。项目经理部在量化指标的基础上，结合目标成本，对计划成本的各项内容进行分析策划，制订切实可行的控制措施，并进行了成本分解。制订了各工种的人工费、材料费、主要材料损耗控制指标，落实到项目班子各个成员。

第二、科学的策略，是成功商务策划的精髓所在。

动态控制，因势利导。商务策划书编制完成后，在项目施工的过程中，随时结合项目进展和业主要求的不断变化，对商务策划进行动态调控。一是控制合同风险。项目经理部组织成员综合分析，再制定和采取相应措施，规避风险，并得到公司法务部门的帮助。二是管好变更签证。项目经理部增加有经济创效的施工分项，减少亏损分项数量，及时办理变更、签证手续。同时，将变更及签证费用与工程进度款一并进行申请，消除垫资情况，化解风险。三是策划资金使用。项目收款快速高效，工程款尽量做到早收、多收。资金支出严格控制，尽量使用熟悉的材料商及劳务队伍，延迟部分资金支付,减少资金压力,规避资金倒挂风险。四是项目在定期月度成本核算过程中，及时分析当月的成本状况，结合现场实际情况及时进行小结，调整项目策划的目标和措施。

切中要害，降本创效。项目经理部针对管理重点和管理难点，按照策划内容，找准切入点逐条实施。深化设计是项目降本增效的切入点，是商务策划的重要环节。项目经理部组织管理人员在一周内配合现场实际列出投标图中的问题，与设计师一起对投标图进行优化，得到建筑师批准。通过图纸优化以及材料规格和品牌设计变更，直接减少报价亏损，为后期顺利施工提供有利条件。精细化管理与员工执行力相统一同样是切入点。通过全面学习推行精细化管理、推行降本增效管理办法后，引导全体员工提高项目精细化管理认识和落实精细化管理行为。

瞄准契机，事半功倍。本工程为建筑师管理制，便于项目经理部与建筑师之间进行互信高效的沟通。为确保施工进度，项目通过积极主动优化图纸，不仅减缓了建筑师的时间压力，并在最大程度上减少了报价中的亏损项及施工难度，降低了施工成本。

当时国际经济不稳定，劳务人员资源储备量增加，项目经理部在全司范围内进行劳务招标，选择价格合理、素质较高的劳务班组施工，降低了人力资源成本。工程工期紧张，业主在资金支付方面给装饰单位创造了较好的条件，项目经理部收款工作取得良好成绩，缓解了前期资金紧张的状况。

五、资金策划

某酒店外幕墙项目合同额8300万元，考虑到其资金使用额度大，建设工期长，要保证项目正常运转，对于项目资金的使用必须有专项的控制计划。为保障项目资金的有效使用，项目经理部从资金来源、使用及保障、成本控制等方面进行策划。

第一是资金使用计划及保障方案。以公司的劳动消耗定额、材料消耗定额、施工机械台班使用定额、企业管理费定额为依据，根据项目整体进度计划以月为单位进行编制。计划中按照较为不利的付款条件进行考虑，材料按到场计划核算，到场验收后付款至70%，竣工结算后付款至95%，质保期满后支付至100%。人工费按产值计划核实，付款按照竣工前支付到80%，竣工结算后付款至95%，质保期满后支付至100%，管理费及其他按100%支付。

项目资金策划月度支付表

期间	本月成本				累计成本	本月付款				累计付款
	劳务	材料	管理费及其他	合计		劳务	材料	管理费及其他	合计	
2017年12月	20.10	59.84	36.86	116.80	116.80	16.08	41.89	36.86	94.83	94.83
2018年1月	8.68	6.86	19.52	35.06	151.86	6.94	4.80	19.52	31.27	126.10
2018年2月	3.11	21.37	12.44	36.92	188.78	2.49	14.96	12.44	29.89	155.98
2018年3月	3.41	6.07	1.36	10.84	199.62	2.73	4.25	1.36	8.33	164.32
2018年4月	59.55	209.81	10.26	279.63	479.24	47.64	146.87	10.26	204.77	369.09
2018年5月	59.55	223.69	106.50	389.74	868.98	47.64	156.58	106.50	310.72	679.81
2018年6月	225.12	351.81	174.16	751.09	1620.07	180.09	246.27	174.16	600.52	1280.33
2018年7月	59.55	534.23	300.56	894.33	2514.40	47.64	373.96	300.56	722.16	2002.49
2018年8月	232.14	534.23	178.67	945.04	3459.45	185.71	373.96	178.67	738.34	2740.83
2018年9月	59.55	546.23	135.87	741.65	4201.10	47.64	382.36	135.87	565.87	3306.71
2018年10月	225.12	478.33	173.79	877.24	5078.34	180.09	334.83	173.79	688.72	3995.42
2018年11月	59.55	322.78	149.00	531.33	5609.67	47.64	225.95	149.00	422.59	4418.01
2018年12月	112.99	154.13	353.42	620.53	6230.20	90.39	107.89	353.42	551.69	4969.71
2019年1月	172.46	305.43	169.80	647.69	6877.89	137.97	213.80	169.80	521.57	5491.27
竣工验收	0.00	78.74	105.51	184.25	7062.14	195.13	938.71	105.51	1239.34	6730.61
质保期满	0.00	0.00	15.00	15.00	7077.14	65.04	266.48	15.00	346.52	7077.14
合计	1300.85	3833.56	1942.72	7077.14	7077.14	1040.68	3833.56	1942.72	6816.97	7077.14

第二是资金回收，根据进度计划及招标文件中有关付款条件编制，通过策划超前报量、多报量的思路，及时收工程款，缓解项目资金压力。

项目资金策划月度收款预算表

期间	形象进度	本月报量	累计报量	收款比例	本月收款	累计收款
2017年12月	0.32%	31.46	31.46	0.00%	0.00	0.00
2018年1月	2.52%	217.90	249.36	0.38%	31.46	31.46
2018年2月	3.57%	104.55	353.91	2.63%	217.90	249.36
2018年3月	4.64%	105.96	459.87	1.26%	104.55	353.91
2018年4月	9.67%	498.34	958.21	1.28%	105.96	459.87
2018年5月	16.42%	668.41	1626.61	6.00%	498.34	958.21
2018年6月	27.91%	1138.64	2765.25	8.05%	668.41	1626.61
2018年7月	40.39%	1236.57	4001.82	13.72%	1138.64	2765.25
2018年8月	52.36%	1186.73	5188.55	14.90%	1236.57	4001.82
2018年9月	63.22%	1075.89	6264.44	14.30%	1186.73	5188.55
2018年10月	73.98%	1066.50	7330.94	12.96%	1075.89	6264.44
2018年11月	80.00%	596.08	7927.02	12.85%	1066.50	7330.94
2018年12月	项目竣工	372.98	8300.00	7.18%	596.08	7927.02
2019年1月	结算完成	0.00	8300.00	4.49%	372.98	8300.00
2019年12月		0.00	8300.00	0.00%	0.00	8300.00
2020年12月	保修期满	0.00	8300.00	0.00%	0.00	8300.00
合计		8300.00	8300.00	100.00%	8300.00	8300.00

通常，幕墙项目前期垫资大，时间长，无论是对项目还是对公司，都会因此产生巨大的资金压力，但是通过策划，项目实际仅垫资2个月，垫资总额不超过100万元。

项目策划书资金盈余表

期间	形象进度	本月收款	累计收款	本月付款	累计付款	本月盈余	累计盈余
2017年12月	0.38%	0.00	0.00	94.83	94.83	−94.83	−94.83
2018年1月	3.00%	31.46	31.46	31.27	126.10	0.19	−94.64
2018年2月	4.26%	217.90	249.36	29.89	155.98	188.01	93.38
2018年3月	5.54%	104.55	353.91	8.33	164.32	96.21	189.59
2018年4月	11.54%	105.96	459.87	204.77	369.09	−98.82	90.78

续表

期间	形象进度	本月收款	累计收款	本月付款	累计付款	本月盈余	累计盈余
2018年5月	19.60%	498.34	958.21	310.72	679.81	187.62	278.40
2018年6月	33.32%	668.41	1626.61	600.52	1280.33	67.88	346.28
2018年7月	48.21%	1138.64	2765.25	722.16	2002.49	416.48	762.77
2018年8月	62.51%	1236.57	4001.82	738.34	2740.83	498.22	1260.99
2018年9月	75.48%	1186.73	5188.55	565.87	3306.71	620.86	1881.84
2018年10月	88.32%	1075.89	6264.44	688.72	3995.42	387.18	2269.02
2018年11月	95.51%	1066.50	7330.94	422.59	4418.01	643.91	2912.93
2018年12月	项目竣工	596.08	7927.02	551.69	4969.71	44.39	2957.32
2019年1月	结算完成	372.98	8300.00	521.57	5491.27	−148.59	2808.73
2019年12月		0.00	8300.00	1239.34	6730.61	−1239.34	1569.39
2020年12月	保修期满	0.00	8300.00	346.52	7077.14	−346.52	1222.86
合计		8300.00	8300.00	7077.14	7077.14	1222.86	1222.86

第三是对项目资金风险的分析和预防。一是材料价格上涨。提前预判可能出现价格上涨的材料，提前做好订货及合同签订工作，并可考虑在开工前即与材料供应上协商签订合作意向书，先行落实单价及备货工作，并在预算与成本计划中考虑此项风险费用。二是人工价格上涨。本工程的施工时间涉及年底，且面临冬雨季施工。根据以往工程经验，此时间段必将遇到由于抢工等引起的人工价格上涨或其他支付劳务费，在资金计划中应进行充分考虑。针对抢工，还计划在开工后先行确定备用劳动力状态，提前准备好充足的劳动力资源，做到有备无患，避免人员紧张带来的人工费用超预算。三是工程款回收不及时。工程付款延误是绝大多数项目会遇到的问题。针对这一问题，对内，在评估资金需用量后，提供充足的周转资金，保障工程材料、人工及管理费用的正常使用；对外，及时掌握业主资金状况，及时报量，在工程施工中严格按照业主、监理有关付款条件执行，避免因自身的资料问题或其他原因造成工程款的付款延误。四是材料款支付。本工程的材料款占总费用的绝大部分，故在材料订购中重点关注材料款的付款条件。利用公司集采资源优势，选择争取进度款可以推迟于到货时间一个月的供应商供应材料，同时提高商票使用比例和降低过程付款比例，从而减轻资金压力。

六、卫生防疫策划

自2020年2月起，随着国内新冠肺炎疫情防控工作持续深入，某建筑装饰项目积极响应公司防疫复工两手抓的指导方针，制订了专项卫生防疫策划，开展防疫复工准备。

第一，项目紧跟当地政府复工政策要求，及时成立项目“防疫监督小组”与“复工生产小组”，一手抓防疫监督、一手抓施工生产。

第二，项目因履约时间紧、任务重，结合原工期计划，重新调整细化施工方案，制订切实有效的《防疫复工监督方案》《防疫应急预案》及《疫情防控及开复工方案》，迅速完成复工报备手续，做足复工准备。

第三，项目根据现场管理人员及工人数量，根据重新调整的工期计划，仔细核算防疫物资，如口罩、消毒液等的核算，在采购、发放、检测、登记和人员安排等方面做好充足的防疫策划。

2. 管理难点

（1）专项策划针对性更高，专业性更强，需要明确提出策划目标、策划实施的具体措施、具体措施实施的时间、责任人，并设置策划实施出现偏差的调整方案。

（2）各专项策划非单线实施，需充分考虑策划之间的协同机制，以在活动时间、活动空间、活动结构的三维关系中选择最佳的结合点重组资源，确保获得满意可靠的经济效益、环境效益和社会效益。

3. 管理要点

1）技术管理策划

（1）技术风险分析识别及对策，分析项目有可能存在的技术风险并制订解决对策。

（2）项目深化设计计划，主要明确深化设计范围、内容、责任人、完成时间，由项目技术负责人负责编制并落实。

（3）项目科技示范以及科技创新研发目标及计划，明确项目科技示范拟采用的内容、实施部位、验收计划等；明确工法、专利、论文等科技创新成果目标数量及实施计划，由项目技术负责人负责编制并落实。

2）项目质量策划

（1）质量目标和质量内控标准的确定、分解；质量风险、关键工序、特殊工序、质量关键控制点识别。

（2）深化设计和施工组织设计、施工方案的统筹安排。

（3）质量成本控制措施。

（4）工程创奖可行性分析，创优亮点策划等。

3）项目安全及环境策划

（1）安全及环境管理目标设置，安全管理组织结构及职能分配。

（2）安全管理措施、安全技术措施、危险源识别及评价清单、重大危险源清单、安全专项方案控制计划。

（3）指定专家论证的危险性较大的安全专项方案控制计划。

（4）应急预案、安全生产费用的投入计划。

4）安全文明施工策划

（1）现场形象及办公环境，包括：

施工现场总平面布置：对现场进行总体规划和布置，包括工地现场封闭管理、工地入口设置、封闭围墙设置等。

办公室区域布置：包括项目办公室外部形象、办公室门牌、办公用品用具、旗帜、现场会议室或接待室、办公室内图牌等。

施工区域图牌布置：包括门卫室、施工图牌、导向牌、项目宣传栏、工地入口安全提示标牌、材料堆场标识牌、危险源公示牌、项目监督牌、楼层指示牌及安全逃生牌等。

生活区布置：包括现场宿舍、食堂、现场卫生间等。

（2）现场质量安全，包括：

质量安全文化建设：设置质量横幅、专用安全标语等。

安全设施设备标准：设置安全帽及服装标准等。

安全标识设置：包括工地现场安全标志通用牌、通用警告标志牌、通用指令标志牌、通用提示标志牌、专用安全宣传画等。

安全防护设置：包括施工现场脚手架防护、脚手架验收牌、装饰施工阶段水平防护、安全通道防护棚安全防护、预留洞口安全防护、楼层边 / 阳台边 / 中庭临边安全防护、楼梯边安全防护等。

（3）现场消防临电，包括：

消防设施标准化管理：包括施工现场消防管理制度、易燃易爆物品存放、明火作业管理、消防器材配备、施工现场住宿及临建房屋消防规定、消防教育和培训、消防检查和宣传等。

施工用电标准化管理：包括临时用电组织设计、建筑施工现场临时用电要求、两级漏电保护系统、配电箱安全要求、低压照明安全要求、施工电线悬挂设置方案、机具设备安全使用、定期巡检记录等。

（4）现场材料管理，包括：

现场材料堆放标准化管理：建筑装饰材料、构件、料具按施工现场总平面布置图堆放，布置合理，减少二次搬运；建筑材料、构配件及其他料具等必须做到安全、整齐堆放（存放），不得超高和超重；堆料分门别类，悬挂标牌，标牌应统一制作，标明名称、品种、规格数量等。

库存材料管理：建立材料收发管理制度，仓库、工具间材料堆放整齐，各种材料挂贴标识牌，易燃易爆物品不得堆放在施工现场内，专人负责，确保安全。

（5）现场清洁

施工现场清扫保洁：施工现场建立清扫制度，落实到人，做到工完料尽、场地清，车辆进出场应有防泥带出措施。建筑垃圾及时清运，临时存放现场的也应集中堆放整齐、悬挂标牌。不用的施工机具和设备应及时出场。

5）项目商务策划

（1）充分利用合同、招投标文件、相关法律法规及行业性文件，落实盈利项目，并扩大有利条款的适用范围，以取得最大收益。

（2）运用技术、材料、管理等优化手段，最大限度减少由于工程合同订立过程中造成的亏损项目，以保障项目效益。

（3）全面、系统、及时梳理工程合同中存在的风险，制订预防措施，最大程度控制风险项目。

6）资金策划

（1）控制：项目完工前，资金支出需按以下标准控制：室内装饰项目控制在已发生成本的60%以内，幕墙项目控制在已发生成本的80%以内；项目结算前，资金支出需按以下标准控制：室内装饰项目控制在已发生成本的85%以内，幕墙项目控制在已发生成本的90%以内；策划原则上不允许调整，但在主合同或分供合同付款条件发生较大变更、非项目原因造成工期延误1个月以上、业主资金拖欠1个月以上或其他不可抗力因素发生时，可进行调整。

（2）分析：对现金流预测情况进行合理分析，根据存在的资金短缺情况制订具体、有效的措施，包括但不限于向业主多报量、向公司借款（承兑汇票、现金借款、保理融资等）、提高二三次经营利润、调整对分供方的支付等，实现项目资金平衡方案。

7）卫生防疫策划

（1）设立防疫专项小组：根据项目经理部组织架构及岗位职责，结合防疫工作需求，设立卫生防疫专项小组，明确工作职责。

（2）人员信息管理：统计项目防疫期间员工及工人动态情况，包括行程、接触人员、心理状态等。

（3）防疫物资管理：根据人员数量及日消耗量，核算防疫物资需求，并对防疫物资的采购、协调、统计、发放、消耗及是否满足需求进行动态跟进。

（4）宿舍、食堂管理：根据管理人员及工人宿舍住宿环境、用餐环境，指定专人对场所进行消毒，明确每日消毒次数、消毒时间，并做好记录。

（5）防疫应急处理：根据卫生防疫专项小组成员工作职责，明确突发事件发生汇报对象、隔离措施、处理方式、防疫要求等。

4. 管理重点

（1）技术管理策划：执行各级技术管理规定及标准，明确项目技术管理体系的职责、分工及工作流程。

（2）质量策划：实行动态管理，并在各阶段实施前向所有劳务及专业分包进行沟

通和交底；定期开展质量检查工作，落实并反馈质量策划的执行情况，发现偏差及时进行整改和纠正。

（3）安全策划：明确项目经理部各岗位安全管理职责并定期考核；项目经理部专（兼）职安全管理人员配备应满足国家规定及项目实际需要；及时与入场的劳务及专业分包单位和相关施工单位签订安全生产管理协议书、临时用电管理协议书等文件；作业开始前对相关人员做好安全生产管理教育和交底。

（4）文明施工策划：保证施工现场规范化、标准化；提高企业工程项目的文明施工管理水平。

（5）项目商务策划：做好投标预算与目标成本的对比分析工作，重点分析投标清单中的盈利子目、亏损子目和量差子目；采用列举法列出项目风险因素清单，分析风险发生概率和严重程度、涉及金额等，根据风险因素影响度大小排序并逐一确定风险对策（包括主材价格的风险识别，不平衡报价的风险识别，错项、漏项的风险，以及合同条款涉及的风险等）；编制专项深化设计及施工方案，对深化设计及施工方案进行对比、讨论和优化并结合经济技术分析，选择科学合理的深化设计及施工方案；对部分施工内容、进场时间和作业方法等进行策划，对于不同的分包管理模式进行测算，分解风险，降本增效；分析项目盈利点、亏损点、风险点、索赔点等，围绕经济与技术紧密结合展开，通过对合同价款的调整与确认、材料认质认价的报批、签证方式等的策划，增强盈利能力；注重现场管理，避免材料浪费，避免因成品破坏造成的二次施工，做好内部材料损耗和零星人工的使用等内部成本的控制工作。

（6）项目资金策划：根据施工合同、商务策划方案、主要技术方案、施工进度计划、物资采购计划、劳务配置方案、管理人员配置方案等资料预测项目现金流情况。

（7）卫生防疫策划：结合工程所在地政府防疫复工政策文件及公司要求开展防疫策划；明确防疫小组成员职责，覆盖防疫工作全部需求；确保防疫物资的供应及时，储备充分，在发生突发性事件无法供应时，防疫物资可至少持续 1 ~ 2 个月；卫生防疫因建立监督举报问责机制，确保防疫管控有效落地。

5. 文件模板推荐

详见 68 ~ 81 页。

1）技术管理策划

________装饰工程项目技术管理策划

编制：________________

审核：________________

审批：________________

时间：________________

一、编制依据

1.1 招标文件（略）

1.2 规范标准（略）

1.3 企业规章制度

类别	名称	编号或文号
国家标准		
国家标准		
国家标准		
国家标准		
国家标准		
行业标准		
行业标准		
行业标准		

序号	企业标准
1	
2	
3	
4	
5	
6	
7	
8	
9	

1.4 施工图纸（略）

二、工程概况

2.1 工程概况

项目名称	
建设地点	
建设单位	
建设单位	
监理单位	
总包单位	
质量要求	
安全文明目标	
施工范围	
工期	

2.2 施工范围及内容

区域	施工做法

三、施工组织设计及专项方案编制审批计划

序号	施工方案名称	计划完成日期	编制人	审核人	审批人
1					
2					
3					
4					
5					
6					
7					
8					
9					
10					
11					
12					
13					
14					
15					
16					

四、项目深化设计计划

4.1 总体要求（略）

4.2 设计依据（略）

4.3 沟通与协调（略）

4.4 设计交底（略）

4.5 设计变更（略）

4.6 图纸会审（略）

五、技术资料管理

5.1 资料管理的目的（略）

5.2 技术资料保密管理（略）

5.3 本装饰工程技术资料具体管理措施（略）

5.4 资料收集、整理、归档目录（略）

5.5 施工影像管理（略）

5.6 施工资料的提供（略）

2）质量策划

______装饰工程项目质量策划

编制：______________________

审核：______________________

审批：______________________

时间：______________________

一、工程概况

序号	项目	内容	备注
1	工程名称		
2	建设地点		
3	工程规模		
4	资金来源		
5	建设单位		
6	设计单位		
7	总包单位		
8	监理单位		
9	施工范围		
10	质量目标		

二、工程特点与管理难点分析

工程特点、管理难点	内　容
工程特点	1.
	2.
	3.
	4.
施工技术管理难点	1.
	2.
	3.
	4.
	5.
	6.

三、工程质量目标

1. 工程总体质量目标

序号	质量目标	主要内容及要求
1		
2		
3		

2. 工程质量目标分解

分项工程	质量目标		责任部门/责任人
	主控项目	偏差项目	

四、质量管理组织

1. 质量管理机构（略）

2. 管理人员职责及分工

序号	部门/岗位	任职条件	职责内容
1			
2			
3			
4			
5			
6			

3. 质量管理制度

序号	标准及规范名称	编号	执行日期
1			
2			
3			
4			
5			
6			
7			
8			

五、质量管理实施策划

1. 教育与培训计划

序号	培训名称	培训内容	人数	责任人
1				
2				
3				
4				

2. 开工前技术准备

序号	项目	具体内容
1		
2		
3		
4		

3. 质量管理控制点的确定（略）

4. 技术资料管理（略）

5. 施工测量控制

5.1 测量人员

序号	职务	数量	职责
1			
2			
3			

5.2 测量仪器

序号	仪器名称	数量	精度要求	有效性
1				
2				
3				
4				
5				
6				
7				
8				

6. 其他保证措施

序号	项目	具体措施
1		
2		
3		

7. 原材料质量控制

序号	项目	具体措施	责任人
1			
2			
3			

8. 计量管理控制

拟配置的主要测量仪器如下。

序号	仪器名称	型号	数量	用途
1				
2				
3				
4				
5				
6				
7				
8				
9				

拟配置的主要试验和检测器具如下。

序号	设备名称	数量	实验能力及用途
1			
2			
3			
4			
5			
6			
7			

9. 检测、试验管理

序号	检测名称	检测方法	检测单位	预计检测数量
1				
2				
3				
4				

六、特殊过程、关键过程质量控制（略）

七、工程质量监管

1. 质量监管人员

序号	专业、职务	数量	单位
1			
2			

2. 质量监管计划

序号	检验批、分项工程名称	监管方式	监管内容	验收时间
1				
2				
3				
4				
5				

八、质量样板计划

序号	样板名称	样板标准
1		
2		
3		

九、质量创优策划

质量创优目标

质量创优目标	主要内容及要求

十、成品保护

1. 成品保护的范围（略）

2. 材料进场、贮存、运输搬运、加工工程中的保护措施（略）

3. 装修成品保护措施（略）

4. 机电专业成品保护措施（略）

3）安全策划

______装饰工程项目安全策划

编制：______________________

审核：______________________

审批：______________________

一、工程概况（略）

二、编制依据及使用范围

1. 编制依据（略）

2. 使用范围（略）

三、安全管理目标

1. 伤亡、事故控制目标、指标（略）

2. 安全生产、文明施工达标、创优目标（略）

3. 社会、业主、员工、相关方重大投诉控制目标（略）

四、安全管理组织机构及职能分配

1. 组织保障（略）

2. 项目安全生产领导小组职能（略）

3. 项目安全生产领导小组职能分配（略）

五、项目危险源辨识及控制措施清单

序号	危险源	危险因素	方法措施	责任人	完成时间
1	临时电箱				
2	电缆				
3	用电设备				
4	脚手架				
5	临边洞口				
6	动火作业				
7	高空作业				
8	道路交通				
9	饮食				

六、项目安全生产与文明施工保证措施

1. 责任分解

序号	项目安全管理清单	项目经理	项目副经理	施工员	安全员	质量员	预算员
1	安全职业健康体系建立						
2	安全管理规章制度建立						
3	安全生产责任制度建立与分解						
4	安全策划编制						
5	安全费用投入计划						
6	安全专项方案编制						
7	危险性较大工程专家论证						
8	入场安全教育培训						
9	与劳务方、分包方签订安全协议						

续表

序号	项目安全管理清单	项目经理	项目副经理	施工员	安全员	质量员	预算员
10	项目班前教育						
11	每周、季节性、节假日安全教育						
12	每周安全会议						
13	项目经理每周带班检查						
14	施工安全技术交底						
15	安全责任评定考核						
16	组织开展各项安全生产活动						
17	安全隐患排查及整改						
18	重大危险源辨识及管控						
19	职业危害辨识及防治						
20	危险性较大施工旁站						
21	特种作业人员施工管理						
22	施工现场标准化管理						
23	劳保用品采购						
24	劳保用品发放						
25	安全费用投入统计						
26	突发事故应急救援						
27	事故报告和调查处理						
28	安全资料归档						

2. 安全教育（略）

3. 安全交底（略）

4. 安全检查（略）

5. 安全验收（略）

6. 安全考核与奖罚（略）

7. 安全内业资料管理（略）

8. 安全技术方案（略）

9. 现场安全文明施工管理（略）

七、应急管理

1. 应急预案编制计划（略）

2. 事故、事件报告程序（略）

3. 各类事故应急处理方法（略）

4. 事故应急救援医院（略）

八、资金保障

为保证现场安全生产工作顺利实施，根据施工合同及现场安全策划，项目安全生

产费用投入计划如下。

项目	明细	数量	单价	合计
个人安全防护用品				
消防器材				
临时电安全防护				
现场 CI				
体检费用				
应急演练费用				
应急药品				
培训教育				
季节性安全费用				
文明施工费用				
安全防护				

3.3 项目资源准备

1. 概念释义

项目资源准备，指对建筑装饰项目管理活动开展时所需的劳务人员、物资、资金等方面的筛选和筹备，以确保项目的顺利履约。

案例导引

某项目经理部根据项目体量及工艺需求，预计需求劳务人员100人，涉及油漆、木工、瓦工等专业班组约5支，涉及物资供应商40余家。经同项目管理部协商，根据分供方资信、履约能力、资金情况等，部门从公司劳务资源库中分别筛选各专业班组5家及多家物资供应商作为本项目分供方的竞标单位。

为承接本项目，与建设单位建立良好的合作伙伴关系，企业负责人在工程款支付条款方面进行了让利，双方约定进度款支付比例为75%。经预算员小李测算，项目在前5个月将出现资金倒挂现象，在1月份倒挂值将达到高峰，达600万元。为确保项目顺利履约，项目经理部编制了垫资申请及详细的月度资金收支计划，请求公司支援。

古者言“兵马未动粮草先行”。对于建筑装饰项目来说，其“粮草”就是丰富的资源储备，包括负责物资供应的厂家，负责现场施工的劳务队伍，负责设备措施的租赁供应商，当然就项目及公司内部而言，充足的资金储备也尤为重要。

2. 管理难点

（1）资源准备涉及面广，准备内容繁多，包括工人、物资、资金、技术措施等。

（2）资源准备要求高，人员方面要求劳动力充足、专业技术水平满足项目需求，劳务成本满足项目效益需求等；物资方面要求材料品质满足工艺需求，供应商履约能力满足进度要求，物资成本满足项目效益需求等；技术措施方面要求满足安全性、实用性、经济性等。

（3）资源流动性大，准备的资源并非随着计划工作按部就班到位，其经常会随着项目资金状况、现场管理、外部环境等多方面因素影响发生较大的变化，对项目管理活动开展造成障碍。

3.3.1 劳务资源准备

1. 概念释义

劳务资源准备是指项目经理部为满足施工需要，对所使用的劳务队伍进行计划、选择、确定劳务费用的管理过程。由于劳务队伍的使用直接关系到项目的进度、质量、成本、安全、效果等重大目标，因此对劳务队伍的数量、人数、劳务工人技术水平、

服从管理程度均要进行严格核查，为后期项目履约提供基础和条件。

2. 管理要点

（1）项目经理部根据合同要求及项目成本分析，结合项目特点，确定项目劳务分包的工作内容、计价方式、质量目标、主要工期控制节点等管理内容，测算劳务成本。

（2）项目经理部按照项目施工方案的要求，确定所需劳务队伍个数、劳务人员数量、劳务分包施工范围及劳务分包进退场时间等管理要素。

（3）项目管理部门根据企业劳务资源储备情况，结合工程特点和项目经理部计划，初步确定参加投标的合格劳务队伍及劳务招标时间。参加投标的劳务队伍必须从公司确定的合格劳务队伍名册中选择。

（4）项目管理部根据工程难度及项目履约要求，分析项目履约过程中劳务管理难点，提出应对方案和管理措施。

（5）项目管理部组织劳务队伍到现场勘察洽商后，组织劳务招标、投标工作，并确定中标单位，发出中标通知书。签订劳务分包合同后，项目经理部组织劳务队伍进场。

3. 管理重点

（1）公司项目管理部组织项目经理部在项目中标后，尽快完成项目劳务策划编制，以确保项目顺利推进。

（2）项目经理部在中标后，应立即向项目管理部报送劳务用工需求，项目管理部在项目进场前，要尽快通过一定的招标形式选定劳务分包商，并确保劳务工人数量与素质符合项目实际需要。

4. 推荐流程

项目劳务招标流程如图3-4所示。

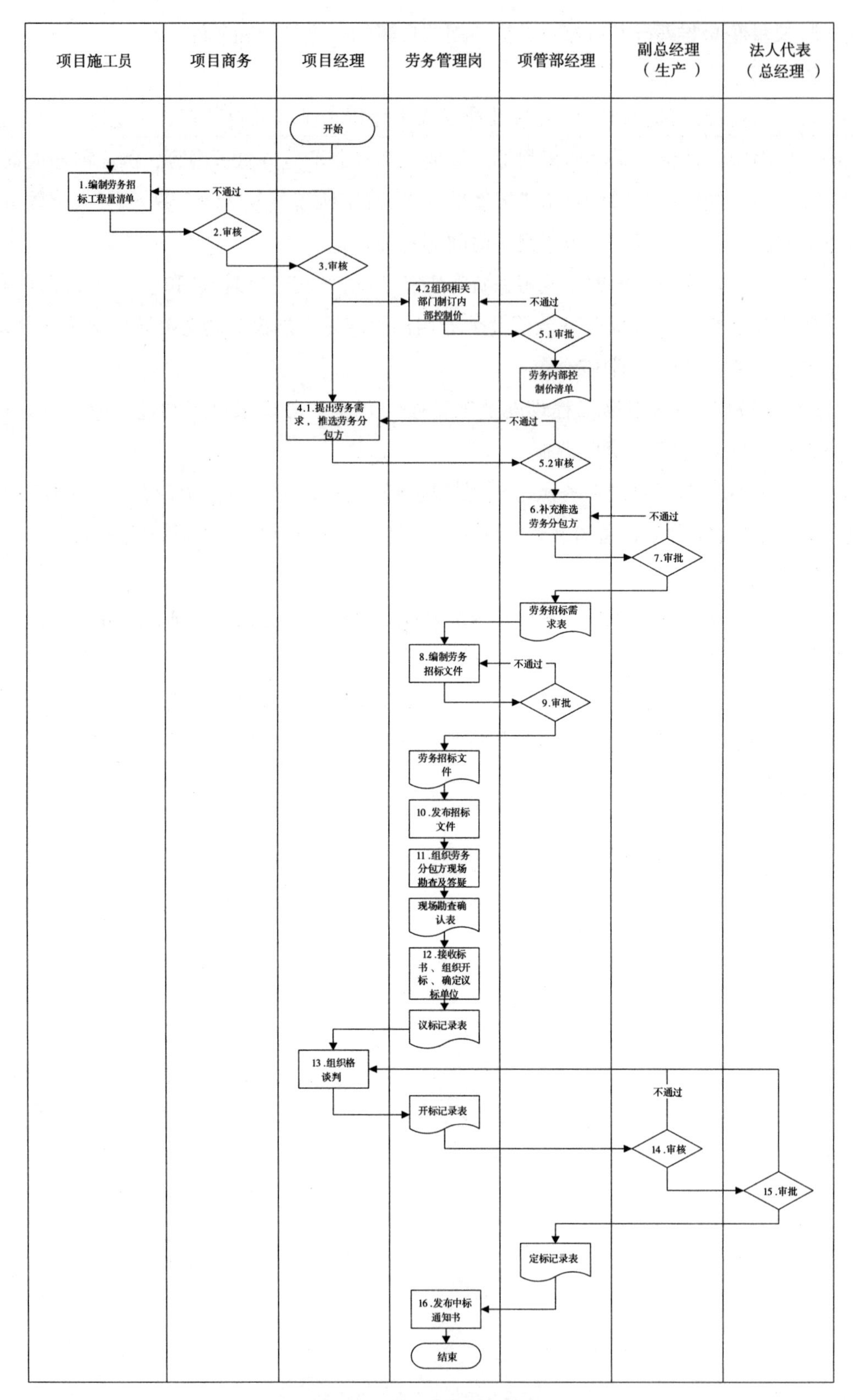

图 3-4 项目劳务招标流程

5. 文件模板推荐

劳务招标文件评审表

项目名称	
招标文件主要内容	
项目经理部意见	
招标小组意见	
副总经理审批	

开标记录表

编号：

工程名称		
开标地点		
开标时间	年　月　日　时	
劳务队伍报价		
劳务公司名称	投标报价（万元）	备　注
参与人员会签：		

劳务议价记录表

<table>
<tr><td>工程名称</td><td colspan="5"></td></tr>
<tr><td>劳务公司名称</td><td colspan="5"></td></tr>
<tr><td>参加人员</td><td colspan="5"></td></tr>
<tr><td rowspan="10">分部分项及单价</td><td>分项名称</td><td>单 位</td><td>工程量</td><td>投标报价（元）</td><td>议定单价（元）</td></tr>
<tr><td></td><td></td><td></td><td></td><td></td></tr>
<tr><td></td><td></td><td></td><td></td><td></td></tr>
<tr><td></td><td></td><td></td><td></td><td></td></tr>
<tr><td></td><td></td><td></td><td></td><td></td></tr>
<tr><td></td><td></td><td></td><td></td><td></td></tr>
<tr><td></td><td></td><td></td><td></td><td></td></tr>
<tr><td></td><td></td><td></td><td></td><td></td></tr>
<tr><td>小计</td><td></td><td></td><td></td><td></td></tr>
<tr><td>合计</td><td></td><td></td><td></td><td></td></tr>
<tr><td colspan="6">主要内容：</td></tr>
<tr><td>项目经理部</td><td></td><td></td><td></td><td></td><td></td></tr>
<tr><td>项目管理部门</td><td></td><td></td><td></td><td></td><td></td></tr>
<tr><td>合约商务部门</td><td></td><td></td><td></td><td></td><td></td></tr>
<tr><td>副总经理</td><td></td><td></td><td></td><td></td><td></td></tr>
</table>

3.3.2 物资资源准备

1. 概念释义

物资资源准备是指项目经理部对施工所需要的主材和辅材的需用量、需要时间等进行核算，通过招标方式，选择价格合理、供应及时、质量合格、服务周到的物资供应商。由于物资成本占到装饰项目总成本的较大比例，因此公司和项目经理部均对物资资源准备高度重视，努力降低成本，提高供应效率。一般来讲，主材采购的主控权掌握在企业层面，项目经理部则需要明确具体需求。

2. 管理要点

（1）项目经理部根据项目物资预算、损耗控制标准、进度计划，确定物资需用总计划。

（2）项目经理部根据物资需用总计划和工程合同规定，制订采购方案，明确采购责任方、分析价格风险因素，制订采购成本控制措施。制订周转料具管理方案和劳务分包队伍材料管理办法。

（3）项目管理部根据工程难度及项目履约要求，分析项目履约过程中物资管理管理难点，提出应对方案和管理措施。

3. 管理重点

（1）公司项目管理部门应在项目进场后尽快组织有关部门和项目经理部编制完成物资策划。

（2）项目经理部在中标后尽快向项目管理部报送物资总控计划及需用计划，项目管理部收到计划后，应尽快通过一定的招标形式选定物资供应商。

4. 流程推荐

项目物资招标流程如图 3-5 所示。

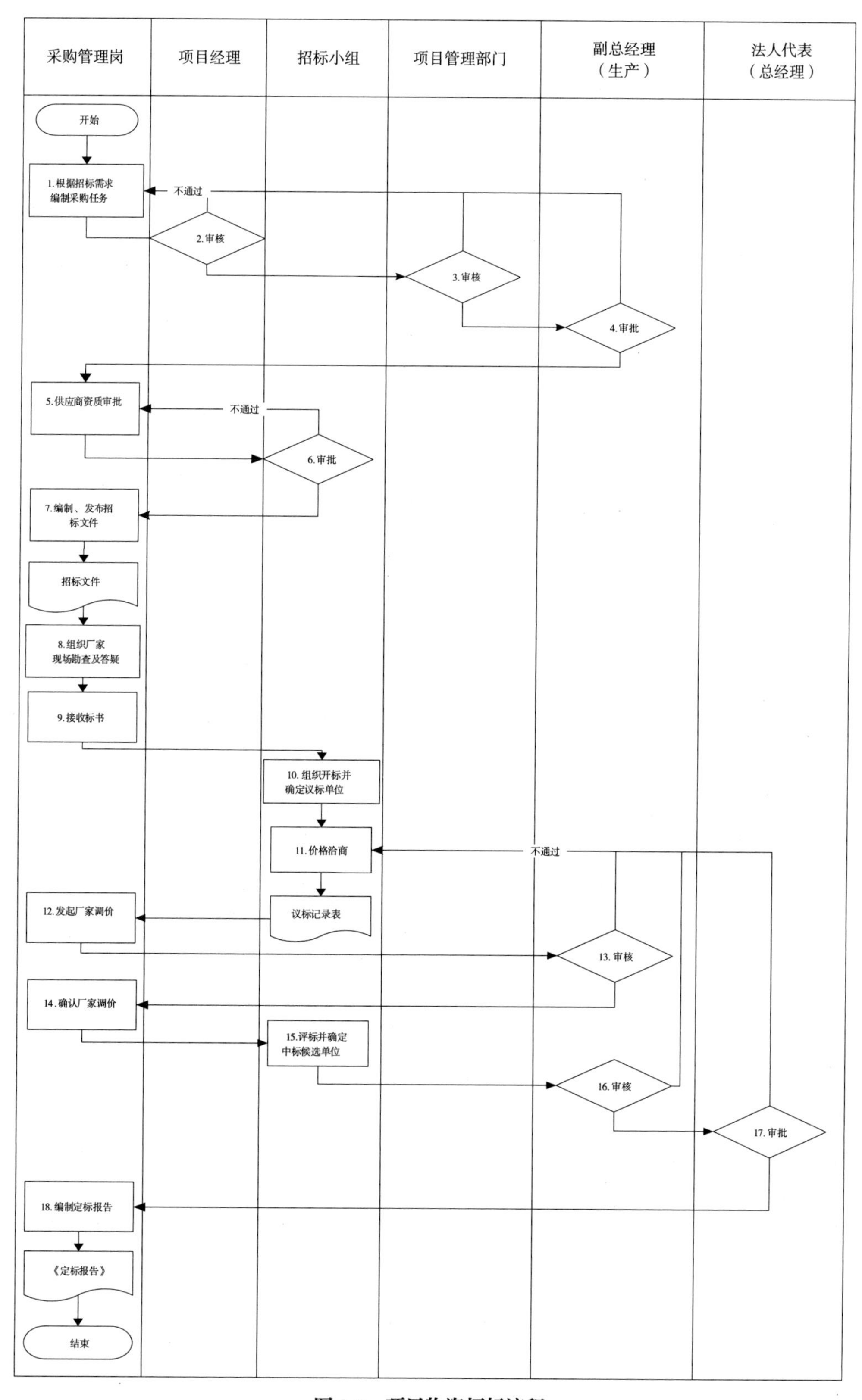

图 3-5 项目物资招标流程

5. 文件模板推荐

详见 90 ~ 91 页。

物资计划表

项目名称：　　　　　　　　　　　　年　　月　　日　　　　　　　　　　编 号：

序号	材料名称	规格	单位	数量	损耗率	用料部位	下单日期	进场日期

招标文件会审表

<table>
<tr><td>项目名称</td><td colspan="7"></td></tr>
<tr><td>招标时间</td><td colspan="3"></td><td colspan="2">招标文件编号</td><td colspan="2"></td></tr>
<tr><td>物资名称</td><td>规格型号</td><td>单位</td><td>质量标准</td><td>需用数量</td><td>计划单价</td><td>采购计划</td><td>备注</td></tr>
<tr><td></td><td></td><td></td><td></td><td></td><td></td><td></td><td></td></tr>
<tr><td></td><td></td><td></td><td></td><td></td><td></td><td></td><td></td></tr>
<tr><td></td><td></td><td></td><td></td><td></td><td></td><td></td><td></td></tr>
<tr><td></td><td></td><td></td><td></td><td></td><td></td><td></td><td></td></tr>
<tr><td></td><td></td><td></td><td></td><td></td><td></td><td></td><td></td></tr>
<tr><td>主要条款</td><td colspan="7"></td></tr>
<tr><td>评审部门</td><td colspan="3">评审内容</td><td colspan="2">评审意见</td><td>评审人</td><td>评审时间</td></tr>
<tr><td>项目管理部门</td><td colspan="3">1. 标的物规格型号、数量、价格、付款方式
2. 标的物质量要求</td><td colspan="2"></td><td></td><td></td></tr>
<tr><td>项目经理部</td><td colspan="3">1. 标的物规格型号、数量
2. 标的物质量要求</td><td colspan="2"></td><td></td><td></td></tr>
<tr><td>合约商务部门</td><td colspan="3">标的物数量、价格、付款方式</td><td colspan="2"></td><td></td><td></td></tr>
<tr><td>法务部门</td><td colspan="3">1. 标书格式的合理性
2. 标书条款齐全性
3. 标书内容的规范性</td><td colspan="2"></td><td></td><td></td></tr>
<tr><td>评审结果</td><td colspan="7"></td></tr>
<tr><td>副总经理</td><td colspan="7"></td></tr>
</table>

3.3.3 机械设备准备

1. 概念释义

机械设备准备是指项目经理部为完成装饰施工，对项目及劳务分包队伍需要使用的机械设备进行计划、购置、检验等管理活动。

2. 管理要点

（1）项目经理部应根据对机械设备的需求不同，依据施工组织设计，在开工前对需要配置的设备进行策划。

（2）针对大型设备（吊篮、外爬脚手架等设备），结合市场资源和成本控制的实际情况，施工进度计划等因素，确定机械设备租赁、采购方案及进出场时间。

（3）针对使用中小型机械使用为主的装饰工程，原则上要求劳务队伍或专业分包方自配。对于需要分包商提供施工设备的，须将对设备管理的相关要求纳入分包合同范畴。

（4）公司项目管理部门根据工程难度及项目履约要求，分析项目履约过程中机械设备管理难点，提出应对方案和管理措施。

3. 管理重点

（1）公司项目管理部门组织项目经理部在项目中标后尽快完成项目机械设备策划编制。

（2）项目经理部在中标后尽快向项目管理部报送机械设备进出场计划，项目管理部门收到计划后，尽快通过一定的招标形式选定机械设备租赁商。

（3）项目经理部应充分结合现场情况、工程特点、工艺需求，按照技术先进、经济合理、生产适用、性能可靠、使用安全、操作方便和维修方便的原则，按需准备机械设备。

4. 流程推荐

项目机械设备招标流程如图 3-6 所示。

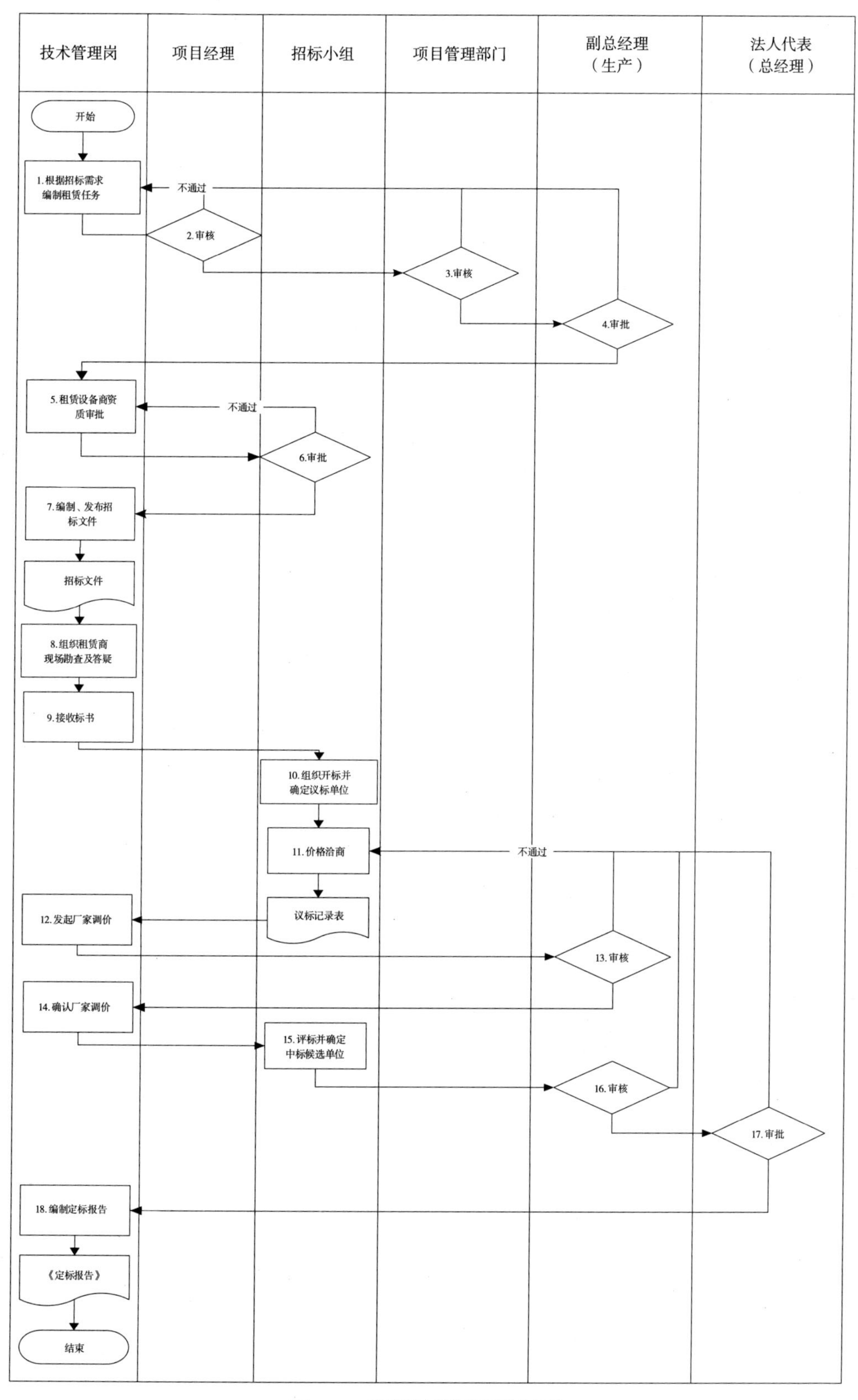

图 3-6　项目机械设备招标流程

5. 文件模板推荐

机械设备招标会审表

<table>
<tr><td>项目名称</td><td colspan="7"></td></tr>
<tr><td>招标时间</td><td colspan="3"></td><td colspan="2">招标文件编号</td><td colspan="2"></td></tr>
<tr><td>物资名称</td><td>规格型号</td><td>单位</td><td>质量标准</td><td>需用数量</td><td>计划单价</td><td>采购计划</td><td>备注</td></tr>
<tr><td></td><td></td><td></td><td></td><td></td><td></td><td></td><td></td></tr>
<tr><td></td><td></td><td></td><td></td><td></td><td></td><td></td><td></td></tr>
<tr><td></td><td></td><td></td><td></td><td></td><td></td><td></td><td></td></tr>
<tr><td></td><td></td><td></td><td></td><td></td><td></td><td></td><td></td></tr>
<tr><td></td><td></td><td></td><td></td><td></td><td></td><td></td><td></td></tr>
<tr><td>主要条款</td><td></td><td></td><td></td><td></td><td></td><td></td><td></td></tr>
<tr><td>评审部门</td><td colspan="3">评审内容</td><td colspan="2">评审意见</td><td>评审人</td><td>评审时间</td></tr>
<tr><td>物资管理部门</td><td colspan="3">1. 标的物规格型号、数量、价格、付款方式
2. 标的物质量要求</td><td colspan="2"></td><td></td><td></td></tr>
<tr><td>项目经理部</td><td colspan="3">1. 标的物规格型号、数量
2. 标的物质量要求</td><td colspan="2"></td><td></td><td></td></tr>
<tr><td>合约商务部门</td><td colspan="3">标的物数量、价格、付款方式</td><td colspan="2"></td><td></td><td></td></tr>
<tr><td>评审结果</td><td colspan="7"></td></tr>
<tr><td>副总经理审批</td><td colspan="7"></td></tr>
</table>

设备购置（租赁）议标记录

项目名称：　　　　　　　　　　　　　　　　材料名称：

<table>
<tr><td>供应商名称</td><td colspan="5"></td></tr>
<tr><td>供应商参加人员</td><td></td><td>职务</td><td></td><td>联系方式</td><td></td></tr>
<tr><td>购方参加人员</td><td colspan="5"></td></tr>
<tr><td>谈判时间地点</td><td colspan="5"></td></tr>
<tr><td colspan="6">议标主要内容：</td></tr>
<tr><td colspan="6">供应商签字确认：</td></tr>
<tr><td colspan="6">参加人签字：</td></tr>
</table>

3.3.4 项目资金准备

1. 概念释义

项目资金准备是指项目经理部根据招投标文件、施工合同、工期策划方案、物资与设备进出场方案、劳务策划方案、管理人员配置方案、各种分包和采购合同等，由项目经理牵头，编制项目资金计划，对资金的收、付等提出的计划安排。

2. 管理要点

（1）项目经理部应根据月度产值、项目月度收入、劳务月度支出、物资月度支出及其他费用月度支出的需求，进行资金策划。

（2）公司项目管理部门根据进度计划审核月度产值合理性，根据劳动力计划及物资采购计划审核月度成本支出合理性；公司商务部门根据进度计划审核间接费等成本支出合理性。

（3）公司财务部门根据资金策划方案及公司资金存量，审核项目月度资金收支合理性，对垫资项目筹备缺口资金，为项目资金管理提出应对方案和有效措施。

3. 管理重点

（1）项目经理部在项目进场前一定时间内完成项目资金策划编制。

（2）资金策划应充分结合项目进度计划、合同收款条件、月度劳务用工计划、月度物资需要计划及其他资金收入情况，做到合理、准确。

（3）如项目发生垫资，则资金策划应设立明确的扭转资金倒挂时间节点。

4. 流程推荐

项目资金策划流程如图 3-7 所示。

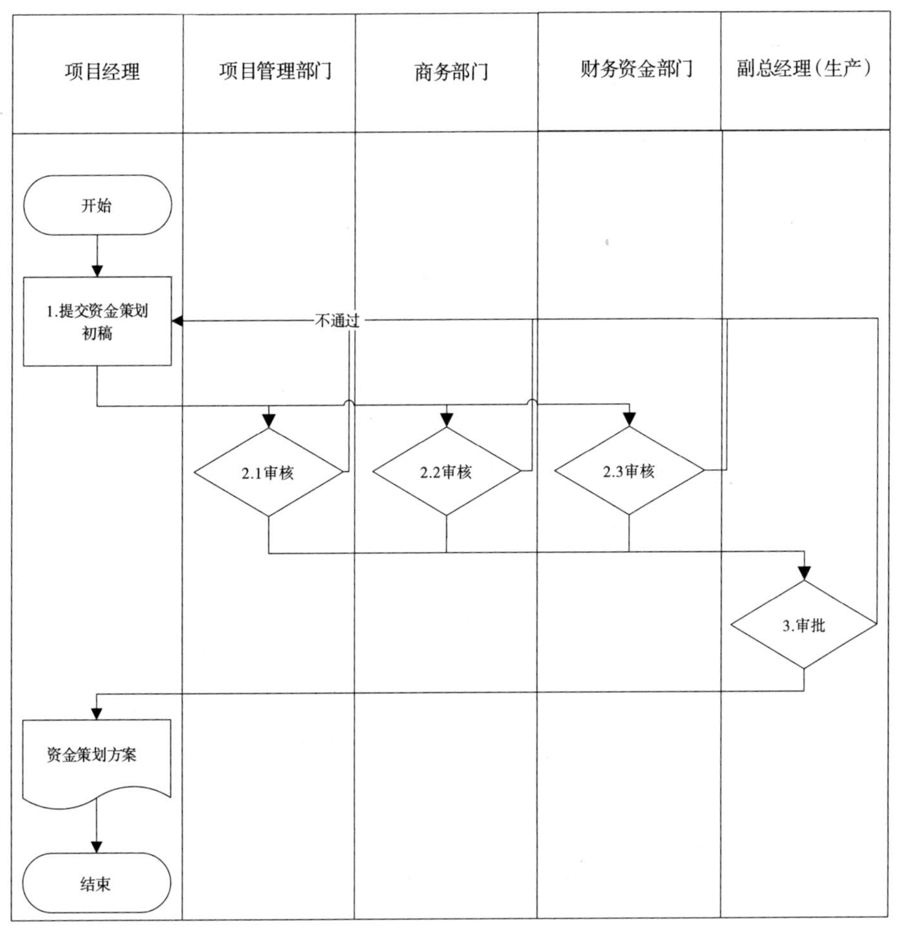

图 3-7　项目资金策划流程

5. 文件模板推荐

项目资金实施策划书

月份	应收进度款	应付劳务费	应付材料款	现场经费	总包管理费及资金成本	其他（税金、措施费等）	应付资金累计	资金结余

续表

月份	应收进度款	应付劳务费	应付材料款	现场经费	总包管理费及资金成本	其他（税金、措施费等）	应付资金累计	资金结余

3.4 项目现场准备

1. 概念释义

项目现场准备，指开工前在项目现场进行通水、通电、通路、通讯、场地平整及项目办公用房、材料仓库、生活区用房搭设或者租赁等准备工作，为项目管理活动提供场地和空间。

案例导引

A 项目地处市核心地段，周围均是高层商业楼。受周边环境因素影响，施工场地较小，建设单位仅提供现场住宿用房，对于办公用房和仓库，需由项目自行搭设。同时在通水、通电、通讯方面，建设单位方仅提供驳接头及信号源连接端。结合现场情况，项目经理部选择酒店 4 层作为项目临时办公室，并利用总承包单位电缆，由施工员根据平面布置图核算通水、通电所需材料用量，由物资管理员核算仓库搭设材料用量。项目团队开始开展“四通一平”、仓库及生活区搭建等工作。

2. 管理难点

（1）装饰项目受环境影响，现场场地和空间条件经常出现无法满足项目需要的情况，如场地空间小，不能满足材料堆放；道路不平整，材料运输消耗量大等，项目经理部需要充分结合现场条件调整方案。

（2）装饰项目受外单位影响，如施工作业面更替，现场准备的临时设施须转移并重新搭设，如准备不周，频繁重置，在降低工效的同时极大增加了项目成本。

3.4.1　四通一平

1. 概念释义

四通一平是指建筑装饰项目为顺利开展施工活动，在总承包单位的帮助下，为办公、生产、生活创造的必要条件，具体指水通、电通、路通、通信通和场地平整。

2. 管理要点

（1）水通：连通水源接口，安装满足施工生产及生活所需的水管，以达到施工现场用水的条件。

（2）电通：连通电源接口，安装满足施工生产及生活所需的电线或电缆，配置各作业楼层配电箱，以达到施工现场用电的条件。

（3）路通：连通外围道路至施工现场周围入口处，以满足施工机械、建筑材料、设备的运输以及施工劳务人员进出的条件。

（4）通信通：连通网络信号，使项目能满足随时与外界进行通信沟通的条件。

（5）场地平整：通过高挖低填、地面硬化等方式，使得施工现场场地平整，以提供生产及生活所需的平面场地。

3. 管理重点

（1）项目中标后 30 天内编制四通一平施工方案，包括工程概况、编制依据、技术规范、施工部署、施工准备条件、施工方法、施工机具设备及劳动力、保证工期的施工技术措施、施工总平面布置图、道路构造等方面。

（2）通水时要充分考虑现场楼层高度、水压及消防要求；通电时要充分考虑现场用电机具电压需求；通路时要充分考虑材料搬运、堆放因素，设置合理路径，提高工作实效，降低施工成本。

3.4.2　库房及堆场设置

1. 概念释义

库房及堆场设置，指为现场材料储藏、堆放场地挑选地址、搭建仓库，布置防护设施及消防安全设施的管理活动。

2. 管理要点

（1）根据施工总平面图，向业主或总包单位提出要求，明确需提供的材料堆放场地，减少材料的二次转运。

（2）根据项目材料进场计划、材料类型、材料体量，编制材料堆场计划，并搭建满足材料存放、材料加工设施。

（3）库房及堆场必须设置消防安全措施，对易燃易爆材料应设置独立的库房及堆场，并设置明显的警示标志。

3.4.3　办公及生活区设置

1. 概念释义

办公及生活区设置，指在施工现场，为满足员工工作、生活及娱乐需求，在一定区域内搭设具有相应功能的临时性建筑。

2. 管理要点

1）办公区布置

包括项目经理部、分部（工区）、分供方（主要指劳务队伍）办公的场所，包括：

（1）区域周围采用不低于1.8m砖砌围墙或通透式围栏封闭，设置美观、耐用、开启方便的大门，并设置专职安保人员。

（2）区域内应设置满足项目管理人员办公需求的适当数量的办公室、会议室、接待室等，适当绿化，保持人与自然环境的统一。

（3）房间净高不低于2.6m，办公室、会议室的使用面积分别不小于12m^2、40m^2。

（4）区域外应设置适当的停车位。

（5）区域内应设置标识标牌，包括驻地工程公示牌、项目组织框架图、安全生产责任制、工程创优规划、管理人员岗位责任制、项目管理方针、项目管理目标等。

（6）区域应设置施工平面图、工程形象进度。

（7）区域应设置事务公开栏、宣传读报栏，设置天气晴雨表。

2）生活区设置

包括项目经理部、分部（工区）、分供方（主要指劳务队伍）日常生活的场所，包括食堂、宿舍、卫生间、淋浴间、活动室等，包括：

（1）食堂距离卫生间、有害物质距离不小于 30m，人均面积不小于 $1m^2$，净高不低于 2.8m。地面硬化，锅台四周、案板等重要部位贴白瓷砖，室内设有排风、新风系统，有防尘、防腐、防虫、防鼠等设施。

（2）宿舍净高不低于 2.6m，设置上下铺。

（3）卫生间大小便池贴瓷砖，地面硬化，可贴砖，设有纱窗纱门。

（4）淋浴间做好防水、排水，墙面贴砖，地面硬化。

（5）活动室：房间净高不低于 2.6m，材料选用防火材料，地面硬化，门窗齐全。

（6）生活区适当绿化，保持人与自然环境的统一。

3. 管理重点

1）办公区布置

（1）办公区的选址必须满足安全要求，避让取土、弃土场地；避开高压线路及高大树木，远离存放易燃易爆物品的临时库房等。

（2）尽量靠近施工现场，同时不受施工干扰；尽量靠近既有公路，便利交通，缩短引入线；确保通信畅通，满足办公自动化要求，便于项目现场管理。

（3）办公区应封闭管理，无关人员不得随意进出办公区域。

2）生活区布置

（1）生活区的选址必须满足安全要求，避让取土、弃土场地；避开高压线路及高大树木，远离存放易燃易爆物品的临时库房等。

（2）食堂设有管理制度，食堂工作人员有健康证，工作时佩戴，穿统一白色工作服。

（3）宿舍生活物品堆放整齐，保持室内外环境卫生、清洁，室外设有垃圾箱，每天定时定点清理。

（4）卫生间、沐浴房使用面积应符合要求，用水用电满足规范要求。

3.5 项目技术准备

1. 概念释义

项目技术准备，是建筑装饰工程施工顺利开展的重要保证，包括施工技术准备工作调查、施工技术资料准备、图纸会审、材料设备和施工现场的技术准备。项目技术准备要根据拟建工程的特点、技术经济条件、施工合同、进度要求、施工场地环境和施工企业施工水平等条件进行。

案例导引

项目的技术准备是项目保证施工进度与质量、克服技术难题的重要基础。老董是公司的资深技术人员，从事各类建筑装饰项目现场管理多年。针对这个项目，经过现场复核及图纸对比，他发现建设单位提供的图纸存在多处问题，包括地砖和开关面板等材料型号不明确、酒店阳台混凝土梁尺寸偏差大、电动遮阳帘设计不合理等。针对这些问题，2019年5月30日，由建设单位组织监理、设计、总承包及项目经理部进行了装修图纸会审工作，各单位间进行了详细沟通，明确了相关要求，形成了图纸会审意见。项目经理部根据意见进行了图纸深化设计。在完成多方确认后，项目经理部收集整理了相关往来文件，为项目顺利履约铺垫基础。其中召开了技术交底会议，并纪要如下：

装饰工程技术交底会会议纪要

日期：2019年6月5日　　　　时间：下午14：00

地点：** 酒店装饰工程项目经理部会议室

出席单位及人员：

置业有限公司（业主）	王 **、史 **
设计公司（设计）	方 **
监理有限责任公司（监理）	谢 **、段 **
A 建设公司（总包）	陈 **
B 建筑装饰工程有限公司（精装）	刘 **、贾 **、王 **

主要内容：

由设计负责人介绍工程情况，阐述本工程酒店精装修设计理念；

（1）本工程作为市标志性建筑，本着“创建高品质产品、适当超前设计”的理念，工程造型优雅，酒店大窗独特，主立面虚实结合，中庭设计别致，走道静谧，客房风格典雅，使得项目建成后必将成为本地区的一大建筑景观。

（2）阐述本工程包含的分部分项工程、施工管理重难点分析等。

客房地面：600mm×600mm 玻化砖、咖啡网过门石、白色人造石窗台板、60mm 高转木纹 PVC 踢脚线；客房墙面：白色哑光乳胶漆饰面；客房吊顶：轻钢龙骨石膏板吊顶。

卫生间地面：300mm×300mm 防滑瓷砖、卫生间地面防水；卫生间墙面：300mm×600mm 釉面砖、卫生间墙面防水、水墨江南洗手台面、600mm×2000mm×10mm 钢化玻璃隔断；卫生间吊顶：防水石膏板吊顶。

中庭石材：采用 SE 石材挂件，S 型或 E 型副件的嵌板槽内插入石材装饰板，采用石材干挂胶各自粘接成小单元式组件。

针对监理提出的关于图纸细节问题的澄清内容：

（1）明框玻璃幕墙外扣盖为铝合金材质，厚度为 1.2mm；

（2）酒店大玻璃钢龙骨外包铝型材；

（3）石材阳角部位做海棠角处理；

（4）隐框玻璃幕墙转角部位胶缝内部应填充泡沫棒；

（5）对应的大样。

2. 管理难点

（1）技术准备涉及范围广，包括项目施工计划文件、施工合同、图纸、施工组织设计、施工方案、施工现场自然条件资料、设计规范、安装与验收规范、施工操作规程、法律法规及建设单位对工程其他要求等；

（2）技术准备专业性要求高，特别是图纸会审、施工组织设计编制、专项方案编制等方面，需要结合现场情况，运用专业理论知识，确保项目施工操作时高效、有序、安全、经济。

3.5.1　项目深化设计

1. 概念释义

项目深化设计是建筑装饰深化设计单位在充分了解建设单位、方案设计师等对建筑产品的需要，包括功能需求、使用需求、经济需要、安全需求后，充分审核方案设计图与现场差异，提供合理化建议，并进行调整，使其具备施工可能性。

项目深化设计应以方案设计为依托，使得设计意图具备通过工程施工转变为现实的条件，并且深化设计要充分体现方案设计所传达的设计理念、功能需求、感官效果，并确保建筑产品的安全性、经济性。同时深化设计应满足法律法规、行业规范、地理气候、宗教信仰等。

2. 管理要点

（1）针对影响深化设计进度的管理难点，技术管理部门应组织项目经理部技术、质量相关人员进行攻关，解决技术难题；

（2）公司设计技术部门定期召开深化设计工作会，及时与项目经理部生产、质量等人员进行沟通，掌握过程中可能存在的问题，理清各专业之间的施工工序，便于后续施工；

（3）深化设计师应对深化设计图的内容进行仔细审查，确保图纸尺寸标注详细、准确，文字说明简洁明了；

（4）项目技术负责人组织施工员、质量员、预算员（负责人）对深化图纸进行审核，并将发现的问题逐一落实。

3. 管理重点

（1）项目深化设计在满足指导施工的同时，应保证技术措施的经济性、合理性、安全性。

（2）项目深化设计图尺寸必须为现场实际尺寸，出图应与施工进度协调一致。

（3）项目深化设计的依据应严格遵守施工规范、标准和合同要求，符合原有的施工图（包括土建和机电图纸），适应材料特性和非装饰类产品的自身构造、施工工艺、安装特点，符合施工现场勘测尺寸和确定的控制轴线、标高等。

3.5.2　项目施工组织设计与技术方案

1. 概念释义

项目施工组织设计是以建筑装饰施工项目为对象，用以指导施工的技术、经济和管理的综合性文件。项目施工组织设计是对建筑装饰施工活动实行科学管理的重要手段，具有战略部署和战术安排的双重作用。项目施工组织设计体现了实现建筑装饰基本建设计划和设计的要求，内容包括施工部署、工艺工法、资源调配、目标控制，并协调施工过程中各施工单位、各施工工种、各项资源之间的相互关系。

项目技术方案是指导项目施工生产的总体技术安排，包括专项技术施工方案（D类）和专项安全施工方案。专项安全施工方案根据安全法规规定，分为一般性专项安全施工方案（C类）、危险性较大工程专项安全施工方案（B类）和超过一定规模的危险性较大工程专项安全施工方案（A类）。

案例导引

某酒店室内装饰项目技术标准化案例

作为建筑装饰施工企业，推行施工技术标准化既抓住了建筑业创新的关键点，又是新时期施工现场管理的底线要求。这对提升行业形象、提升管理效能、深挖装饰创效点具有重大的现实意义。过去，建筑装饰行业是纯手工工艺，工具、技术单一，打造出的白墙、青砖等效果参差不齐、千人千面。而当代室内装饰材料种类、施工工艺等层出不穷、推陈出新，虽然在效果呈现上有了很大提升，但同时也增加了施工的复杂程度。就经常遇到的工装类项目施工现场而言，如果能实现技术标准一致、整齐划一、量价齐控，将会大幅提高施工效率，明显降低施工成本。装饰装修行业发展至今，推行基层材料后场集中加工，现场组装（基层装配化）已迫在眉睫，这将是装饰施工转型升级的关键。通过这一技术转型升级，可以实现批量生产，建立有效的预防与持续改进机制。而这一切的核心，就是标准化。某建筑装饰公司提出了“三统一”的项目技术管理模式，即：统一测量放线、统一深化设计、统一排版下单，结合“标准化、集成化、模数化”的思维，推行基层材料的后场集中加工，实现现场

装配施工。

一、最大限度统一数据——放线先行

在“统一分析图纸”和“统一测量现场”的基础上，实现“统一尺寸”，引导“统一生产”。

（1）汇总数据，统一分析图纸。某酒店内装项目共18种户型，双床房（T）225间，大床房（K）112间，占到总客房数的67.4%，考虑将其标准化批量生产。从建筑平面来分析，可在测量放线阶段，通过调节异型空间尺寸（变量），将337间K、T标准空间尺寸进行统一，实现标准化批量生产；从户型平面来分析K、T标准户型的湿区空间设计风格完全一致，且装饰材料为定尺加工，可在测量放线阶段，通过调节干区空间尺寸，将337间K、T户型湿区空间尺寸进行统一，实现湿区空间的标准化批量生产；从户型平面来看，K、T户型的干区空间与幕墙交界处为异型，可在测量放线阶段将干区局部空间的尺寸进行统一，实现局部空间的标准化。通过分析设计图纸，使定量最大化，变量定量化，最大限度地统一标准。

（2）吃透数据，统一勘查现场。建筑分户隔墙由土建单位施工时，通过完成面定位，实现统一开间尺寸。以装饰控制线为基准，测量建筑墙体的实际数据，每一堵墙选两个点测量数据。制订统一的计数标准，每一组数据都制订一个对应的编号，制订测量标准。

（3）整合数据，统一分析梳理。将现场数据的“最小值”与图纸数据“设计值”进行对比，计算户型的标准开间尺寸，通过对比现场数据与图纸数据，最大限度地统一相同户型的开间尺寸，合并同类项。

（4）搭建数据，统一开展放线。在建筑平面图中进行色块填充，用不同颜色区分不同的数据标准，统一输出数据，引导统一放线。

二、最为合理统一标准——设计创效

在“统一设计排版”和“统一施工工艺”的基础上，实现“统一标准”，引导“统一下单”。

（1）理清关系，重构标准，统一排版和定位。仅看效果图很难把握排版定位的规律。先要分析“通缝关系”，如：洗手间与迷你吧边线对齐；床头背景与电视背景中线对齐；衣帽间、马桶间、淋浴间、洗手盆、浴缸中线关系等。对比平面与立面，确定装饰板块的排版和定位，三大要求是：“对齐、居中、等分”。通过统一排版和定位，统一装饰面板尺寸标准。

（2）化繁为简，通盘考虑，统一工艺和工序。将蓝图中反映墙面基层施工工艺的节点图摘取出来时，发现形式多样，规律难寻。如果一味按图施工，可能会导致现场混乱、工艺工序混乱、装饰完成面不交圈。用“整体性”和“系统性”思维进行工艺和工序的梳理。在一张平面图纸中，把一个空间所有的基层结构全部表达出来，就能将不同的工艺进行“交圈”，将相同的工艺进行“统一”。可以利用BIM等软件实现手机随时查图，同时采用表格梳理施工工艺，统一工艺标准。客房区24处装饰部位的施工用到了11种工艺，其中轻钢龙骨、钢方通、阻燃板三种材料出现次数最多。系统分析后，采用“样板先行”的原则，更加直观地推敲工艺和工序。在统一尺寸和工艺的前提下，将客房的标准化部件进行了集成化设计，制订了“十大集成式部件”，做到标准部件集成化。

三、最为高效统一排版——无损下单

在“统一规格尺寸”和“统一工艺标准”的基础上实现“统一下单”，引导“统一加工”。基层材料现场随意开料一直是困扰项目管理的问题。若想实现零损耗下单，必须控制随意开料，这就要求将所下单的材料分门别类地进行汇总，通过表单整理、统一排版，结合成品原材料的规格尺寸有条不紊地集中加工，杜绝施工班组领取荒料，让其按区域、部位领取，可现场安装的组装料，既能实现无损下单，又能提升现场班组的工效。而基层材料的统一排版下单，核心是先定“标准造型”，再“排模”下单，即标准造型先行。面层材料的统一排版下单，核心是先定“收边收口”，再“整体”下单，保证收边收口先行。以项目基层材料钢方通的排版下单为例，客房钢架基层标准部件（电视吧台、书吧台等），统一排版后，基、面层材料均可实现“零”损耗开料。

四、多角度立体化延伸——精细化管理

“三统一”管理模式，即：统一测量放线：对比图纸与现场的差异，实现了数据统一；统一深化设计：分析设计与施工的规律，实现标准统一；统一排版下单：运用标准和模效的关系，实现了生产统一。“三统一”的管理模式只是项目经理部施工管理过程中的一条线，由此及彼，安全、质量、技术、资料等均可以此为鉴，展开各自系统的管控。由此，“三统一”管理模式在提升系统作战能力、均质化履约、解决“传帮带”问题等方面，起到至关重要的作用。就现场实践而言，要实现基层材料的统一生产，还需要在施工现场设置集中加工区。在施工现场选择一处或多处区域进行集中管理，设置半成品堆放区、钢材加工区、原料堆放区、板材加工区和组装区五大核心集中加工区。这种方式可以扭转施工现场管理四大“顽疾”，即：现场施工管理难、材料堆放管理难、临时用电管理难和环境污染管理难。同时，设置集中加工区以后，现场加工（切割、电焊）会明显减少，呈现出施工现场五大管理亮点，即：无粉尘、无烟雾、无废料、用电少、动火少。另外，充电式机具和移动电箱及装配式施工完全可以实现。常用充电式机具主要有：电钻、冲击钻、扳手、起子、圆锯、打磨机、曲线锯、平铺穿线机、工作灯等，配备单块锂电池时，能连续工作3～5小时，每台机具配备2块锂电池交替使用即可满足现场施工需求。项目经理部要为各班组统一配备充电箱，解决充电式机具集中充电问题。

采用老式移动电箱可满足手枪钻、角磨机等小型机具的现场施工，也可满足冲

击钻、电锤、切割机、液压冲孔机等大型机具的间歇性应用。老式移动电箱的最高功率为 1500W，目前研发的新一代产品最高功率为 4000W，能满足现场临时电焊的用电需求。

“三统一”的管理模式，在“标准化、集成化、模数化、精细化”的思维下，实现了装饰施工中基层材料的“后场集中加工、现场装配施工”，有效控制了材料的损耗，提高了施工的效率，降低了安全风险，实现了工程品质和效益的完美结合。

2. 管理要点

（1）应在项目设立项目技术负责人岗位，由其负责编制施工组织设计。

（2）施工组织设计内容包括：编制说明及依据、工程概况、工程管理难点的分析与对应措施、施工总体部署、主要分部分项工程施工方案及措施、管理重点与特殊部位施工措施和方法、深化设计及材料送审计划、主要物资材料到货周期、到货计划及保证措施、劳动力计划、主要设备投入计划及保证措施、工期保证措施、质量保证措施、施工安全措施、文明施工保证措施、环境保护措施、应急预案、特殊天气施工作业保证措施、与总包及其他相关单位的配合、售后服务、施工技术档案管理等。

（3）施工准备阶段技术质量控制

①施工合同签订后，项目经理部应索取设计图纸和技术资料，指定人员编制并公布项目的有效文件清单。

②项目经理部的技术管理应执行国家技术政策和企业的技术管理制度，项目经理全面负责主持项目的技术管理工作，项目经理部可自行制订特殊的技术管理制度，并报公司总工程师审批。

③项目经理部的技术管理工作应包括下列内容：

技术管理基础性工作；

施工过程的技术管理工作；

技术开发管理工作；

技术经济分析与评价。

④项目技术负责人应履行下列职责：

主持项目的技术管理；

主持制订项目技术管理工作计划；

组织有关人员熟悉与审查图纸，主持编制项目管理实施规划的施工方案并组织落实；

负责技术交底；

组织做好测量及其核定；

指导质量检验和试验；

审定技术措施计划并组织实施；

参加工程验收，处理质量事故；

组织各项技术资料的签证、收集、整理和归档；

领导技术学习，交流技术经验；

组织专家进行技术攻关。

⑤项目经理部的技术工作应符合下列要求：

项目经理部在接到工程图纸后，按要求进行图纸会审和技术交底工作。项目经理提出设计变更意见，进行一次性设计变更洽商。

在施工过程中，如发现设计图纸中存在问题，或施工条件变化必须补充设计，或需要材料代用，可向设计人员提出工程变更洽商书面资料。工程变更洽商应由项目经理签字。

⑥项目经理编制施工组织设计或施工方案。

⑦技术交底必须贯彻施工验收规范、技术规程、工艺标准、质量检验质量评定标准、成品保护、环境保护等要求。书面资料应由施工员签发和项目经理审批签字确认，使用后归入技术资料档案。

⑧项目经理部应将合作单位方的技术管理纳入技术管理体系，并对其施工方案的制订、技术交底、施工试验、材料试验、分项工程预检和隐检、竣工验收等进行系统的过程控制。

⑨项目经理应按质量计划中工程合作单位和物资采购的规定，参与选择并评价合作单位和供应商，并保存评价记录。

⑩公司人力资源部应定期组织针对项目施工人员的质量知识培训，并保存培训记录。

3. 管理重点

（1）建筑装饰项目开工前，应编制施工组织设计，因招标或设计图纸等原因可分阶段编制，项目开工后 10 日内需报审施工组织设计或施工方案。

（2）经评审批准后的施工组织设计由编制人员向项目经理部相关人员进行交底，交底内容包括项目范围、施工条件、施工组织、计划安排、技术要求、重要部位技术措施、新技术推广计划、项目适用的技术标准和规范等。

（3）技术方案是指导项目施工的法规性文件，项目经理部必须严格执行，不得随意变更或修改。由于施工条件等发生变化，技术方案有重大变更时，要及时对技术方案进行修改、补充并经原审批单位批准后执行。

（4）技术方案由编制人向项目交底，内容包括分部工程（或重要部位、关键工艺、特殊过程）的范围、施工条件、施工组织、计划安排、技术要求及措施、资源投入、质量及安全要求等。

（5）需要编制专项方案的有：

①脚手架工程：搭设高度 24m 及以上的落地式钢管脚手架工程、悬挑式脚手架工程、吊篮脚手架工程、新型及异型脚手架工程、移动操作平台工程、外挂脚手架工程。

②网架和索膜结构安装工程。

③建筑幕墙工程。

④采用新技术、新工艺、新材料、新设备及尚无相关技术标准的危险性较大的分部分项工程。

⑤其他需编制的方案。

（6）需专家论证的方案有：

①脚手架工程：搭设高度 50m 及以上落地式钢管脚手架工程、架体高度 20m 及以上悬挑式脚手架工程。

②跨度大于 60m 及以上的网架和索膜结构安装工程。

③采用新技术、新工艺、新材料、新设备及尚无相关技术标准的危险性较大的分部分项工程。

④其他需论证的方案。

4. 流程推荐

项目施工组织设计流程如图 3-8 所示。

3.5.3　项目技术资料收集

1. 概念释义

项目技术资料收集，指工程项目活动中，对工程设计文件、招投标及合同文件、图纸、施工组织设计、专项方案、往来函件（技术类）的收集、整理和归档工作，以便于规范项目工程技术文件的管理与控制，确保其在使用范围全面、规范、齐全、有效。

2. 管理要点

（1）技术资料管理规划：项目技术负责人在开工前按项目岗位责任制，明确资料内容、相关责任人、完成时间、内部移交规定等；

（2）技术资料管理职责：由项目技术负责人、施工员、质量员等负责管理范围资料的生成、格式和有效性，负责报审工作，办理完毕后及时移交资料员。资料员负责项目工程资料的收集、编目、归类工作。

（3）技术资料管理内容：

①法定建设程序必要文件，包括施工图设计文件审查意见、公安消防审核意见书、中标通知书、施工合同、分包单位资质文件、建设工程质量安全监督登记表、建筑工程施工许可证等。

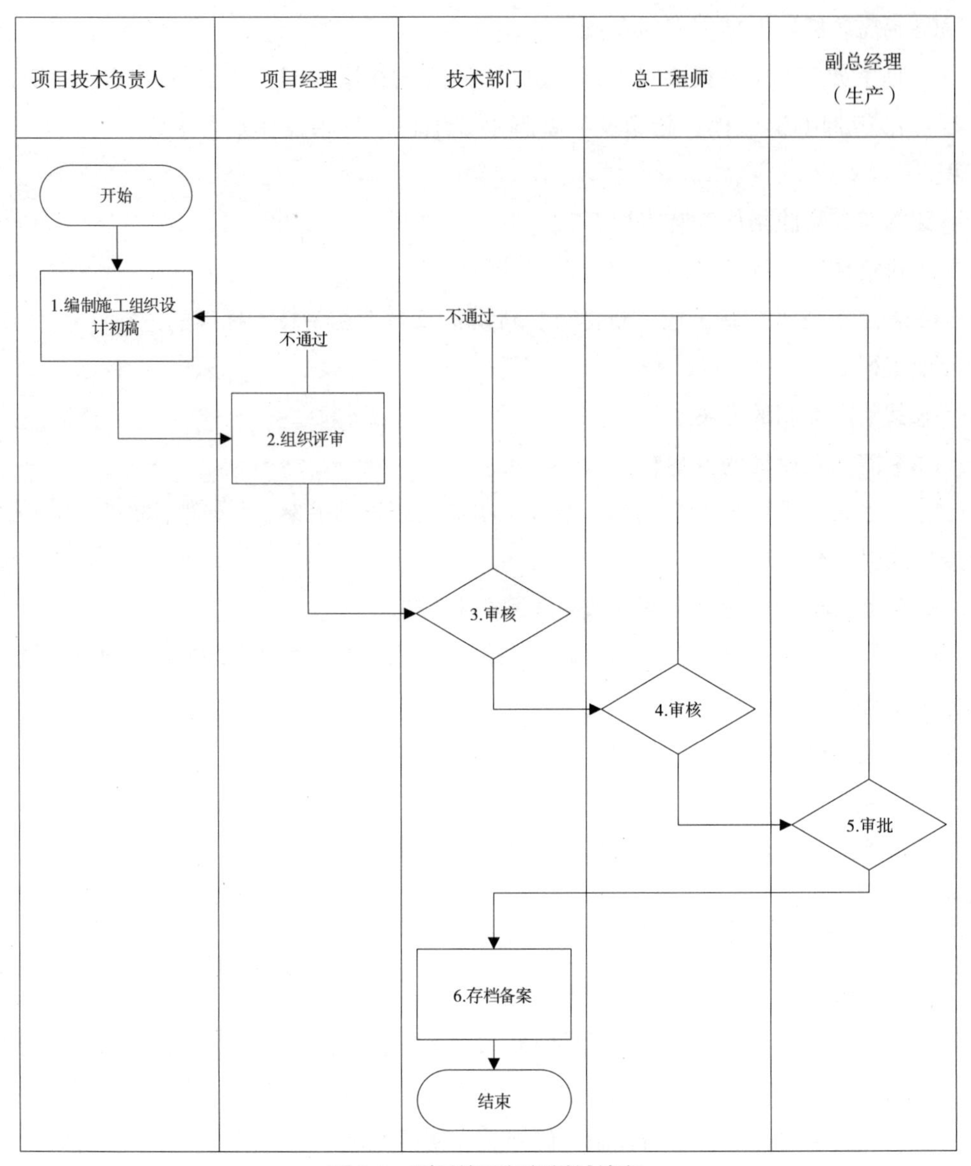

图 3-8　项目施工组织设计流程

②建设工程综合管理资料，包括单位工程开工申请报告、施工现场质量管理检查记录、施工组织设计（方案）、现场勘测验线记录和轴线移交记录、停（复）工通知、工程中间验收交接记录、检测机构资质证明、工程技术总结、施工日志等。

③工程质量控制资料（验收类）：包括单位工程质量竣工验收记录、建筑装饰装修分部工程质量控制资料核查记录、建筑装饰装修分部工程安全和功能检验资料核查及主要功能抽查记录、感观质量检查记录、施工现场质量管理检查记录、建筑装饰装修分部工程质量验收记录、建筑装饰装修分项工程质量验收记录、装饰工程竣工验收证明书或装饰工程竣工报告、装饰工程质量保修书、装饰工程竣工验收会议纪要、建设

工程竣工备案表等。

④工程质量控制资料（施工技术管理类）：包括装饰装修分部工程开工申请报告、工程竣工验收申请表、分部工程施工方案或施工组织设计、专项施工方案、设计图纸会审变更洽商记录、分项工程质量技术交底等。

⑤工程质量控制资料（产品质量证明文件）：包括建筑装饰装修材料汇总表、产品质量证明文件、水泥汇总表、进场物理性能检验报告、产品质量证明书、进场物理性能检验报告等。

⑥工程质量控制资料（检验报告）：包括砂浆配合比设计报告、砂浆试件抗压强度检验结果汇总表、砂浆强度计算表、砂浆试件抗压强度检验报告等。

⑦工程质量控制资料（施工记录）：包括建筑装饰装修分部（子分部）工程防水验收记录、隐蔽工程质量验收记录等。

⑧工程质量控制资料（检测报告）：包括外墙饰面砖粘结强度检测报告、建筑装饰装修材料有害物质含量检验报告或物理性检验报告等。

⑨工程质量控制资料（工程安全和功能检查资料及主要功能抽查记录）：包括厕所、厨房、阳台等有防水要求的地面淋水和蓄水试验记录等。

⑩工程质量控制资料（分项工程质量验收记录）：包括工程检验获批质量验收等。

⑪单位工程竣工验收资料：包括工程质量验收申请表、消防验收文件或者批准许可使用文件、房屋建筑工程质量保修书、建设工程质量监督验收意见书、建设工程竣工验收档案认可书、室内环境污染检测报告、建设工程竣工验收报告、房屋建筑工程和市政基础设施工程竣工验收备案表等。

⑫竣工图。

（4）工程技术资料组卷要求：

①施工技术资料的组卷应遵循工程文件材料形成规律，保持卷内文件内容之间的系统联系，便于档案的保管和利用。

②建筑工程按单位工程组卷，其中单位（子单位）工程按分部工程和要求办理中间验收的子分部工程独立组卷，一般分为总目录、建筑工程基本建设程序必要文件、建筑工程综合管理资料、建筑装饰装修工程、施工日志、竣工验收资料和竣工图。

③组卷时按"先文字后图纸"的原则排列，工程竣工资料应有总目录，总目录由案卷目录和卷内目录组成，且单独列为一卷，案卷目录和卷内目录必须电脑打印，案卷目录在前，卷内目录在后。

④归档文件内容必须真实、准确、签章正确。书写材料必须耐久、清晰，不得使用铅笔、红色和纯蓝墨水、圆珠笔等易褪色材料书写。若为复写件、复印件，需注明原件存放处，要求字迹清晰，能长期保存。

⑤案卷编目以独立卷为单位编写页号。对有书写内容的页面编写页号，从阿拉伯

数字“1”开始逐张编写（用打号机或钢笔）。案卷封面、卷内目录、备考表不编写页号，卷与卷之间的页号不得连续。单面书写的文字材料页号编写在右下角，双面书写的文字材料页号正面编写在右下角，背面编写在左下角。图纸折叠后无论任何形式，一律编写在右下角。

⑥案卷封面中题目由建设项目名称＋子项工程名称（或代号）＋案卷内容，三项分别不能超过24个汉字或48个字符，编制单位应填写卷内文件材料的形成单位或主要责任者，必须填写单位全称。

⑦案卷的规格厚度要求为归档的文字材料规格采用A4幅面（297mm×210mm），尺寸不同的要折叠或裱补成统一幅面，文字材料组卷厚度不得超过30mm，图纸组卷厚度不得超过40mm。

⑧文字材料装订组卷，装订要求用白色棉线在卷面左边1cm处，上下四等分打三孔竖向装订，结头位于案卷背面。竣工图不用装订，折叠后图标露在右下角装入档案盒。

3. 管理重点

（1）技术资料的调查准备及编制应符合项目实际功能，满足项目履约需求。技术资料应完整、全面、真实、有效，可用同地区其他相同类型或者相似类型项目技术资料作为参考。

（2）应确保施工过程中的工程资料齐全、有效并及时归档，防范和减少因资料缺项、遗失、无效等问题导致的履约风险。

3.6 项目商务准备

1. 概念释义

项目商务准备，指项目进场后对涉及经济类信息、风险防控类信息的熟悉、掌握，并提出针对性计划和措施的工作，一般包括合同交底、项目算量、项目成本测算等。

项目创效的成功离不开“两个层面”“三个阶段”齐抓共管。“两个层面”即公司和项目经理部层面，公司组织好项目商务策划、设置合理指标、督促和检查，项目经理部将策划细化分解，逐个击破。“三个阶段”即投标阶段、施工阶段和结算阶段，“三个阶段”稳扎稳打、步步为营。

2. 管理难点

（1）不平衡报价：投标过程中，通过研究图纸和了解业主的设计意图，预判可能出现的设计变更，进行有策略的不平衡报价。

（2）提前介入招标流程：通过提前与业主建立起良好的关系，争取提前了解业主的投资预算金额，为后续投标报价打好基础。

（3）化解合同风险：针对招标文件合同条款中未明确或明显不合理的条款，如“工

期罚款”“总包服务费”等条款，可在投标答疑阶段要求业主予以澄清或修改，以提前化解合同风险。

3.6.1　标书及合同交底

1. 概念释义

标书及合同交底是建筑装饰企业根据与建设单位签订的工程合同，在项目经理部组建后，将投标标书以及合同内容全面、准确地向项目管理人员进行传达的过程。合同交底是企业实施“法人管项目”的重要手段，是贯彻企业要求的重要过程。

标书及合同交底实行两级交底制度，履行合同的单位负责人是合同交底的第一责任人。

一级交底：由公司合同主管部门负责向有关部门、项目经理部进行交底，组织有关人员认真学习与讨论，充分理解标书及合同条款内容和履约的重点、难点、特点及相应对策，就主要条款、前期投标过程的相关信息、不利因素的风险化解方法、有利因素的充分运用等做好充分的交底，并做好交底记录。

二级交底：项目经理根据项目经理部人员的具体分工，在接受一级交底的基础上再次全面研究标书及合同，组织对项目经理部二级交底，并做好交底记录。

2. 管理要点

（1）市场部门将承接背景、工程概况、建设单位情况等对项目进行逐一交底，并解答项目经理部提出的问题，最后形成书面合同交底记录。

（2）投标人员将投标成本、投标报价、投标策略、标前利润、投标利润、可能变更项等进行逐一交底，并解答项目经理部提出的问题，最后形成书面合同交底记录。

（3）商务部门将合同条款，特别是涉及工程款支付、签证变更、结算条款及其他风险条款进行逐一交底，做出防控措施布置，并解答项目经理部提出的问题，最后形成书面合同交底记录。

（4）项目管理部门将合同工期控制总目标及阶段控制目标以及材料和设备采购、租赁、验收规定等进行逐一交底，并解答项目经理部提出的问题，最后形成书面合同交底记录。

3. 管理重点

（1）合同交底之前，交底人员和被交底人员均须认真阅读合同，进行合同分析，发现合同问题，提出合理建议，避免走形式，确保交底实效。

（2）被交底为项目经理部，交底时项目经理部所有人员须全部参加。

（3）合同交底属商业秘密，应严格做好保密工作，任何人不得泄露。

3.6.2 项目算量

1. 概念释义

项目算量是指由项目预算员（负责人）、项目施工员根据深化图纸、中标清单等进行劳务、物资等统一列项，并进行工程量计算和核对，最终形成完整、统一的工程量清单。

案例导引

公司相关部门对项目进行了合同交底和预算交底，提供了盈利项、风险项和亏损项信息。小李、小张和小吴紧锣密鼓地开展了工程量测算及成本测算工作。他们对照中标预算清单及施工图，从清单列项、部位划分、工程量计算规则等方面进行交底和统一。一周后完成了各自工程量的计算工作。在核对过程中，小李发现，小吴负责区域的轻钢龙骨隔墙石膏板面积比自己核算的多出近 $3000m^2$，而小张负责区域计算的卫生间瓷砖面积则比自己少算近 $1000m^2$。经双方核对，发现小吴误将客房南面隔墙石膏板按双面双层计算，实际则是双面单层。而小张在计算瓷砖面积时，未考虑瓷砖排版损耗。找出差异原因后，双方工程量不一样的问题就迎刃而解了。根据确认的工程量，小张和小吴提出了物资总控计划和劳务总控计划，小李则在老董指导下，结合施工工艺、公司劳务、物资指导价等计算出本项目预计总成本。

2. 管理要点

（1）参与工程量计算的人员必须充分掌握合同内容，如施工范围、材料要求、分供方形式等，以提高核算准确性；

（2）参与工程量计算的人员必须严格按照清单工程量计算规则开展计算，不得随意列项；

（3）用于成本测算的清单表格应便于统计和汇总，具有细致的计算公式，相关数据间具有链接关系。

（4）项目工程量核定工作需要项目预算员（负责人）、项目施工员及项目经理签字确认，其中涉及材料损坏需通过排版确认的，须经项目副经理（生产）审核。

3. 管理重点

（1）熟悉图纸：项目预算员（负责人）、项目施工员熟悉深化图纸，包括房屋的开间、进深、跨度、层高、总高等；弄清建筑物各层平面和层高是否有变化、室内外高差等；了解各分部分项工程装饰工艺功法；熟悉材料特性、规格型号等技术参数。

（2）对比：对照中标预算分部分项清单列项，找出图纸对应的施工位置，并对图纸描述和清单描述进行对比，找寻是否存在差异内容。

（3）明确计算要求：根据中标预算分部分项清单和图纸描述，列出满足成本测算

的分部分项名称，统一项目预算员（负责人）和项目施工员的清单计算规则、计算格式、计量单位、计算值保留小数位数等。

（4）核算：开展工程量计算，完成后由施工员将所计算的区域工程量报预算员（负责人）核对，对双方工程量计算不一致的情况进行原因分析，找出差异点，对计算错误或者不合理的地方进行调整，达成一致。

（5）确认：预算员（负责人）和施工员负责核定项目工程量，报项目经理审批。

4. 文件模板推荐

______项目工程量核定表

日期：　　年　月　日

序号	分部分项清单	商务计算公式	商务计算值	施工员计算公式	施工员计算值	核定值

3.6.3　项目成本测算

1. 概念释义

项目成本测算是指根据合同条款、施工图纸、施工工艺、现场环境等，结合项目提供的询价清单，参照建筑装饰企业项目管理部门及物资采购部门提供的价格信息，由项目预算员（负责人）进行组价，形成项目测算成本。

案例导引

某建筑装饰项目包括综合楼D座1—5F及8F局部精装修工程，施工面积18000m²，共6个楼面，合同造价2820万元，其中装饰部分为2380万元，安装部分为446万元，为固定总价合同，采用综合单价清单计价方式。项目自2007年11月正式进场施工，合同工期4个月。

相比较合同规定内容，该项目价款发生了一些变化，主要在于：一是原合同预算报价中部分分项工程因设计变更或现场实际情况取消，或者大幅度增减工程量；二是原合同预算报价中暂定材料价款因最终材料认价产生增减；三是根据业主指令或现场变更，增加新的分项施工内容。

因原合同内分项工程的工程量发生较大变化，预计调减合同金额为540万元，减少的项目主要是减少或取消墙面干挂石材、干挂石材基层钢架、地毯、静电地板、窗帘轨、卫生间防水、防火门更新变返修等。同时变更增加金额16万元，主要原因是干挂石材墙面变更为墙面乳胶漆。因材料暂定价调整而减少的合同金额为23万元，增加金额10万元。由于这两方面的变化，工程按原合同预算基础调整直接费和取费之后的装饰部分造价为1666万元。

项目新增的现场洽商部分预计调增金额为33万元，主要增加施工内容为地面陶粒混凝土垫层、大面积墙面嵌缝重做、隔墙拆改、增加硅酸钙板隔墙、轻钢龙骨包柱及其他零星项目。按当时情况根据预测，预计项目装饰部分总收入为2003万元。

项目经理部进场以后，围绕成本测算开展了积极有效的工作。在成本分析和策划方面，严格按照管理要求进行成本分析及策划工作。针对项目实际情况，以主、辅材料费、劳务人工费、项目管理费和项目措施费四大类细分成本构成，对应合同预算清单分项展开成本控制目标的计划工作，使项目的成本管理和二次经营在工程初步阶段就具备较强的目标性、针对性和可行性。

在成本责任分解方面，明确项目成员职责范围，各分管成员对所管的分项工程作了成本计划。项目团队成员明确了所管辖范围内工作的成本目标，同时也对整体的成本管理控制措施有了足够认识，使项目在施工过程中能有效地进行成本管理工作。

在成本资料收集、统计与分析工作方面，从工程开工到结束，项目预算员、物资管理员每日做好成本台账记录。为统一汇总目录，按成本构成明细，材料费用除分工种、分主辅材之外，还要求分用途，如临建类材料、成品保护类材料、安全文明施工类物品等。劳务费同样按此方式进行分类统计，形成从成本费用构成分类、工长计划分类、材料统计分类、用工统计分类等各项费用统计的一致目录，使工程成本账目不仅体现总体情况，还能反映出成本构成的各个方面，从而使项目成员能切实掌握成本运行状况，指导项目成本管理工作。

经过大量工作，项目各项成本费用得到有效控制。经测算对比，项目材料费用控制在正常范围内，大部分主要材料盈利情况超出了计划目标。材料总成本费用虽然比预计成本增加196万元，但在成本统计中包含了增加洽商部分中的成本材料费用150万元，代业主支付有关设计费、材料费共25万元，以及在半成品材料费用统计中所包括的人工费用50万元，材料费总体上处于控制范围之内。

人工费的控制与管理方面，项目实际发生人工费164.84万元，相对计划人工费减少34.55万元，占预计收入2002.9万元的8.2%。木工方面，承包合同调整后的人工费为817953元，实际发生人工费为427915元，实际发生人工费比承包合同人工费减少390038元。减少原因主要是项目将木门、吊顶硅钙板、部分吊顶铝板这些分项工程直接分包给厂家，减少人工费金额为545437元。此外，洽商部分所增加人工费113383元，增加零星用工42015元。

贴面工方面，承包合同调整后的人工费为923396元，实际发生的人工费为913032元，实际发生人工费比承包合同人工费减少10364元。减少原因主要是合同中干挂石材和钢架量的减少，以及现场施工量与合同存在差异，从而减少人工费。此外，因为洽商及零星用工增加部分人工费。

油漆工方面，承包合同调整后的人工费为252650元，实际发生人工费为307496元。实际发生人工费比承包合同人工费增加54846元。增加原因主要是合同中内地毯铺贴和饰面板油漆取消，以及现场施工量与合同存在差异，从而减少部分人工费。此外，增加洽商及零星用工人工费。

措施费的控制与管理方面，项目签订的承包合同中，计划措施费为37.14万元。项目实际发生措施费48.25万元，超出了11.11万元，主要原因是因为工期延长，导致项目水电用量超出预期，安全文明施工费和临建费超支，以及成品保护费用增加等情况的发生。项目经理部对此也采取了部分应对措施，在工程后期，因抢工需加强对成品的保护，并配合其他单位做好此项工作。项目以交工期延长导致成保人员费用增加为由，主动向业主办理相关洽商，经过努力也得到了业主和监理方的认可。预计审批金额为17.5万元，实现了项目措施费用的控制目标。

2. 管理要点

（1）物资询价：项目预算员（负责人）根据合同、招标文件、施工图纸有关要求，将涉及项目的材料分类列出材料清单，公司物资采购部门根据清单查询公司近些年同类材料采购价或联系合作单位进行询价。

（2）劳务询价：项目预算员（负责人）根据合同、招标文件、施工图纸有关要求，将所列的分部分项清单及图纸反馈公司项目管理部门，由其查询公司近些年同类型劳务单价或联系合作单位进行询价。

（3）项目预算员（负责人）根据物资询价及劳务询价，分别将对应的价格填入综合单价分析表，形成分部分项综合单价分析表，并根据对应的工程量形成项目直接费成本。

（4）项目预算员（负责人）根据项目工期、项目管理人员数量、企业福利薪酬标准等完成间接费成本测算。

（5）项目预算员（负责人）根据项目工期、项目体量、项目安全消防要求、质量防控要求、机械设备要求、脚手架吊篮等措施要求及其他企业制度管理要求完成措施费成本测算。

（6）项目预算员（负责人）根据工程所在地及合同条款约定，完成税金等其他费用的成本测算。

（7）项目预算员（负责人）根据测算的各项成本形成项目测算成本，并对逐项成本进行合理性分析和调整。

3. 管理重点

（1）项目班子组建后，原则上中小型项目 15 天、大型项目 20 天、大型以上项目 30 天内完成成本测算。

（2）成本测算中，工程量计算应符合《建设工程工程量计算规则》，劳务、材料、半成品、机械设备、管理费、措施费及其他费用应符合当地市场行情及企业定额水平。

4. 流程推荐

项目成本测算流程如图 3-9 所示。

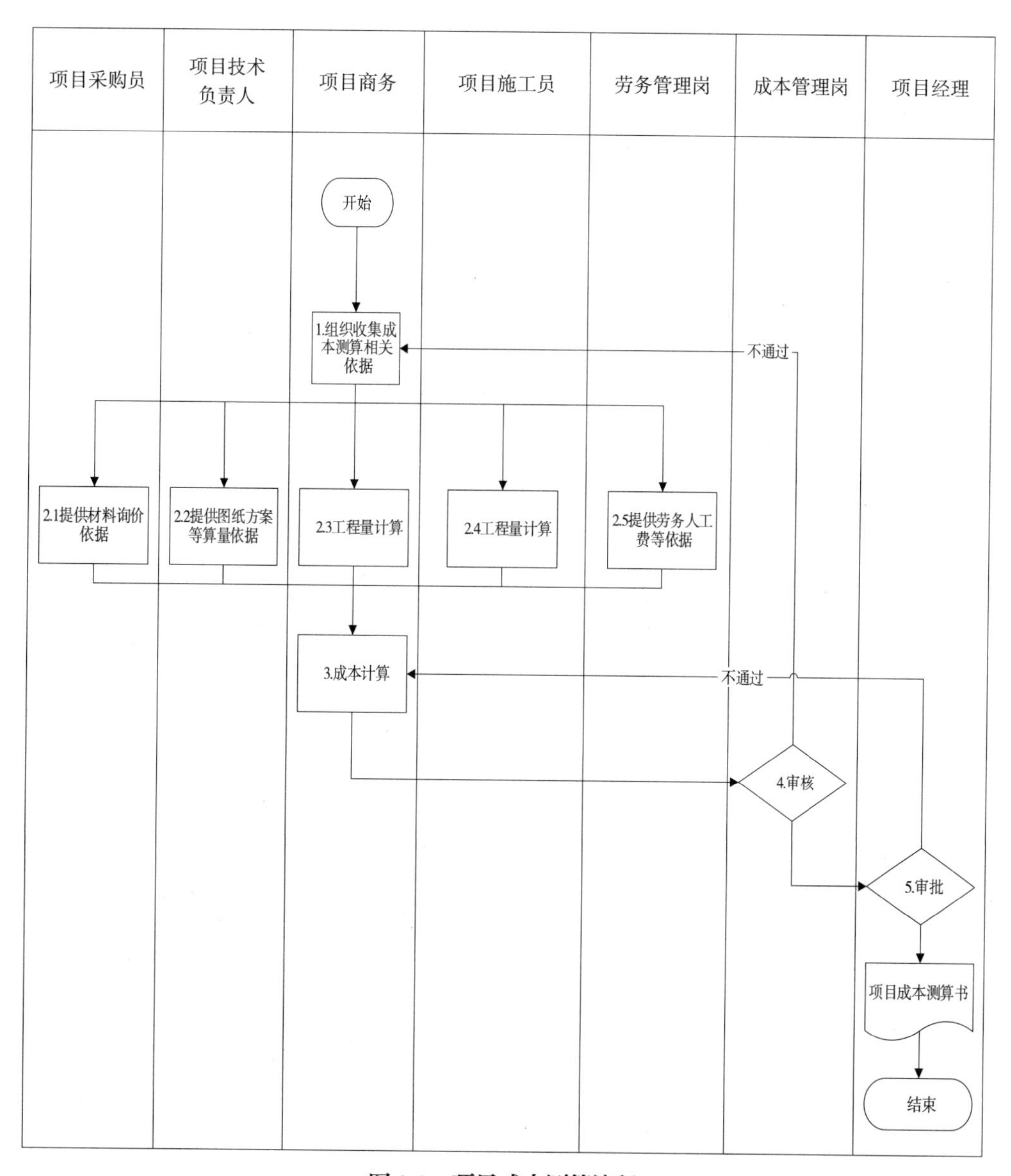

图 3-9　项目成本测算流程

5. 文件模板推荐

详见 120 ~ 125 页。

______项目成本测算书

编制项目：______________________

编　制　人：______________________

编制时间：______________________

审　核　人：______________________

审核时间：______________________

一、工程概况

工程名称		工程地点	
建设单位		设计单位	
总包单位名称		监理单位	
咨询公司名称		投标工期	
建筑面积		计划开工日期／竣工日期	
拟报价		签约对象	
标前测算成本		预计利润率	
施工范围			
工程款支付及结算方式			
计价方式			
其他			

二、标前测算成本费用汇总表

序号	费用名称	测算成本	计算方法	备注
一	直接工程费			
1.1	劳务费			
1.2	材料费			
1.3	机械费			
1.4	专业分包费			
二	措施费			
2.1	临时设施费			
2.2	脚手架及吊篮等技术措施费			
2.3	成品保护费			
2.4	二次搬运费			
2.5	现场水电费			
2.6	安全文明施工费			
2.7	其他措施费			
三	现场管理费			
3.1	办公费			
3.2	差旅及交通费			
3.3	职工薪酬			
3.4	通讯费			
3.5	业务招待费			
3.6	现场管理人员住宿费			
3.7	检验检测费			
3.8	其他现场管理费			
四	其他费用			
4.1	前期投标费			
4.2	招投标服务费			
4.3	办证费及其他规费等			
4.4	设计费			
4.5	资金占用成本费			
4.6	财务费用			
五	税金			
六	测算成本合计			
七	预计合同内收入			
八	预计合同内利润			
九	预计策划后收入			
十	预计策划后成本			
十一	预计策划后利润率			

三、项目盈亏分析

序号	清单项	拟报价	测算成本	盈亏额	投标策略	应对措施	备注
一	亏损点						
二	盈利点						

四、项目资金预算分析表

项目名称																			
项目开工日期							本表填报日期								本项目第　次估算				
现金流估算情况																			
时间																			备注
内容																			
（一）计划现金流入																			
预付款																			
工程款																			
合计																			
（二）计划现金流出																			
分包分供费																			
劳务费																			
材料费																			
机械费																			
管理费																			
税费																			
保修金																			
保证金																			
合计																			
净现金流量																			

五、各项成本明细表

投标成本测算表

序号	项目编码	项目名称	计量单位	招标清单工程量	核对工程量	标前测算成本									
						直接成本费单价					直接成本费用合价				
						劳务费	主材费	辅材费	机械费	单价合计	劳务费	主材费	辅材费	机械费	合计

主材费用测算表

序号	主材名称	单位	工程量	损耗率	总控量	材料单价	主材合价	备注

其他各项费用测算表

序号	费用名称	单位	数量	费用单价	费用合价	备注
一	机械费用					
	…					
二	分包费用					
	…					
三	临时设施费用					
	…					
四	周转材料的摊销及租赁费					
	…					
五	安全文明施工费					
	…					
六	其他设施费					
	…					
七	办公用品费					
	…					
八	办公设施费					
	…					
九	职工薪酬					
	…					
十	资金占用成本					
	…					
十一	其他费用					

第 4 章

全面履约——项目实施阶段的主要工作

4.1 项目现场管理

4.1.1 项目现场管理策划

1. 概念释义

项目现场管理策划是指项目经理部进入施工现场后，为合理安排施工人员、管理人员和供应厂商的生产、办公和生活需要，对施工现场所需要条件进行研究后提出的总体解决计划。

案例导引

A 项目受制于周围环境因素影响，没有充足的场地用于材料堆放及办公。例如，如果采用周边租用民房办公，每个月项目需承担房租 1.5 万元，租期一年则项目需承担费用 18 万元。经过项目策划及实地踏勘，利用 4 楼是多功能会议室层的特点，项目进行简单装修，可为项目经理部提供充足的办公区域，且装修费用仅需花费 5.3 万元，与租房相比，节约近 13 万元。

2. 管理难点

（1）建筑装饰工程项目施工的现场管理受总包方影响较大，如材料运输路径，因总承包单位道路开挖，造成材料无法搬运至指定地点或者需耗费大量人力、机械设备才能实现既定计划。

（2）建筑装饰工程项目现场变动相对较大，如管理活动所需场地问题，因装饰工程施工阶段不断变化，完成面和作业面也不断变化，项目所需仓库、生活区、办公室需多次更换地方。

（3）建筑装饰工程项目受外部资源条件影响较大，如通水、通电问题，受当地市

政能源供应不足，项目经常性停水、停电，对项目生产、生活造成极大不便。

3. 管理要点

（1）开展项目现场管理专项策划。项目经理部进场后当日，设立项目现场管理策划专项小组，由项目经理担任策划小组组长，项目生产经理担任副组长，项目其他成员担任小组组员。其中组长负责策划统筹，资源协调，外部沟通；副组长负责现场踏勘及具体策划方案编制；组员负责现场信息收集、整理，并向副组长反馈。

（2）实施现场管理专项策划。项目成员根据分工，按照策划要求，结合施工图纸、工程位置、周围环境，收集包括生产活动所需场地、路线、通讯、通电、通水及其便利性、使用率等信息，收集完成生产活动所需资源采购渠道、供应方式、供应成本、供应条件等信息。

（3）项目成员对收集的现场信息根据拟定策划要求进行归类、统计、整理，向项目经理汇报。项目经理根据收集的信息，结合生产活动所需空间，生产活动发生的时间，生产活动所需的人力资源、物资资源、设备资源，生产活动发生成本，制定经济、合理、高效的策划方案。

4. 管理重点

（1）项目现场管理策划的全面性。进场后认真研究涉及本项目劳务、材料、机械设备等分供方和现场管理人员，对发生项目生产活动的时间、场地、先后顺序进行充分研究和部署。

（2）项目现场管理策划的动态跟踪。工程项目生产活动受内外部环境影响，存在不确定性，项目应结合现场情况，做到时时跟进，充分了解事态进展，预判事态发展轨迹，对出现的不可控因素及时提出预警和解决措施。

（3）项目现场管理策划的及时性。针对发生的超预期事件，应及时响应，及时决策。对超出授权范围的事件，及时向上级汇报解决。

4.1.2　项目现场管理标准

1. 概念释义

项目现场管理标准是指用科学的标准和方法对生产现场各生产要素，包括人（劳务工人和管理人员）、机（设备、工具、器具）、料（物资材料）、法（加工、检测方法）、环（环境）、信（信息）等进行合理有效的计划、组织、协调、控制和检测，使其处于良好的结合状态，达到优质、高效、低耗、均衡、安全、文明生产的目的。

案例导引

“项目要管好，基础先搞好”，这是老一辈项目经理经常提起的一句话，小王自然牢记于心，进场后小王就组织项目团队从办公、饮食、住宿等几方面开展了现场标准化准备工作。

项目办公区标准化

项目员工食堂标准化

项目生活区标准化

路径分流标准化

2. 管理难点

（1）项目现场管理标准涉及内容多，且受项目内外部环境影响，例如场地、空间、气候、政策、规范等，如何通过标准化管理使得项目生产能力得到最大程度发挥，是其管理难点之一。

（2）项目现场执行标准贯穿于从进场到退场的全过程管理中，设备材料的维护需要消耗大量人力、物力、财力，是其管理难点之一。

3. 管理要点

1）现场安全标准

（1）安全防护

①劳防用品：劳防用品按要求配备或佩戴。

②防护设施：安全网质量符合要求，移动平台和临边洞口须防护。

③危险源辨识：设置项目安全管理矩阵图，设置危险源公示牌，且内容完整，悬挂位置合理。

（2）机具设备设施

①脚手架：钢管符合标准要求。立杆基础扎实，有扫地杆，排水顺畅；设置连墙件、拆除后恢复；设置上下通道、防滑条等；设置竖向及水平安全网、剪刀撑。设置防护栏、挡脚板、脚手板；设置验收牌、警示牌。

②吊篮：各主构件不得出现开焊、变形、锈蚀及杆件开裂弯曲等；配重固定方式、重量及数量符合要求；钢丝绳质量、使用状态及固定方式合规；安全锁不得超过标定期限；平台防滑、挡脚板设置、三面防护等合规；制动装置、限位装置、防护装置等合规；保险绳独立设置，安全绳固定在可靠位置，在墙角、柱等边角部位设置保护；采用专用电箱供电，电缆电线不得出现破损现象；吊篮验收牌或相关警示牌不得缺失。

③高空作业车：各结构构件不得出现开焊变形，连接螺栓不得有松动或有裂纹；操作平台防护栏杆设置牢固；设置验收牌或相关警示牌；操作手柄有效，电源线完好。操作人员经过培训且合格；作业人员佩戴安全带。

④小型机具设备：设置专用开关箱；不得私自改装控制手柄或电源线，电源线不超过 3m；防护罩不得缺失，不得出现外壳漏电；人字梯等登高工具制作及使用规范；操作平台搭设、防护、标识、验收规范。

2）文明施工标准

①材料堆场布置：材料分类归堆，设置材料标识牌；材料堆放位置合理，便于生产使用；易燃易爆材料配置消防器材。

②材料加工区域布置：材料加工区按照原材、半成品、成品分类堆放整齐；材料加工区机具设置防护罩、操作规程牌或消防器材；钢材、石材、木制板材等切割时易出现火花或粉尘，应集中加工。

③项目仓库设置：设置独立封闭的仓库；易燃易爆物品隔离处理；仓库内材料、机具不得堆放混乱。

④ CI 管理：现场进行 CI 标准化布置，过程中维护到位；现场安全警示标识设置全面、规范。

⑤施工环境：现场做到工完场清，垃圾不得混放；工地施工产生的建筑垃圾应采取合理措施及时处理。

⑥成品保护：每道工序完成后应避免下道工序的交叉污染，应做好隔离、覆盖等防护措施；成品、半成品进行合理保护。

3）消防治安标准

（1）项目经理部负责项目消防设施的管理，组织义务消防小组，确保资源足够，将消防事故发生的损失和环境影响降到最低。

（2）项目经理部加强消防安全的管理，严格执行防火安全制度，落实防火安全责任制和宣传教育，做好防火、灭火准备，经常性检查消防安全工作的落实情况，防止火灾事故的发生。

（3）施工现场要严格划分易燃材料区、用火作业区；在容易发生火灾的地区施工或储存、使用易燃易爆器材时，应当采取特殊的消防安全措施。

（4）现场应合理配置足够的有效灭火器材，并装箱摆放；定期检查灭火器，由项目消防安全管理人员填制《灭火器定期检查记录表》。

（5）施工现场应建立动火审批制度，切实保证动火监护。

（6）施工现场的通道、消防入口、紧急疏散楼道等，均应有明显标识或指示牌。

（7）发生火灾时，在场发现的员工首先应大声呼喊，并立即用消防器材灭火，消防队长获悉后及时到场指挥灭火；当消防队长未在场时，由在场行政职务最高的人员指挥；分组进行报警、灭火、抢救和疏散工作，把损失尽量降低到最低限度。

（8）由公司项目管理部门负责火灾事故的调查和善后处理工作，对发生事故的原因进行分析，形成事故调查处理报告，并对其实施效果进行监督验证。

4）现场易燃易爆品管理标准

（1）易燃易爆品的贮存：

①易燃易爆品必须贮存在独立仓库、专用场地，并设专人管理。

②仓库内应配备灭火设备，严禁在仓库内吸烟和使用明火。

③仓库要符合有关安全、防火规定，物品之间的通道要保证安全距离。

④遇火、遇潮容易燃烧、爆炸的物品，不得在露天、潮湿、漏雨和低洼容易积水的地点存放。

⑤受阳光照射容易燃烧、爆炸的物品应当在阴凉通风地点存放。

⑥化学性质或防护、灭火方法相抵触的易燃易爆品不得在同一仓库内存放。

（2）易燃易爆品的运输与装卸：

①在装卸过程中应轻拿轻放，防止撞击、拖拉和倾倒。

②对碰撞、互相接触易引起燃烧、爆炸和化学性质或防护、灭火方法互相抵触的易燃易爆品不得违反配装限制和混合装运。

③对遇热、遇潮容易引起燃烧、爆炸的易燃易爆品，在装运时应当采用隔热措施。

（3）易燃易爆品的使用管理：

①使用易燃易爆品的单位要认真填写收发存台账，对物品的名称、数量及入库日期登记，并及时进行清点。

②易燃易爆品的使用及灭火方法应按照有关操作规程或产品使用说明严格执行。

③各种气瓶在使用时，距离明火 10m 以上，氧气瓶的减压器上应有安全阀，严防沾染油脂，不得暴晒、倒置，平时与乙炔瓶相距不小于 5m。

④加强对火源、电源和生产中贮存、使用易燃易爆品场所的监控。

（4）项目经理部对施工现场进行日常检查，各责任人员对易燃易爆品存在的安全隐患及时整改落实。

（5）泄漏处理：现场员工发现易燃易爆品泄漏时，应及时用吸收沙或吸收布将泄漏点包围起来，防止扩散，并将已泄漏的物品转移到其他容器中。已泄漏的易燃易爆品和用于吸收后的吸收材料，均作为危险废弃物处理。

4. 管理重点

（1）各项标准化执行均需按照公司制度要求，且符合安全性、经济性、可持续性。

（2）各项标准化执行需明确责任人、责任事项、完成时间、考核标准。

4.1.3　项目现场管理实施

1. 概念释义

项目现场管理实施，指根据现场环境，进行现场平面布置，如临建设施、活动路线等布置；办公区布置，如办公场所等的布置；生活区域布置，如宿舍、食堂等的布置。这是实现项目建设价值和使用价值的重要环节。

2. 管理要点

1）现场平面布置

包括总平面布置图、分部（工区）平面布置图、场区平面布置图，其应有以下内容：

（1）临时生产房屋位置，包括生活及办公用房，工地试验室，加工场，及各种建筑材料、半成品、构件的仓库和设备放置场所。

（2）主要加工场区位置，包括材料堆放区、材料加工区等。

（3）大型机械设备进出场路径及停放地。

（4）与既有道路和新建或规划道路、既有铁路线路、河流及电力线、通信光缆的位置关系。

（5）水源、电源、配电房、变压器位置，临时给排水管线和供电、动力设施等布置。

2）办公区布置

包括项目经理部、分部（工区）、分供方（主要指劳务分供方）办公的场所、生活区设置，按规定标准选取厂家现场搭建。

3）生活区布置

包括项目经理部、分部（工区）、分供方（主要指劳务分供方）办公的场所，包括食堂、宿舍、卫生间、淋浴间、活动室等，按规定标准选取厂家现场搭建。

3. 管理重点

（1）充分遵循“以人为本、因地制宜、经济环保、安全可靠、整齐统一”的原则。

（2）合理组织运输，减少无效路径，提高运输效率。

（3）充分利用原有建筑和设施，降低标准化实施费用。

（4）现场平面布置应施行动态管理，根据施工阶段不同，结合现场条件及时调整。

4.2 项目工期管理

4.2.1 工期计划编制与调整管理

1. 概念释义

工期计划编制与调整管理是指建筑装饰项目的管理者，在合同约定工期条件下，根据工程项目实施特点，结合经济性、安全性等方面的因素，对完成全部生产活动进行整体和分阶段时间编排。在项目实施过程中，根据内外部条件的变化，在与建设方取得一致的情况下，对项目实际工期进行合理化调整。

案例导引

某项目客房木地板装修面积约 4500m^2，网络计划如下图所示。该计划执行到第 4 天检查实际进度时，事项 A 已经完成，事项 B 已经进行了一天，事项 C 已经进行了 2 天，事项 D 还未开始施工。

从图中可以看出，B 工作实际进度拖后 1 天，将使其紧后工作 E、F、G 的最早开始时间推迟 1 天；C 工作与计划一致，D 工作实际进度延后 2 天。综上所述，如果不采取措施加快进度，则该分项工程的总工期将延长 1 天。

2. 管理难点

建筑装饰装修工程项目的特点决定了在实施过程中会受到多种因素影响，其中大多数因素会对施工进度产生较为严重的影响，对项目工期控制提出了挑战。为了有效

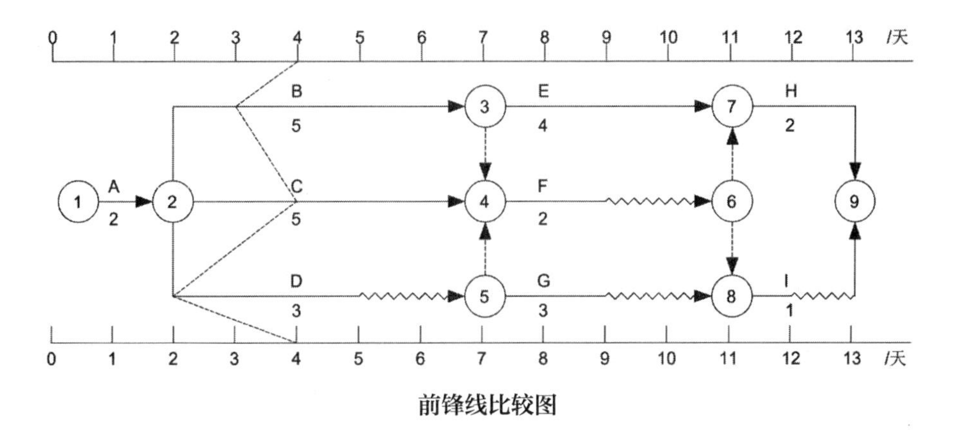

前锋线比较图

控制工程进度，必须充分认识和评估这些影响因素，以便事先采取措施，消除影响，使施工尽可能按其时间计划进行。影响施工进度的主要因素有以下几方面：

1）内部因素

（1）技术性失误：施工单位采用技术措施不当；施工方法选择或施工顺序安排有误；施工中发生技术事故；应用新技术、新工艺、新材料、新机具缺乏经验，不能保证工程质量等都会影响施工进度。

（2）施工组织管理不利：对工程项目的特点和实现的条件判断失误；编制的施工进度计划不科学；贯彻进度计划不得力；流水施工组织不合理；劳动力和施工机具调配不当，施工平面布置及现场管理不严密；解决问题不及时等都将影响施工进度计划的执行。

2）外部因素

（1）可预见因素：建设单位（或业主）、监理单位、设计单位、总承包单位、资金贷款单位、材料设备供应部门、运输部门、供水供电部门及政府的有关主管部门等都可能给施工的某些方面造成困难，影响施工进度。例如，设计单位图纸供应不及时或有误；业主要求设计方案变更；材料和设备不能按期供应，或质量、规格不符合要求；不能按期拨付工程款，或在施工中资金短缺等。

（2）不可预见因素：施工中如果出现意外的事件，如战争、严重自然灾害、疫情、火灾、重大工程事故、工人罢工、企业倒闭、社会动乱等。

3. 管理要点

1）建筑装饰工程项目时间计划的编制：

（1）编制的依据

①经过审批的施工图及所采用的标准图集和技术资料。

②工程项目的工期要求、开工日期、竣工日期。

③各主要工程项目施工的先后顺序以及相互间的逻辑关系。

④工程项目工作持续时间的估算。

⑤物资供应条件，主要指根据物资数量和质量的要求，对物资供应做出合理的安排；

⑥当地的自然环境条件。

（2）表现形式

①横道图：以横道线条结合时间坐标来表示工程项目各项工作的开始时间、持续时间和先后顺序。

②网络计划图：以箭线和节点组成的有序有向的网状图形来表示项目的进度计划。通过各种计算，找出网络图中的关键工序、关键线路，求出最优计划方案。

2）装饰装修工程项目时间计划的实施：

（1）计划审核

①时间计划安排是否符合施工合同的工期要求、开工和竣工日期的规定。

②时间计划中的内容是否齐全。

③施工顺序安排是否符合施工程序的要求。

④资源供应计划是否保证施工进度计划的实现，供应是否均衡。

⑤对实施时间计划的风险是否分析清楚，是否有相应的对策。

⑥各项保证时间计划实现的措施全面、可行、有效。

（2）计划贯彻

①检查各层次计划，形成严密的计划保证系统，建筑装饰工程项目的计划有施工总计划、单位工程施工计划、分部分项工程施工计划。要检查计划之间的协调性，检查计划目标是否层层分解、互相衔接，检查施工任务书是否层层下达到施工班组。

②根据施工任务书层层明确责任，项目经理、项目管理人员和施工班组之间层层签订责任状，明确各自的施工任务、技术措施、质量要求、工期以及承担的经济责任和相应利益，以保证按施工计划顺利完成。

③进行计划的交底，保证计划的全面、彻底实施，在计划实施前进行交底，使相关人员明确进度计划的目标、任务、方案和措施，使之变成项目全体人员的自觉行动，确保计划全面、彻底实施。

（3）计划实施

①编制月（旬）作业计划：根据施工计划，结合现场施工条件和施工实际编制月（旬）作业计划。

②签发施工任务书：根据月（旬）作业计划，签发施工任务书，下达并落实到班组。施工任务书是向班组下达任务、实行承包责任制、全面管理的原始记录和综合性文件，是连接计划和实施的纽带。

③做好施工进度记录：在计划实施过程中，跟踪做好施工记录，及时记录各项工作开始日期、每日完成数量和完成日期，并记录施工现场发生的各种情况；跟踪做好形象进度、工程量、总产值，耗用的人工、材料和机械台班数量的统计与分析，为施

工项目进度监测和控制分析提供反馈信息。

做好施工调度工作：施工调度是组织施工中各阶段、环节、专业和工种的互相配合、协调进度的指挥核心。主要任务是根据计划实施情况，协调各方面关系，采取措施，排除各种矛盾，加强各薄弱环节，实现动态平衡，保证完成作业计划和实现进度目标。

3）建筑装饰工程项目计划时间的监控

项目人员经常、定期地跟踪检查工程的实际进度情况，收集工程项目实际进度的相关数据，进行统计整理和对比分析，确定实际进度与计划时间之间的关系，通过比较得出计划时间和实际时间一致、超前或拖后三种情况，作为建筑装饰工程项目时间计划调整的依据。

4）建筑装饰工程项目时间计划的调整

装饰装修工程项目工程复杂，工程量大，工期较长，影响进度的因素较多，因此必须充分认识和估计这些因素，才能克服其影响，使工程进度尽可能按计划进行。其主要影响因素包括：

（1）设计方面：设计修改频繁；装修设计影响主体结构；设计不符合消防规定；各专业设计之间相互矛盾，尺寸不统一。

（2）工程条件的变化：现场停水、停电频繁；垂直或水平运输困难；因扰民问题而停工；施工垃圾外运困难等；新颁布的政策、法规对工程项目新的要求或限制，必须修改设计、修改施工方案等，可能造成工程项目资源的缺乏，使得工程无法及时完工；环境条件的变化，如特殊恶劣的气候条件会造成临时停工或破坏；发生不可抗力事件，意外事件的发生，如战争、地震、洪水等严重的自然灾害都会影响工程进度计划。

（3）管理过程中的失误：计划管理差；劳动纪律松懈；质量不合格返工；施工顺序颠倒；野蛮施工。

（4）施工配合：工序之间衔接不紧；交叉施工协调不利；未对装修成品进行保护，致使装修成品因交叉施工破坏而返工；

（5）装饰物资材料：物资材料订货不及时；供货商的选择不当；物资材料因现场保管不当而损坏；物资材料运输延误。

（6）劳务队伍：未按计划调配劳动力；劳务工人素质低，成品损坏严重。

（7）施工设备：施工设备配备不足，经常出现停工待料；施工设备维修保养水平低，管理水平低。

通过实际时间和计划时间的比较，如果出现时间偏差时，首先应当分析偏差对后续工作和总工期的影响，然后决定是否进行调整，以及调整的方法和措施，最终获得符合实际情况和计划目标的新计划。

（1）判断偏差是否为关键工作：若总时差为零，则出现偏差的工作为关键工作，无论偏差大小，都对后续工作及总工期产生影响，必须采取相应的调整措施；若总时差不为零，则出现偏差的工作不是关键工作，需要进一步根据偏差值与总时差和自由时差的大小关系，确定对后续工作的影响。

（2）分析偏差是否大于总时差：如果工作的偏差大于该工作的总时差，说明此偏差必将影响后续工作和总工期，必须采取相应的调整措施；如果工作的偏差小于或等于该工作的总时差，说明此偏差对总工期无影响，但对后续工作的影响程度需要比较偏差与自由时差的情况来确定。

（3）分析偏差是否大于自由时差：如果工作的偏差大于该工作的自由时差，说明此偏差对后续工作产生影响。而如何调整还要根据后续工作允许影响的程度确定；如果工作的偏差小于或等于该工作的自由时差，则说明此偏差对后续工作无影响，原进度计划可以不作调整。

项目人员发现影响工期的偏差时，应分析实施的时间计划，进行及时的调整，保证进度控制目标的实现。计划的调整方法有：

（1）改变某些工作之间的逻辑关系：在工作之间的逻辑关系允许改变的条件下，通过改变关键路线和超过计划工期的非关键路线上有关工作的逻辑关系，达到缩短工期的目的。例如，把顺序施工的某些工作改成平行施工、搭接施工或流水施工，其调整的效果是显著的。但这也可能产生一些问题，如资源的限制：平行施工要增加资源的投入强度，工作面限制，及由此产生的现场混乱和低效率问题。因此必须做好协调工作。另外，如果原进度计划是按搭接施工或流水施工方式编制的，而且安排紧凑，其可调范围十分有限。

（2）缩短某些工作的持续时间：可使工程进度加快，保证实现计划工期，而不改变工作之间的逻辑关系。被压缩持续时间的工作是位于由于实际进度拖延而引起总工期增长的关键线路和某些非关键线路上的工作。

判断、计划和落实调整需要一定的保证措施，一般有组织措施、技术措施、合同措施、经济措施和信息管理措施。

4.2.2 工期预警管理

1. 概念释义

工期预警管理是指项目经理部或者建筑装饰企业项目管理部门根据各项情况变化，预判现场实际进度无法满足计划进度时，提出无法按期警示、可能出现风险以及纠正解决措施的管理行为。

案例导引

根据施工进度计划，某项目应于2018年12月5日前完成酒店客房卫生间洁具安装。由于建设单位进度款支付比例仅75%，而公司与分供方的物资供应合同约定发货前支付发货款的30%，到场验收合格后支付到验收款的90%，资金缺口达88万元，公司资金压力较大，未能及时支付。供应商多次发函后暂缓供货。2018年12月15日，现场仍有9个楼层的卫生间洁具未能完成安装。为加快进度，确保项目履约，经公司领导、项目经理小王与建设单位洽商，资金缺口部分由建设单位于2018年12月20日前代付。同时为了加快工期，项目经理部要求班组增派工人15人，弥补了工期滞后。

2. 管理难点

（1）预警的及时性。建筑装饰项目经理部要在工期面临延期风险之前，及时提出预警，保证项目有充足时间进行调整。

（2）预警的准确性。建筑装饰项目经理部要充分关注现场作业面、劳动力、物资供应情况、现场施工质量、资金支付等因素，准确判断工期是否存在延误风险。

3. 管理要点

（1）项目经理跟踪计划，实施监督，当发现进度计划执行受到干扰时，应采取调整措施。

（2）根据各工种施工员认真填写的《施工日记》《施工任务单》，以及项目经理定期组织的工作例会，对计划进行跟踪检查记录，据此了解项目工期的实际进度。

（3）项目经理跟踪形象进度，责成项目预算员（负责人）对工程量、总产值、耗用的人工、材料和机械等的数量进行统计与分析，编制统计报表。

（4）项目经理落实控制进度措施应具体到执行人、目标、任务、检查方法和考核办法。

（5）项目经理对进度计划检查与调整，检查内容包括：

①检查期内实际完成和累计完成工程量。

②实际参加施工的人力、机械数量及生产效率。

③窝工人数、窝工机械台班数及其原因分析。

④进度偏差情况。

⑤进度管理情况。

⑥影响进度和特殊原因及分析。

（6）施工进度计划在实施中的调整必须依据施工进度计划检查结果进行，施工进度计划调整应包括下列内容：施工内容、工程量、起止时间、持续时间、工作关系、资源供应等。

①当发现资源供应出现中断、供应数量不足或供应时间不能满足要求时，及时与供应商联系，要求满足现场供应需求。

②由于工程变更引起资源需求的数量变更和品种变化时，应及时调整资源供应计划。

③当建设单位提供的资源供应进度发生变化不能满足施工进度要求时，应敦促建设单位执行原计划，并对造成的工期延误及经济损失进行索赔。

4. 管理重点

（1）工期预计应及时、准确，确保项目经理部有充足时间进行调整。

（2）对施工进度计划进行检查时，应依据《施工日记》《施工任务单》和定期相关例会等记录进行。

（3）调整施工进度计划应采用科学的调整方法，并应编制调整后的施工进度计划，并报建设单位认可后交公司项目管理部门备案。

成功案例

某项目重履约、守工期、创精品案例

一、工程概况

某会议中心项目地处商业中心地段，总建筑面积为 8000m²。A 建筑装饰公司承接施工范围是 3 ~ 6 层室内天地墙、机房、卫生间装修，总造价暂定为 8000 万元。自 2011 年 6 月份开工以来，项目经理部秉承质量过硬、确保履约、服务业主的精神，经过 4 个月的艰苦奋战，最终圆满完成任务，赢得了业主、监理和总包的一致好评。

二、工程特点

一是项目体量大。整个项目建筑面积达到 28000m²，装饰施工总量约 1 亿元，总装饰面积近 7 万 m²，包括了 2000 人报告厅、400 人中型会议厅和若干会议室，要在 205 天内完成近 1 亿元产值，对项目施工能力提出了严峻挑战。二是技术含量高。室内 2000 人报告厅施工最高点达 18m，施工跨度大，风险系数高。报告厅墙面采用木拉米拉装饰，属国内首创，外钢架摇臂施工也是公司首次使用，项目人员在学中干、干中学，对快速学习和应用能力提出了挑战。三是变更协调频繁。由于总包在施工前期未充分考虑装饰要求，使装饰与安装发生很大冲突，参建单位施工计划全被打乱，装饰设计方案也是边设计、边确认、边施工，项目经理部要付出大量精力进行沟通协调。四是政治性强。作为中国西部规模最大、功能最完善、配套设备最齐全的综合性国际会议中心，该项目受到政府的高度重视，各级领导多次到现场视察，对项目进度、质量、安全提出了诸多要求。

三、工作措施

为践行公司承诺，维护企业品牌，确保业主开业典礼顺利举行，面对工期、质量、

技术、安全等各种困难，项目经理部集中所有力量确保履约，制定系列措施。

（1）整合资源，强化支撑。公司领导对项目给予高度重视，多次到现场进行视察，及时协调资源，解决问题，为项目经理部提供了坚强后盾。一是在合理编制物资需用计划基础上，公司对供应商实行了蹲点督促，确保材料及时到位。二是项目借助公司平台，在当地预备了 80 人的综合班组以应对突发事件，保证了工程的连续施工。三是在原项目班子基础上，抽调精兵强将充实项目管理力量，做到了老中青、内外装的合理搭配。四是加强了资金保障。公司授权片区特事特办，在材料款和后勤保障资金上给予了极大支持。五是在项目攻坚时期，公司领导亲临现场指挥，就项目的问题和隐患一一加以解决。

（2）科学谋划，合理部署。项目经理部针对工期目标进行详细分析，并制订相应对策。一是针对现场情况进行责任分解，明确奖罚原则，充分调动项目人员的积极性。二是合理编制施工进度控制和工期安排，并将进度责任落实到人，进行“一天一计划、一天一检查、三天一对比、一周一总结、一周一纠偏”，确保在进度上严格掌控。三是针对 2000 人报告厅、400 人会议室以及钢板组合立柱安装等管理重点、难点部位进行专项施工方案的商讨和研究，并做好安全、质量技术交底，确保高效、安全、合理的施工。

（3）全面跟踪，充分协调。一是对外积极协调。针对施工工期紧张，总包、安装单位进度缓慢，建筑结构设计严重漏项，装饰设计方案拖延等情况，项目经理部成立了现场进度专项协调小组、设计沟通专项小组、材料认价和材料采购专项小组，就各方面事宜当天碰头，及时跟进、反馈情况、采取措施积极协调，确保各环节处于可控状态。同时对各个施工单位做好工期安排的交底工作，积极组织交叉作业施工，确保本工程按工期安排顺利进行。二是对内充分沟通。现场实行全面跟踪机制，对每天完成的情况跟踪检查，随时掌握现场动态情况，对没有达到质量、安全、节点要求的随时启动备选方案进行弥补，将不利因素降到最低。指定专人负责与公司总部沟通，及时获取公司帮助和指导。三是实行定期生产协调例会。每周的生产协调例会解决一周内需要协调配合的各类问题；每日碰头会解决急需要协调配合的问题。实行材料进场全程跟踪，提前做好施工准备，确保材料进场后第一时间进行施工，各部位明确专人负责跟踪。四是加强保障，鼓舞士气。在赶工期间，为了有效利用时间，采取多项后勤措施，使项目人员能安心、放心、全心地工作。安排专人送饭、送水，让项目人员吃得好、有干劲。在做好安全防范措施的同时，配备了常用药品和救急设备，做好充分准备，应对意外事件。专门就临时劳务队伍住宿问题和总包进行了沟通，将住宿地安排在项目附近，缩短了工人上下班时间，提高了工作效率。在赶工关键时期给各劳务班组发放补贴。五是顽强拼搏，奋勇争先。“流血流汗不流泪、掉皮掉肉不掉队”，“只要精神不滑坡，办法总比困难多”，全体管理人员顽强拼搏，背水一战。自项目赶工以来，全体管理人员驻守现场，每天工作十七八个小时，即使劳累患病，也“轻伤不下火线”，生怕自己的工作拖了项目后腿。劳务队伍也同甘共苦，服从指挥，不计条件，指哪打哪。大家以不怕疲劳、连续作战、顽强拼搏、奋勇争先、精诚团结的作风，确保了项目优质快速推进。

通过紧张、高效的施工管理过程，项目最终提前2个月实现履约，业主开业典礼顺利举行，对公司倍加赞赏。通过此次项目实践，在大型项目履约方面取得了宝贵的经验。项目管理团队基本为年轻人，项目班子在立足当前、干好工程的同时，精心育人，打造健康快速成长的管理团队。积极启用年轻人，敢于赋以重任，放在各施工组长、专业组长等重要岗位上培养锻炼。在指导和安排工作的过程中，主动帮助理清思路，明确方法和步骤，形成了在干中学、学中干的良好氛围，使项目管理团队个人能力在实战中得到了锻炼和提高。

4.2.3 项目投诉管理

1. 概念释义

项目投诉是指与建筑装饰工程项目的相关方，包括业主方、设计方、总包方、监理方、分供方等单位或个人，以及社会有关机构、媒体等，通过来信来访、传真电话、电子邮件等方式，就工程项目在施工过程中或质量保修期内存在某种程度的违约现象或工作缺失而提出的合理诉求。

案例导引

某建筑装饰工程项目位于城市中心地带，是一座5 A级办公楼，业主与施工单位签订施工合同，计划于2019年12月31日完成装饰工程施工。在施工过程中，业主领导更替，新任领导对原装饰方案不满意，要求进行效果调整，由此造成设计变更，材料重新选样、认样、认价。对此双方签订了补充合同，要求原工期不变。但施工企业的项目管理团队，在执行变更合同过程中，受到变更因素影响，导致进展未达到要求，直到10月25日，勉强完成基层施工。眼看年底将至，业主方工程代表非常着急，多次召开会议，要求施工单位加快施工进度，然后在关系成本变化、设计变更等方面，业主方却往往没有明确意见，双方发生工期履约矛盾。由此，2019年11月10日，业主方书面致函装饰单位法人，要求如期履约，否则追究相关责任。

2. 管理要点

（1）工程投诉发生后，建筑装饰企业应在第一时间派人处理。对涉及重大质量或安全隐患，有可能引发群体性事件的投诉，应立即由责任人员带领相关部门赶往第一现场处理。对一般性的工期延误、质量通病等投诉，应在受理后及时提出处理方案。

（2）企业接到投诉后，应尽快向有关责任主体通报，并做好记录。责任主体在 24 小时内对投诉内容进行确认，并与投诉方取得联系。

（3）投诉处理过程中，出现下列情况之一的可以终结：经投诉处理单位及时处理，投诉所反映的问题得到解决，经评定满足合约或协商意见要求；投诉人无故不履行合约或协商意见，导致投诉处理无法正常开展；投诉人在责任方按合约或协商意见落实整改期间，人为设置障碍；投诉在处理过程中进入诉讼程序或因其他原因移交处理；投诉人撤诉；其他可终结的投诉。

3. 管理重点

（1）所有工程投诉处理，必须明确第一责任人，必须明确整改方案，必须明确完成时间，必须向投诉人、投诉受理单位反馈整改结果。

（2）项目管理部门和项目经理部应对每项投诉事件进行登记，载明投诉时间、内容、引发原因、处理结果等事项，整理归档，定期总结经验教训，防止类似事件再次发生。

（3）对于工程投诉事件，项目管理部必须明确整改第一责任人、整改方案、完成时间，必须向投诉人、投诉受理单位反馈整改结果。

4. 文件模板推荐

工程投诉管理台账

序号	投诉内容（事项）	被投诉单位	投诉方	投诉时间	接诉人	处理结果

成功案例

某项目抢工期、保质量案例

某项目是一座集办公、贸易、宾馆、观光、展览于一体的综合性超高层智能建筑，总建筑面积约 37.7 万 m^2。A 装饰公司施工范围包含五个施工段，共 27 个楼层，合同额为 5100 万。该项目工期紧，楼层高，结构复杂，而且土建、钢结构、幕墙、内装及机电安装同步进行，工种交叉面广，工段跨度大，在质量与进度控制上形成诸多难题。

项目经理部于 2006 年 4 月开始施工，于同年 12 月完成样板层施工，经过后期努力，在施工时间短、任务重的情况下圆满完成任务。

一、科学编制计划，合理安排施工

根据总包制订的整体进度计划，结合图纸确认时间、施工面交接时间等因素，项目经理部制订了三个时段的施工进度计划。① 2006 年 3 月 ~ 2007 年 2 月：6 ~ 12F 办公层，其中 6F、9F 分别为避难层与办公层的样板层。② 2007 年 3 月 ~ 2008 年 1 月：3 ~ 5F 商业区、66 ~ 78F 办公层。③ 2008 年 2 月 ~ 2008 年 3 月：地下 B1、B2 层、52F。

围绕三个进度计划，项目经理部合理安排各工种的施工顺序。首先，在土建结构移交后，开展混凝土导墙、ALC 隔墙、地坪混凝土等二次结构工程，要求以最快速度完成施工和验收，为后续木作和油漆施工移交工作面。其次，抓紧轻钢龙骨石膏板隔墙、天花吊顶和窗台等部位的基层作业施工，努力协调机电单位，要求其尽快完成隔墙与吊顶内的线管铺设，为面层封板争取时间。最后，开展防火门、五金、贴面、洁具、架空地板和油漆涂料等施工，要求各工种必须加强协调，严格控制，按时移交工作面。严格的计划安排，为项目减少停工和窝工现象、防止工期延误、确保整体进度提供了保证。

为加快工程进度，项目总包方制订了节点工期奖罚制度，要求分包单位按节点时间完成各工段的施工内容，并视完成情况实行奖惩。为此，项目经理部制订了专项分段施工进度计划，明确各管理人员、材料供应商、施工班组的具体任务。遇到管理问题作笔录，看到现场问题作标记，并限定问题的解决时间，争取实现全程监控。2007 年 11 月底，项目经理部按时完成 7 ~ 12F 办公区装饰部位的施工验收，得到了总包方发放的工期奖励。

二、协调资源使用，加强现场管理

该项目材料垂直运输问题是制约项目施工的关键因素之一。在塔吊和施工电梯批准使用时间有限的情况下，项目经理部下大力气解决材料运输问题，切实做好塔吊和施工电梯申请协调、劳动力安排、运输工具准备、运输过程监控等各项工作。特别是对 ALC 板、地坪混凝土、架空地板等数量多、重量大、不易运输的材料，采取夜间通宵运输的办法运至施工楼层，有效保证了项目施工需要。

在材料运输过程中，项目经理部从实际出发，制订详细的材料管理流程，即：材料报审→业主确认→计划定单→进场申请→业主监理检查→场地临时堆放申请→申请塔吊电梯运输→装卸与垂直运输→施工楼层堆放→材料的保护与使用。为保证工地车辆出入畅通，防止材料遗失，项目严格执行材料机具进出场申请制度。为避免材料堆放无序、运输混乱，项目经理部专门指定了材料堆放场地，并且提前一天预约总包塔吊和电梯。项目切实加强材料堆放管理，在材料运输至施工楼层后，划分专门场地，予以整齐堆放，减少材料损耗，拓宽工作面。

由于合同范围分段多、跨层间隔大、超高层运输困难、结构工程不能按时移交等原因，造成装饰工期严重压缩，不具备流水施工条件，存在极大的停工、窝工风险。为此，项目经理部认真做好劳动力统筹安排。一是在企业部门的配合下，选用多个劳务队伍分散施工，以增加建制数量的办法，为高峰期劳动力使用提供储备。二是每隔两层安排一个施工段，分散分段验收的压力。三是密切关注楼层的移交动态，提前半

个月通知班组作好人员准备。四是项目管理人员以身作则，带领劳务工人延长工作时间，坚守工作岗位。五是完善奖罚机制，对各个劳务队伍明确施工范围、工期要求、质量标准和奖罚条例，切实履行奖罚承诺，有效提高队伍积极性。

项目经理部高度重视安全管理工作，坚持以人为本，安全第一。工人进场前必须进行安全教育，未经教育的工人一律不准进入现场施工作业。项目经理部除了对进场工人搞好三级安全教育外，还经常组织劳务工人学习法律法规和消防知识，并认真开展消防演习和防高空坠落演习。此外，项目还组织管理人员实行每周站班制，各施工员轮流对每周的安全工作进行交底，安全员负责传达业主、总包和公司下发的各种安全文件和相关规章制度，项目经理点评本周安全工作，并布置下周安全工作管理重点。针对项目施工过程中出现的违章行为，安全员及时进行教育，耐心分析事故后果。针对高空坠物、违章动火、野蛮施工、金属触电等问题，项目经理部专门组织了专题会予以讨论，并建立了相应的安全保障体系，制订具体措施予以解决。

三、技术管理保质量，商务管理谋效益

该项目是地标性建筑，业主对施工质量要求极其严格，为满足业主的质量要求，项目狠抓技术管理工作，对每个环节都进行严格控制。

为保证开工前材料报审工作顺利进行，项目对材料样品按要求进行了比对送样，对原材料证明、检验报告、合格证、进口商品商检证明和报关单等各种资料进行详细的收集整理。经确认的各种材料进场时，及时通知业主和监理进行现场验收，不合格材料坚决不予使用，避免造成返工现象。

业主方对施工方案编制工作尤为重视，对每次报送分项工程的施工方案都严格审查。施工方案得到业主确认通过后，项目经理部严格按照施工方案进行管理施工，对班组的交底工作也以施工方案为标准来进行。此外，项目经理部严格实施“样板引路制度”，如ALC板隔墙安装、地面OA地板铺贴、GL工法墙面石膏板粘贴和轻钢龙骨隔墙防火封堵等大面积分项工程作业前，都严格试做样板后展开施工。

在商务管理方面，由于项目合同形式采用国际通用的FIDIC合同条款，规定了所有签证索赔资料均以业主工程指示书下发之日起，28个日历天内有效，超过期限则签证索赔无效。所以，项目经理部对牵涉到费用增补的工程指示书、其他单位对施工成品的破坏等，都及时进行了签证索赔办理，避免对项目造成经济损失。

该项目作为企业的管理重点项目，面对紧张的工期要求依旧能保持有序的施工实属不易，真正做到了工期和质量两不误，为企业赢得了荣誉。究其原因，一方面得益于科学的工期节点策划和严格的现场管理，另一方面也得益于项目人员高度的责任意识。通过科学的工期节点策划，加快了项目的施工进度；通过严格的现场管理，提高了人员的工作效率；通过进一步强化责任意识，保证了多次质量验收一次通过；通过一系列的制度保障，有效化解了质量和工期之间的潜在矛盾。

4.3 项目安全管理

1. 概念释义

项目安全管理是指在建筑装饰项目实施过程中，项目经理部在安全管理体系指导下,组织实施全员安全生产的管理活动,安全管理主要是通过对项目安全状态实施控制，使不安全的行为和状态减少或消除，以使项目安全生产得到保证。

案例导引

2018 年 7 月 3 日，某建筑装饰项目二次结构砌筑现场发生安全事故。一名工人从活动脚手架摔落，导致右手手骨骨折且严重脑震荡，因及时就医而无生命危险，但前后救治、后期调养及经济性补偿等，项目共花费 10 余万元。经事后调查，该名工人在爬上脚手架时，未将脚手架滑轮按规范要求固定，同时其虽然佩戴了安全帽，但未正确佩戴安全帽帽绳，在不慎摔落时，安全帽脱离头部，失去保护功能。

2. 管理难点

（1）建筑装饰项目施工的劳务工人大部分文化程度较低，没有受过系统培训，安全意识较为薄弱。同时装饰项目的部分管理人员在施工管理过程中，不能严格执行安全管理操作流程，不能全面落实安全保护技术措施，导致项目安全隐患难以根本消除。

（2）在装饰工程实施过程中，安全设施和安全防护设备是必备物品，购买安全意外伤害保险和安全培训也是不可或缺的条件。但一些建筑装饰施工企业受低价中标或项目效益不佳的影响，安全预算费用受限严重，项目经理部无法完全按要求配备安全防护设施，不能全面落实安全保护措施，导致装饰工程的安全管理得不到保障。

（3）建筑装饰工程安全监督管理人员相对缺乏。由于装饰工程相对体量较小，管理人员配备有限，存在缺乏专职安全人员的情况。系统的安全监督检查工作得不到全面开展，安全管理作用受阻碍。从安全监督检查的方式上看，建筑装饰工程安全检查缺乏系统化、常态化监管机制，往往是以突击检查的形式进行。

（4）部分建设单位忽视法规条例，不遵守正常的建设程序，要求施工单位垫付工程款、不按时拨付资金，甚至违背合约，导致安全生产资金匮乏，大大降低了装饰工程实施过程中的安全生产力量配备，导致安全维护系统不能正常运行，容易导致事故发生。

4.3.1 安全教育管理

1. 概念释义

安全教育管理，指建筑装饰项目经理部针对现场人员，包括项目管理人员、施工

人员及其他进出场人员等，开展培训教育，使其掌握自我保护、远离危险和良好的应急心态的管理行为，一般包括安全生产思想教育、安全生产知识教育、安全管理理论及方法教育等。

2. 管理要点

1）安全教育培训的组织与实施

项目经理部组织开展二级教育。教育内容应包括安全生产法律法规、安全生产方针和目标、现场安全生产、文明施工管理制度与要求等。教育时间累计应达到 15 个学时。

劳务队伍负责人负责班组安全教育。教育以本工种安全技术操作规程、现场安全纪律、个人防护用品正确使用方法、“四不伤害”意识能力、安全用电知识、文明施工等。教育时间应达到 20 学时。

特种作业人员需持有特种作业操作证，并对其进行针对性专业安全操作技术方面的教育。

2）培训内容

建设工程安全生产、文明施工相关法律法规；

安全技术规程、规范；

安全纪律、文明施工管理要求；

项目经理部教育培训资料。

3）现场安全教育活动

项目经理部每月至少组织一次由项目经理召开的安全教育大会。

每日各班组进行班前安全教育会：对昨日安全生产总结讲评，布置当天安全生产管理和安全防护管理要点。表彰安全生产先进典型，批评违章违纪行为及当事人，并进行处罚。

交叉作业施工的安全教育：由施工员负责组织，劳务队伍负责人配合开展教育。

采用新技术、新工艺、新材料时，需对操作人员进行针对相关安全操作规程的专门培训。

季节性施工安全教育：主要是针对雨期施工和冬期施工的安全教育，应由项目技术负责人组织开展。要使现场管理人员和所有施工作业人员都受到教育，并了解、熟悉安全防范管理要点、对策措施及必须遵守的相关规定与要求。

节假日及重大政治活动相关的安全教育：节假日前对现场所有员工组织专门教育，将节假日安排公布于众，提高节假日期间安全施工的意识，并应着重进行应急预案的普及教育和专门人员的培训与演练。

涉及国家重大政治活动以及具有重大影响的安全教育：在国家重大活动期间，应响应国家和政府号召，开展教育相关活动，项目经理部要向员工贯彻政府有关精神和公司要求，布置本项目贯彻确保安全生产、预防事故、事件的措施和规定。

3. 管理重点

（1）安全教育应覆盖所有员工，安全教育培训需要分层次逐级进行。

（2）安全教育应贯穿项目履约全过程，要结合当前施工进展针对性地开展，不能流于形式。

4.3.2 安全用品管理

1. 概念释义

安全用品管理，是指在建筑装饰项目施工过程中，项目经理部对项目生产所需安全用品进行计划、采购、保管、分发、使用、监控等的管理行为。

2. 管理要点

（1）项目经理部：根据项目情况，结合项目安全管理专项策划，提出安全用品需求计划报公司审批，待公司审批通过后进行采购、保管及发放、安装工作，满足现场安全防护需要。

（2）项目管理部门：负责审批项目经理部安全用品需求计划，监督项目经理部按要求使用安全用品。对不满足要求的安全用品，要求项目及时更换。

（3）安全用品内容：

①个人安全防护用品：工作服、安全帽、安全带、防护口罩、面罩、护目眼镜、绝缘鞋、手套、袖套等。

②安全设施、装置：

安全网、安全绳、安全水平绳、垂直绳、自锁器、防坠器；

为安全施工设置的安全通道、围栏、警戒绳、彩条旗、安全横幅、安全标识、标语及安全操作规程牌等设施装置；

消防设施、器材、消防水管、消防箱、灭火器、消防水桶、沙池、消防铲；

安全教育培训和安全检查所用的设施设备；

配电柜（箱）及其防护隔离设施、漏电保护器、临时供电电缆、电焊机二次保护器、临时供电开关箱（柜）、低压变压器、断路器、低压配电线、低压灯泡；中小型机械设备防砸、防雨设施、材料；机械设备、机械设备、设施的安全装置维护设施。

3. 管理重点

（1）使用劳动防护用品必须根据劳动条件、需要保护的部位和要求，科学合理地进行选型。

（2）使用人员必须熟悉劳动防护用品的型号、功能、适用范围和使用方法。

（3）劳动防护用品必须严格按照规定正确使用。使用前要认真检查，确认完好、可靠、有效，严防误用，或使用不符合安全要求的护具，禁止违章使用或擅自代用。

4.3.3　安全措施管理

1. 概念释义

安全措施管理，指为项目经理部为满足现场安全生产需要，为确保施工中的人身安全和财产安全，所开展的针对性、保护性管理活动。

2. 管理要点

（1）项目经理部建立项目安全责任制和考核评价办法，成立以项目经理为首的安全管理领导小组。项目经理应对项目安全控制负责，过程安全控制应由每一道工序和岗位的责任人负责。

（2）项目经理部在分部分项工程实施前编制安全专项施工方案，主要包括：临时用电施工组织设计、消防管理方案、大型机械设备安拆方案、季节性施工及现场防护措施方案、危险性较大的分部分项工程安全专项施工方案等。

（3）项目安全职责管理

①项目经理：

项目经理是建筑装饰项目的安全第一责任人，应对本项目的安全生产管理负总责，建立项目安全保障体系，明确安全指标及各方责任，并制订检查、奖罚标准；严格按照规定标准编制施工设计和作业方案，在方案中制订具有针对性的安全措施，负责提出安全技术措施费用，满足施工现场达标要求；在下达装饰施工生产任务时，必须同时下达安全生产要求，并做好安全生技术交底；每周组织一次安全生产大检查，严格落实安全检查评分标准，对查出隐患立即责成有关人员进行整改，并做好记录；负责本项目的安全宣传教育工作，提高全员安全意识，搞好安全生产，文明施工；发生伤亡事故，要紧急抢救，保护现场，立即上报，不许隐瞒虚报，严格按照“五不放过”的原则参加事故分析调查。

②项目副经理（生产）：

认真执行国家安全生产方针、政策、法令、规程制度，严格落实上级批准的施工组织设计、施工方案；在计划、布置、检查、总结、评比等生产活动中，同时把安全工作贯穿到每个具体环节中去，遇到生产和安全发生矛盾时，生产必须服从安全管理要求；编制单项安全技术措施，在进行计划、技术交底的同时，交代安全措施，经常教育和指导生产工人自觉执行安全规程，正确使用机电、起重工具、脚手架等安全设备和个人防护用品；负责协助组织每月一次的安全检查，贯彻执行公司制订的安全技术措施，及时解决事故隐患，保证施工现场道路畅通、半成品材料等堆放整齐，做到文明施工；发生工伤事故和重大未遂事故时要紧急抢救，保护现场，立即上报，并参加事故的调查、分析，做好详细记录，采取可靠措施。

③施工员：

对所负责的施工项目区域的安全生产负直接责任，做到不违章指挥，制止违章作业或冒险作业；在安排分部分项工程施工任务时，要进行有针对性的书面安全操作交底，做到签字手续齐全；负责对所有施工现场的文明施工，保证现场的安全防护设施（机械、电气操作规程，“三宝”“四口”等）达到标准化、规范化；认真执行国家安全生产方针、政策、法令、规章制度，严格按照上级批准的施工组织设计施工方案；在计划、布置、总结、评比等生产活动中，必须严格按照工作标准要求把安全工作贯穿到每个环节中去，特别要做好有针对性的书面安全交底；协助搞好班组安全活动日，开展安全宣传教育，组织施工人员学习操作规程，并检查执行情况；发生工伤事故，要保护好现场，并立即上报；有权拒绝不科学、不安全的生产指令。

④安全员（负责人）：

认真执行国家、地方政府有关安全生产的法律、法规以及上级和本企业有关安全制度和规定；监督项目人员按照批准的施工方案和施工技术措施组织、安全工作措施进行施工生产，确保安全工作的落实；督促、指导施工人员完善安全管理措施，搞好施工现场安全达标，检查、考核措施的落实；监督项目人员所使用的安全防护用品、施工机具、相关设施的安全状况，对不符合安全生产要求的发出整改通知，并核查整改情况；根据施工的进度，有责任向施工人员提出当前分部分项工程中应注意的安全问题，并提出预防措施；检查项目安全管理资料的编制、收集和整理情况；协助工程安全事故的调查处理；做好与建设单位、地方安全监督站、监理单位的互相联络，协助项目进行工程安全等级的评定工作。

3. 管理重点

（1）项目经理部建立安全考核制度，确保项目各管理人员认真履职、项目分包遵守安全管理制度。

（2）严格落实安全考核制度，对全部考核对象，包括项目管理人员、各分供方人员等，以月为周期进行考核。

4.3.4 安全检查管理

1. 概念释义

安全检查管理，指建筑装饰项目在生产管理活动中，对项目人员安全职责是否履行到位、管理人员及分供方人员安全防护措施是否到位、现场安全措施是否满足施工要求进行考核的管理行为。

2. 流程推荐

1）部门安全检查流程

部门安全检查流程如图 4-1 所示。

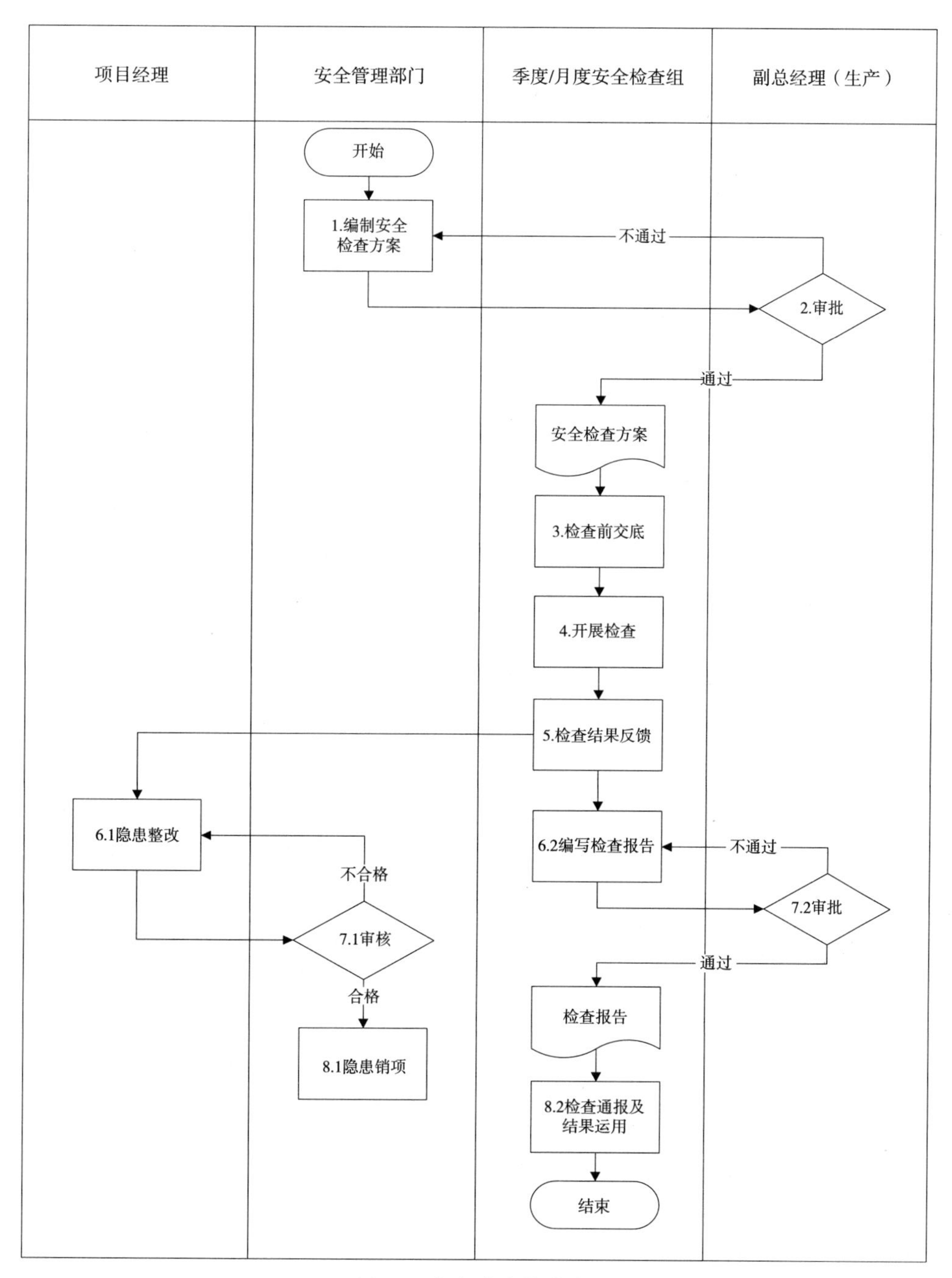

图 4-1　部门安全检查流程

2）项目安全检查流程

项目安全检查流程如图 4-2 所示。

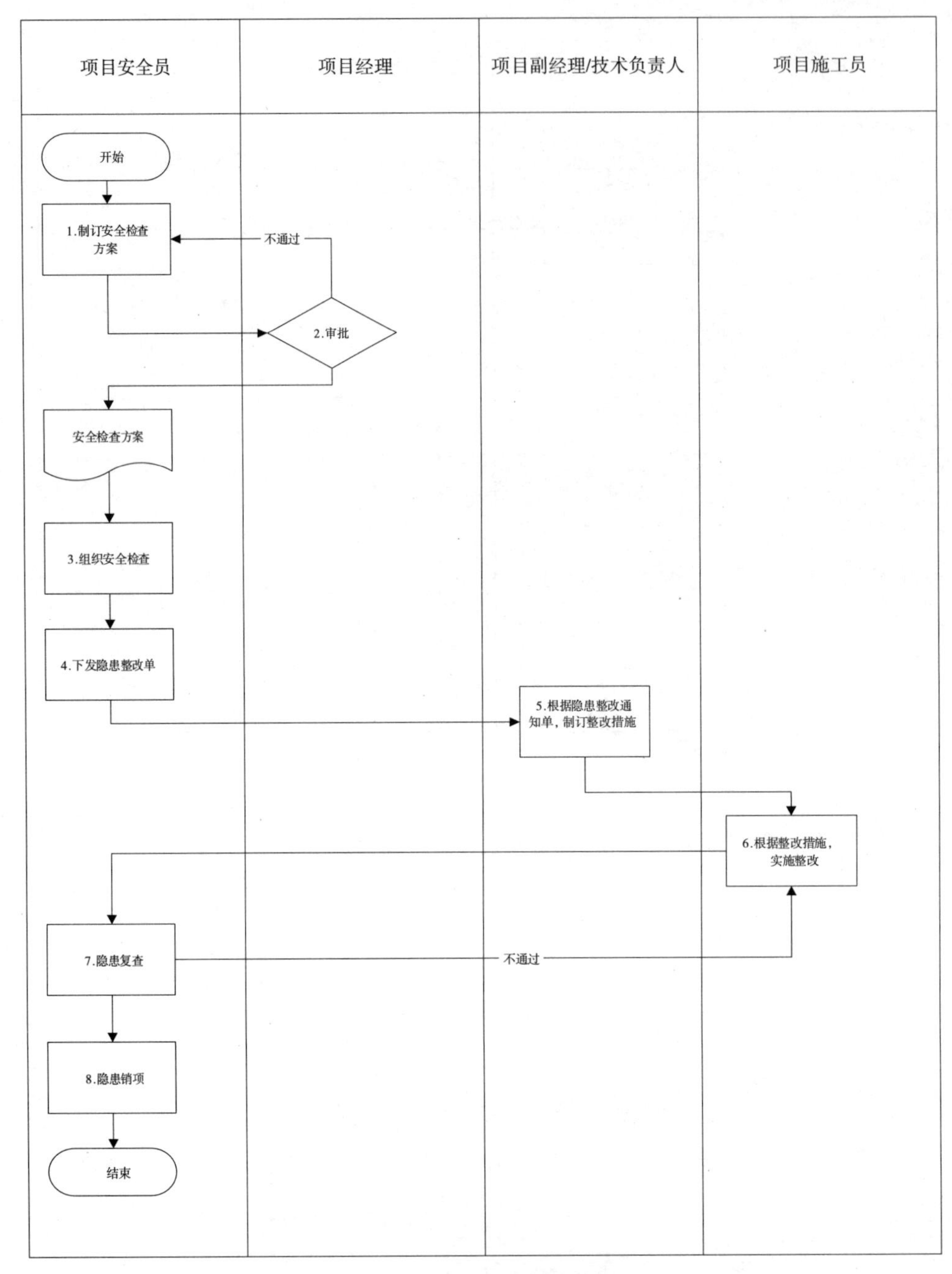

图 4-2　项目安全检查流程

3. 管理要点

（1）对建筑装饰施工中易发生危险或伤害事故的施工部位、施工过程、现场防护设施、施工机械设备、防护装置以及季节性特殊防护措施等进行检查，督促现场安全防护及安全管理执行相关规范与标准，对施工中的违章指挥、违章作业、违反劳动纪律的行为与活动进行监督检查与处置，推广先进安全防护与安全管理技术。

（2）安全生产检查执行《建筑施工安全检查标准》JGJ 59—2011，对在施工程安全管理、文明施工、脚手架、“三宝”“四口”防护、施工用电、物料提升机、吊篮、施工机具等进行检查。检查时，应按照检查表所列项目，并结合现场实际做全面检查。

（3）安全检查由项目经理带队，施工员、安全员（负责人）、分供方负责人等参加。查出的安全隐患以及文明施工问题，应下达整改指令，必要时，可责令停工整改。各级安全检查应有主要负责人参加。有特殊要求的安全检查应按具体要求实施。

（4）检查评定安全生产、文明施工应严格按照检查表进行。检查组织者应组织人员及时做好检查评定，评定结果与安全责任状考核挂钩。

（5）定期组织安全施工演练。

4. 管理重点

（1）实行公司、项目逐级安全检查。

（2）项目经理部实施定期检查和重点作业部位巡检。

（3）项目安全员、施工员负责日检，边检查边纠正。查出严重违章或重大隐患必须立即采取有效措施或报告相关负责人，并督促组织整改，预防事故发生。

4.3.5　危险源监控管理

1. 概念释义

危险源监控管理，指对建筑装饰项目生产履约过程中各种危险因素进行识别和监管的管理行为，以预防事故发生，保障施工人员生命安全和财产安全。

2. 管理要点

（1）建筑装饰企业项目管理部门建立单位危险源监督管理制度。

（2）项目管理部门及项目经理部建立并定期发布危险源及重大危险源辨识清单。

（3）项目经理部建立危险性较大分部分项工程台账并及时上报。

（4）项目经理部应当对主要危险源中的危险物质进行监控，对重要的设备、设施定期进行保养维护，并记录在案。

（5）项目经理部对存在事故隐患的主要危险源，必须立即整改；对不能立即整改的，必须采取切实可行的安全措施，防止事故发生。

3. 管理重点

（1）危险源辨识要覆盖项目生产全部活动，对新产生的主要危险源，项目安全员应当及时补充填写《危险源清单》内容。

（2）项目安全员（负责人）应当将主要危险源可能发生事故的应急措施，特别是避险方法书面告知相关部门和人员。

4.3.6 安全事故的预防和响应

1. 概念释义

安全事故的预防和响应，是指建筑装饰企业和项目经理部通过识别和确定可能发生的事故或紧急情况，制订发生事故和紧急情况下采取的应急措施，配备所需设施，确保发生上述情况时能够按照策划做出响应，预防或尽可能地减少事故或紧急情况所造成的环境影响和对人身导致的伤害，避免财产损失的管理行为。

2. 管理要点

1）工伤事故的预防

施工机具操作人员，必须经专门培训，合格后方可上岗。操作时应按规程操作，对危害识别表上的危害要引起重视。

施工期间应保持排水管道畅通，遇到暴雨、洪水灾害时能及时排水减小事故损失。对于搭建的临时设施，应考虑台风、暴雨的承受能力，采取防护措施。在恶劣天气下（台风、暴雨等），应禁止施工。

项目经理部组建时应收集当地急救电话（消防、医院等），同时配备常用外伤止血药品（创可贴、纱带等），以便发生轻微擦伤时能够及时处理。除了收集当地紧急电话外，还要与消防、安全生产等部门保持联络，以获取安全及卫生方面的信息。

项目经理部施工员每天对班组进行交底，每道工序施工前班组长对工人进行交底，填写《安全技术交底》，确保每道工序施工时的质量和环境安全要求得以明确。

施工班组对施工设备两周进行一次维护和保养，确保机具的正常运行。

2）事故的响应

发生工伤事故时，现场人员应立即通知安全员和项目经理（或当时级别最高的项目管理人员），同时进行简单的急救工作，由项目经理根据实际情况安排救护工作。

3）事故报告

事故发生后，事故现场人员应当立即报告企业负责人。事故报告内容应包括发生的时间、地点、单位、简要经过、伤亡人数和采取的应急措施等。

发生轻伤事故后，当事人或发现人应立即报告班组长或安全员。发生重伤事故，除报告公司领导外，应立即报告项目管理部、工会，并在24小时内报告上级主管部门。发生死亡事故，除按上述要求进行报告外，项目管理部门应在2小时内向当地劳动部门、监察部门、工会组织报告。

4）安全事故调查处理

项目发生伤亡事故必须遵照国家规定执行，事故报告要及时，不准隐瞒或拖延不报。

发生重大伤亡事故，企业领导及相关部门领导必须及时到场，积极组织抢救伤员，保护事故现场，并采取应急措施，谨防事故事态进一步扩大。应立即成立事故调查小

组，从人的不安全因素、物的不安全状态和管理制度等方面进行分析，查清原因、责任，提出具体处理意见，制订防范措施，并指定专人限期贯彻执行。

对于违反政策法规和规章制度或工作不负责任而造成事故损失的，应由有关部门查清事实，分清责任，并根据情节轻重和损失大小，给予一定的经济处罚和相应的纪律处分，构成违法犯罪的送交司法部门机关处理。

对本单位所发生的事故，应该定期进行全面分析，找出事故发生的规律，制订防范办法，认真贯彻执行，以减少和防止事故。对于为防范重大事故的发生做出突出贡献的职工，应给予记功、通报表彰和适当的物质奖励。

对发生的安全事故，必须按照“原因查不清楚不放过、责任人员得不到处理不放过、职工群众受不到教育不放过、没有制订防范措施不放过”的“四不放过”原则，及时、认真地处理。

3. 管理重点

应急预案及相应措施应针对项目生产履约过程中各危险源，措施必须落实到各责任人，分工明确且切实可行。

4. 文件模板推荐

详见 153 ~ 163 页。

单位安全生产标准化评价汇总表

单位名称：　　　　　　　　　　　　　　　　　　　　　　　　考评时间：

<table>
<tr><th colspan="3">评分项名称</th><th>得分</th></tr>
<tr><td colspan="3">事故控制得分（A）（满分 40 分）</td><td></td></tr>
<tr><td colspan="3">安全管理得分（B）（满分 60 分）=B2 × 0.6+B3 × 0.4
单位安全管理得分 B2
项目现场安全管理平均得分 B3</td><td></td></tr>
<tr><td colspan="3">综合汇总分 G=A+B</td><td></td></tr>
<tr><td colspan="3">评价意见：</td><td></td></tr>
<tr><td>企业法人（总经理）签名</td><td></td><td>评价负责人签名</td><td></td></tr>
<tr><td>评价组人员签名</td><td></td><td></td><td></td></tr>
</table>

企业安全生产费用投入统计表

单位名称（盖章）:　　　　　　　　　　　　　　时间：　年　月　日　　　　　　　　　　　　单位：元

序号	安全生产费用统计项目	全年计划额	已经投入额	备注
一、项目层面投入安全生产技术措施费用（　年　月　日-　月　日）				
1	个人安全防护用品、用具			
2	临边、洞口安全防护设施			
3	临时用电安全防护			
4	脚手架安全防护			
5	机械设备安全防护设施			
6	消防设施、器材			
7	施工现场文明施工措施费			
8	安全教育培训费用			
9	安全标志、标语等标牌费用			
10	安全评优费用			
11	安全专项方案专家论证费用			
12	与安全隐患整改有关的支出			
13	季节性安全费用			
14	施工现场急救器材及药品			
15	其他安全专项活动费用			
	小计（一）			
二、企业层面投入的安全生产管理费用（　年　月　日-　月　日）				
16	安全生产宣传教育费用			
17	安全检测设备购置、更新维护费用			
18	重大事故隐患的评估、监控、治理费用			
19	事故应急救援器材、物资、设备投入及维护保养和事故应急救援演练费用			
20	安全保证体系、安全评价及检验检测支出			
21	保障安全生产的施工工艺与技术的研发支出			
22	劳动保护经费			
23	安全奖励经费			
	小计（二）			
	合计（三）=（一）+（二）			

编制：　　　　　　　　　　　　审核：　　　　　　　　　　　　审批：

项目重大危险源识别表

填报单位：　　　　　　　　　　　　　　　　　　　　　　　　　　　时间：

工程名称及编码			
项目基本情况	风险等级		
序　号	危险源名称、场所	风险等级	控制措施管理要点

编制：　　　　　　　　　　　　审核：　　　　　　　　　　　　审批：

危险源识别与风险评价调查表

部门/单位：　　　　　　　　　　　　　　　　　　　　年　月　日

序号	过程、设备、活动	危险因素	时态	状态	可导致事故	是否重要
1						
2						
3						
4						
5						
6						
7						
8						
9						
10						
11						

危险源识别与风险评价记录表

部门 / 单位：　　　　　　　　　　　　　　　　年　月　日

序号	过程、设备、活动	危险因素	可导致事故	判别依据（Ⅰ-Ⅴ）	危险性评价				危险级别	现有控制措施是否有缺陷
					L	E	C	D		
1										
2										
3										
4										
5										
6										
7										
8										
9										
10										

重大危险源及控制措施清单

部门 / 单位：　　　　　　　　　　　　　　　　　　年　月　日

序号	作业活动	危险因素	可能导致的事故	风险级别	控制措施	实施阶段
1						
2						
3						
4						
5						
6						
7						
8						
9						

危险性较大分部分项工程月报表

部门 / 单位：　　　　　　　　　　　　　　　　　　年　月　日

序号	工程名称	施工的单位	分部分项工程在施部位	专项方案名称	方案是否经过专家评审	分部分项工程持续时间	项目总工姓名	联系电话	备注

制表人：　　　　　　　　　　　　　　　　　　制表时间：　年　月　日

职工伤亡事故月报表

部门 / 单位：　　　　　　　　　　　　　　　　　　　　　　　　年　月　日

项目名称	本月职工人数（人）			伤亡事故件数（件）			伤亡人数（人）												受伤害人损失工作日总数（人）		直接经济损失（万元）		死亡率（%）		累计负伤频率（%）	
	总计	本项目职工	分包人数				本月						自年初累计													
							合计	本企业职工			分包人员		合计		本企业职工		分包人员									
				重大事故	死亡	重伤	死亡	重伤	死亡	重伤	死亡	重伤	死亡	重伤	死亡	重伤	死亡	重伤	本月	累计	本月	累计	本月	累计	本月	累计

填报人：　　　　　　　　　　　　　　　　　　　　　　填报时间：　年　月　日

项目安全生产/伤亡事故（ ）月度报表

项目名称:（盖章）

<table>
<tr><td colspan="2">项目经理</td><td></td><td colspan="3">安全生产责任制落实情况</td><td colspan="6"></td></tr>
<tr><td colspan="2">安全总监</td><td></td><td colspan="5">本项目安全员人数（ ），分包安全员人数（ ）</td><td colspan="3">目前施工阶段</td><td></td></tr>
<tr><td colspan="2">伤亡事故月报</td><td colspan="2">本月总人数</td><td colspan="2"></td><td colspan="6">工伤事故（未遂/轻/重/死）:（ ）起，频率：‰</td></tr>
<tr><td colspan="2">隐患整改情况</td><td colspan="2">隐患条数</td><td colspan="2"></td><td colspan="2">整改条数</td><td colspan="2"></td><td>整改率（%）</td><td></td></tr>
<tr><td colspan="2">特种作业</td><td colspan="2">持证上岗情况</td><td colspan="2"></td><td colspan="2">无证操作情况</td><td colspan="2"></td><td>解决办法</td><td></td></tr>
<tr><td colspan="2">三级教育情况</td><td colspan="2">三级教育/次</td><td colspan="2"></td><td colspan="2">教育比例%</td><td colspan="2"></td><td>转场教育/次</td><td></td></tr>
<tr><td rowspan="4">措施验收交底情况</td><td rowspan="2">安全措施方案是否编制并审批</td><td colspan="4">施工组织设计:（ ）</td><td colspan="2">安全防护方案（ ）</td><td colspan="2">临电方案:（ ）</td><td colspan="2">季节性方案:（ ）</td></tr>
<tr><td colspan="10">特殊架子方案：挑架（ ），挂架（ ），爬架（ ），吊架（ ），高大架（ ），卸料平台（ ）；其他特殊架子（ ），各种安全应急预案（ ）</td></tr>
<tr><td>验收时间</td><td>普通架</td><td>挑架</td><td>爬架</td><td colspan="2">挂架</td><td>吊篮架</td><td colspan="2">卸料平台</td><td colspan="2">接地电阻、绝缘电阻遥测</td></tr>
<tr><td>安全技术交底</td><td colspan="10">本月计（ ）份，其中特种作业（ ）份，临电（ ）份，其他（ ）份。</td></tr>
<tr><td rowspan="5">主要分包情况</td><td colspan="4">分包单位名称</td><td>经理</td><td colspan="2">安全组织保障体系</td><td>安全协议</td><td colspan="2">安全负责人</td><td>安全管理员人数</td></tr>
<tr><td colspan="4"></td><td></td><td colspan="2"></td><td></td><td colspan="2"></td><td></td></tr>
<tr><td colspan="4"></td><td></td><td colspan="2"></td><td></td><td colspan="2"></td><td></td></tr>
<tr><td colspan="4"></td><td></td><td colspan="2"></td><td></td><td colspan="2"></td><td></td></tr>
<tr><td colspan="4"></td><td></td><td colspan="2"></td><td></td><td colspan="2"></td><td></td></tr>
<tr><td colspan="12">本月项目安全重要防范部位及监控点：</td></tr>
</table>

因工伤亡事故调查报告书

1. 企业详细名称：

法定代表人：

地址：　　　　　　　　　　　　　　　　　电话：

2. 经济类型：　　　　　　　　　　　　　　国民经济行业：

隶属关系：　　　　　　　　　　　　　　　直接主管部门：

3. 事故发生时间：　　年　　月　　日　　时　　分

4. 事故发生地点：

5. 事故类别：

6. 事故原因：

其中直接原因：

7. 事故严重级别：

8. 伤亡人员情况：

姓名	性别	年龄	文化程度	用工形式	工种	级别	本工种工龄	安全教育情况	伤害部位	伤害程度	损失工作日	死亡者死亡原因	备注

9. 本次事故损失工作日总数（天）：

10. 本次事故经济损失（元）：

其中直接经济损失（元）：

11. 事故详细经过：

12. 事故原因分析：

直接原因：

间接原因：

主要原因：

13. 预防事故重复发生的措施：

14. 事故责任分析和对事故责任者的处理意见：

15. 附件（事故现场照片、伤亡者照片、伤亡者及有关人员的用工形式和证件完备情况证明、技术鉴定等资料）：

16. 参加调查人员：

负 责 人：

制 表 人：

填表日期：　　年　月　日

因工伤亡事故快报表

<table>
<tr><td colspan="3">事故发生的时间</td><td colspan="5">年　月　日　时　分</td></tr>
<tr><td colspan="3">事故发生的工程名称</td><td colspan="5"></td></tr>
<tr><td colspan="3">事故发生的地点</td><td colspan="5"></td></tr>
<tr><td colspan="8">事故发生的企业（包括总、分包企业）</td></tr>
<tr><td colspan="4">单位名称</td><td>经济性质</td><td>资质等级</td><td>直接主管部门</td><td>业别</td></tr>
<tr><td colspan="4">总包：</td><td></td><td></td><td></td><td></td></tr>
<tr><td colspan="4">分包：</td><td></td><td></td><td></td><td></td></tr>
<tr><td colspan="8">事故伤亡人员　其中：死亡　人，重伤　人，轻伤　人。</td></tr>
<tr><td>姓名</td><td>性别</td><td>年龄</td><td>工种</td><td>身份证号码</td><td>用工形式</td><td>伤亡程度</td><td>事故类别</td></tr>
<tr><td></td><td></td><td></td><td></td><td></td><td></td><td></td><td></td></tr>
<tr><td></td><td></td><td></td><td></td><td></td><td></td><td></td><td></td></tr>
<tr><td></td><td></td><td></td><td></td><td></td><td></td><td></td><td></td></tr>
<tr><td colspan="4">事故的简要经过及原因初步分析（必须说明在从事何工种、何时发生的事故，事故发生在现场或工程的部位）</td><td colspan="4"></td></tr>
<tr><td colspan="4">事故发生后采取的措施及事故控制的情况</td><td colspan="4"></td></tr>
<tr><td rowspan="2">事故现场负责人</td><td colspan="3">姓名：</td><td colspan="2" rowspan="2">事故单位负责人</td><td colspan="2">姓名：</td></tr>
<tr><td colspan="3">电话：</td><td colspan="2">电话：</td></tr>
<tr><td>报告单位（公章）</td><td colspan="3"></td><td colspan="2">报告时间</td><td colspan="2"></td></tr>
</table>

4.4 项目质量管理

4.4.1 过程质量检验管理

1. 概念释义

过程质量检验管理，指建筑装饰项目在过程履约中，根据质量管理标准，对施工工程的过程质量状况进行检查，对检查结果进行记录，对发现的质量问题进行整改的管理过程。

案例导引

2018 年 9 月 13 日，某建筑装饰公司质量管理部门对在建的 A 项目开展例行检查，发现酒店公区乳胶漆墙面不平整现象较为严重。经调查发现，该施工区班组为节省成本，未严格按项目交底对基层进行处理，且在施工过程中，项目经理部也未及时发现并制止。检查组当即下发质量整改单，要求项目返工修正。同时为严肃纪律，检查组对该分项工程施工班组罚款 1 万元，对项目经理小王、项目副经理老董及施工员小张分别罚款 2000 元、1000 元和 500 元。

项目是五星级酒店工程，且该酒店建设单位计划建设为当地的标杆星级酒店，因此对工程质量提出了很高的要求和处罚措施。为了给建设单位一个满意的答卷，公司项目管理部在项目履约过程中，加大了巡检和整改力度。

2. 管理难点

（1）建筑装饰项目质量涉及项目管理的每个环节，技术方案、现场作业环节、材料品质、施工队伍专业水平、项目管理力量等，都会影响到项目质量。

（2）项目实际管理过程中，由于造价问题影响，施工单位、劳务队伍往往不能坚持较高质量标准。

（3）建筑装饰项目施工属于建筑工程末尾环节，由于工期安排原因，容易出现土建、安装等方面造成工期延误，而致使装饰单位压缩工期的情况。在不合理的工期条件下，建筑装饰工程质量标准会受到较为严重的影响。

3. 流程推荐

1）质量自检流程

项目质量自检实施流程如图 4-3 所示。

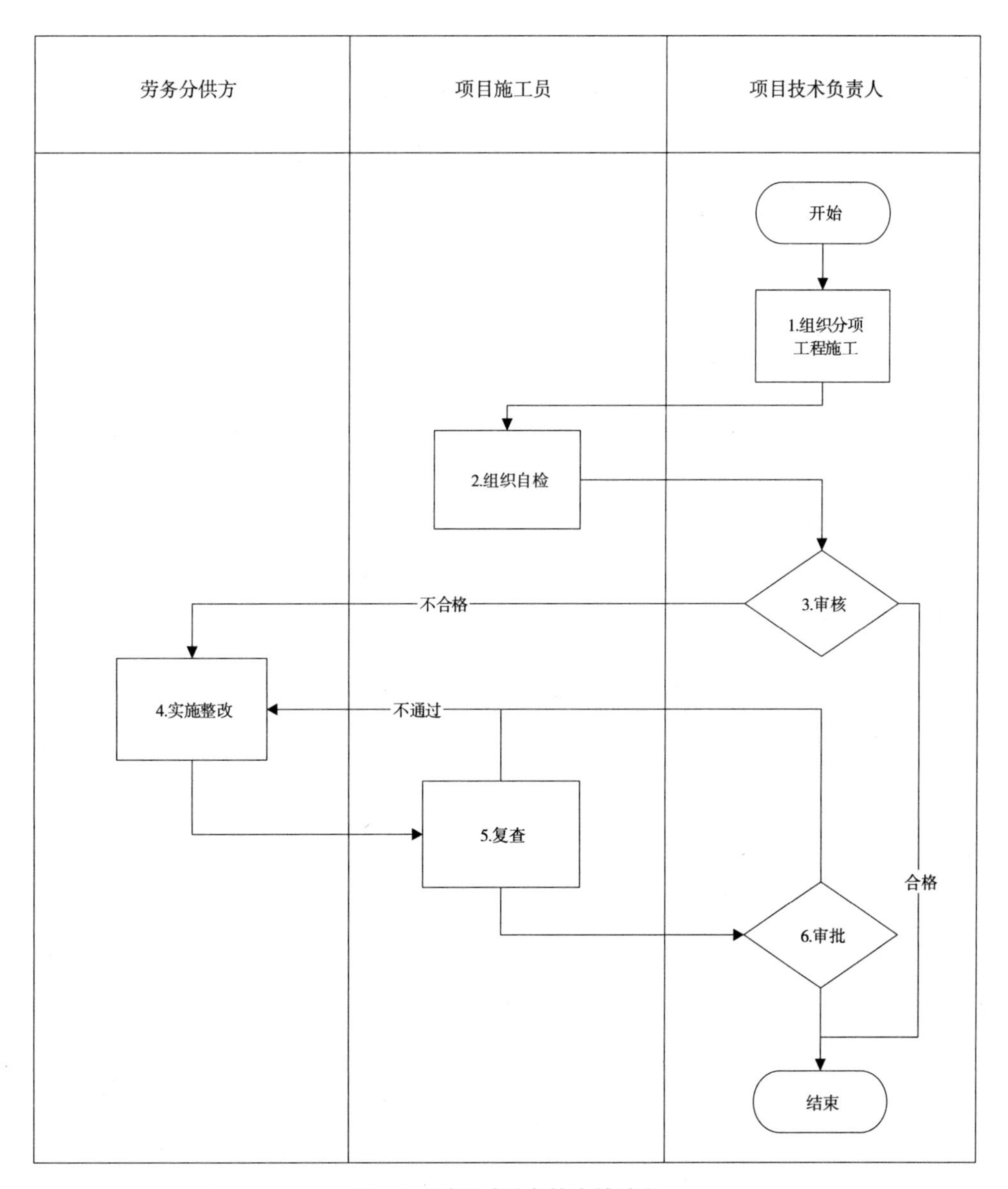

图 4-3　项目质量自检实施流程

2）质量专检流程

项目质量专检实施流程如图 4-4 所示。

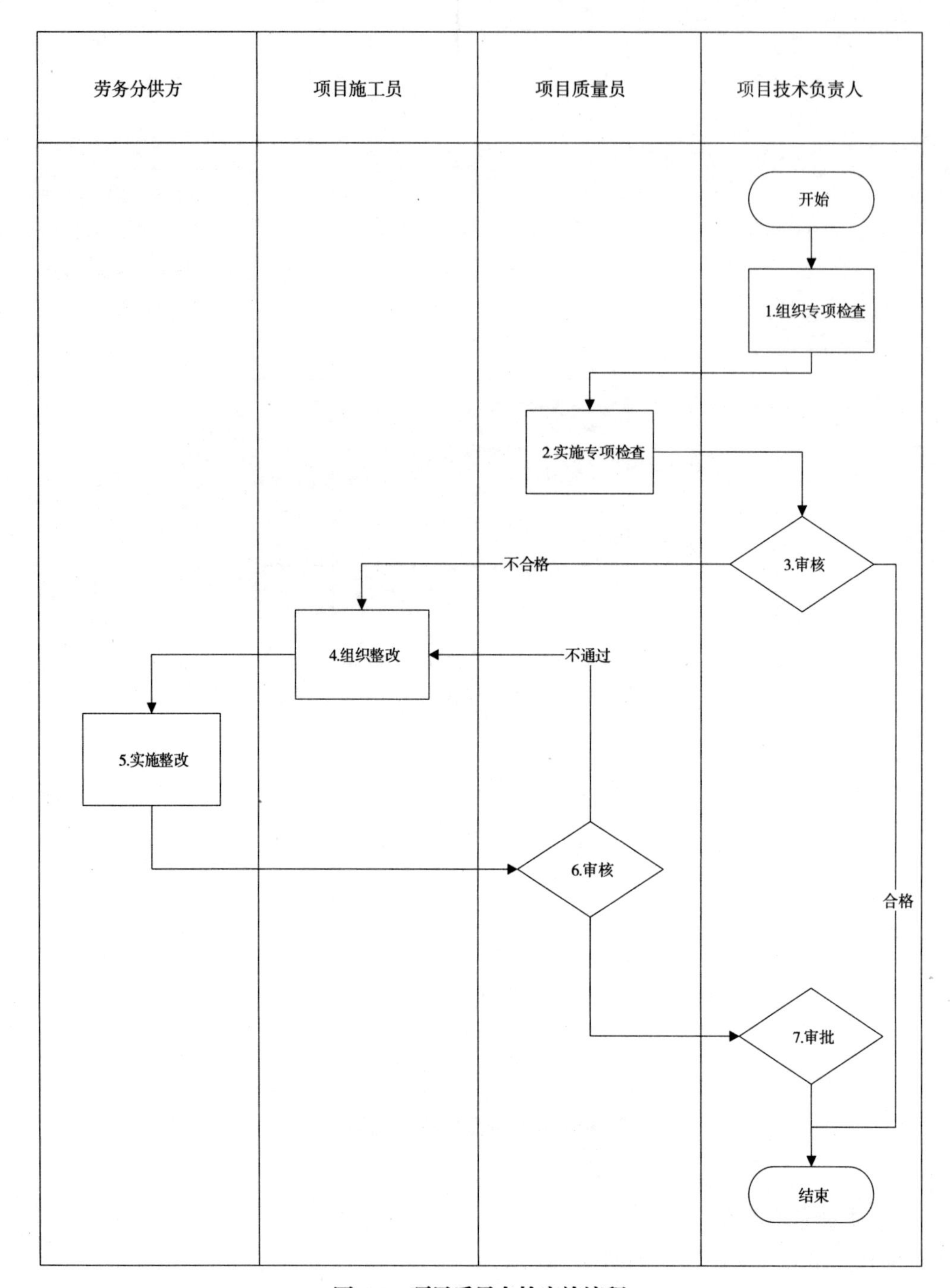

图 4-4　项目质量专检实施流程

3）质量定期检查流程

项目质量定期检查流程如图 4-5 所示。

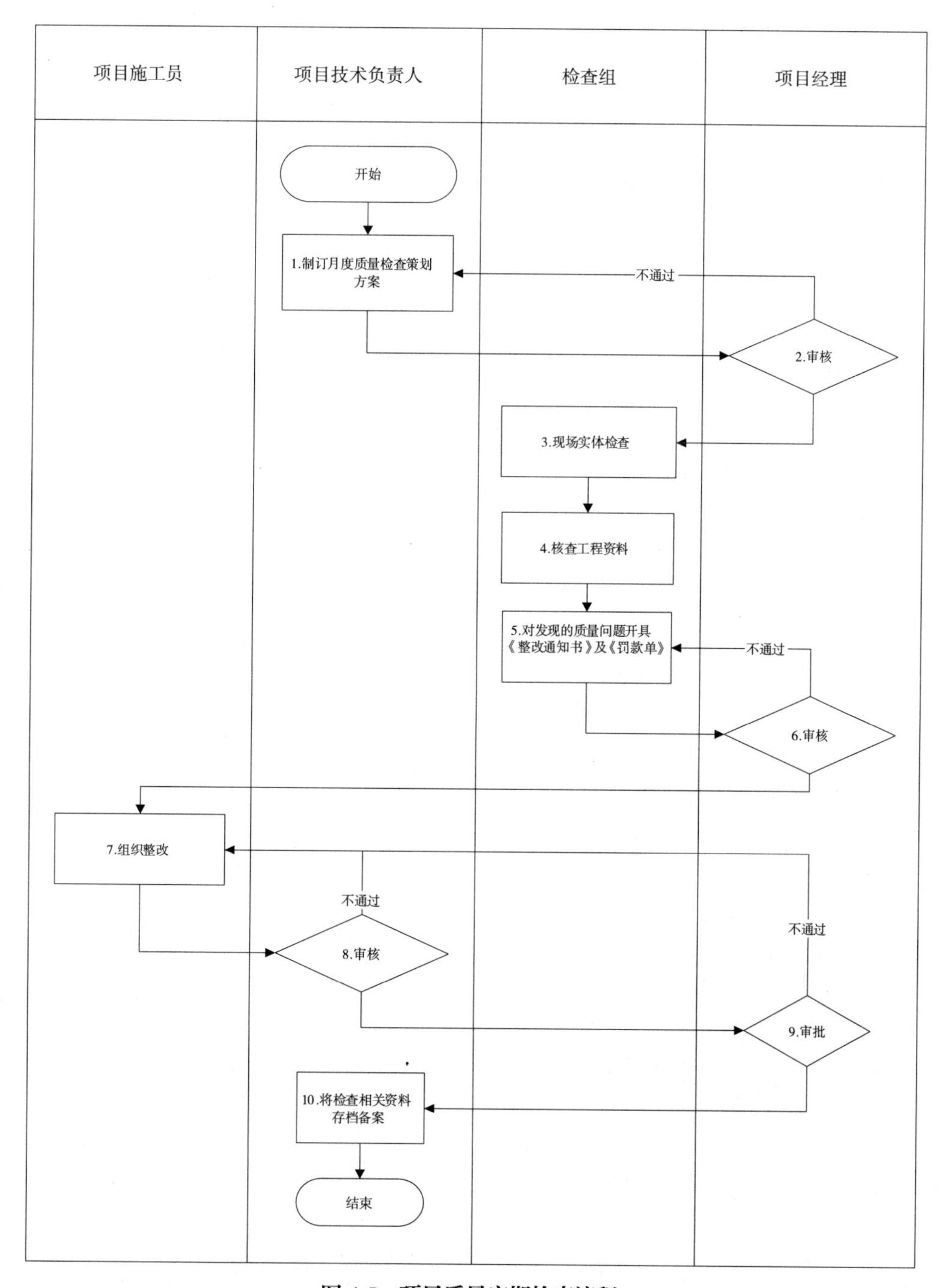

图 4-5　项目质量定期检查流程

4）公司质量检查流程

公司质量检查实施流程如图 4-6 所示。

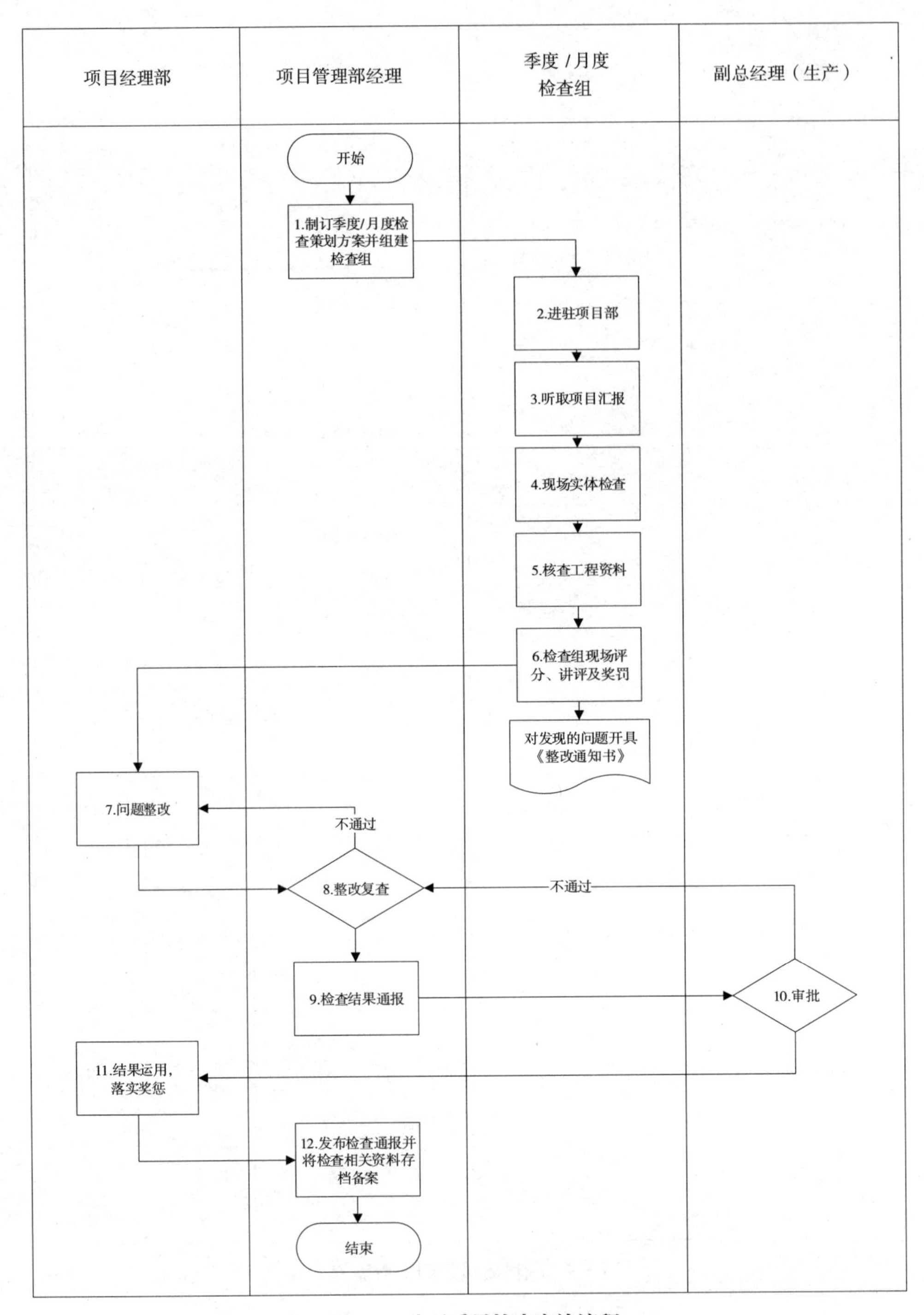

图 4-6　公司质量检查实施流程

4. 管理要点

1）建立质量责任制，明确管理职责

（1）项目经理

①是建筑装饰项目工程质量的第一责任人，对项目工程质量负全面责任。

②保证国家、行业、地方及企业工程质量标准在项目实施中贯彻落实。

③按照企业规定，建立项目工程质量保障体系，并推动正常运行。

④贯彻落实企业总体工程质量目标和质量计划，参与设定项目质量目标，制订项目质量计划。

⑤组织项目有关人员编制施工组织设计、专项施工方案或技术措施。

⑥掌握项目状况，参加项目工程质量专题会议，支持项目质量员工作。

⑦及时向上级报告工程质量事故，负责配合有关部门进行事故调查和处理。

（2）项目副经理

①协助项目经理进行工程质量管理，对项目的工程质量负直接管理责任。

②认真执行工程质量的各项法规、标准、规范及规章制度。

③保证企业质量管理体系的各项管理程序在项目施工过程中得到切实贯彻执行。

④组织本项目的工程质量检查，对发现的质量问题组织整改。

⑤组织项目召开工程质量专题会议，及时向项目经理汇报工程质量状况。

⑥组织工程各阶段的验收工作。

⑦组织对项目人员开展质量教育，提高项目全员的质量意识。

⑧及时向项目经理汇报工程质量事故，负责工程质量事故的调查，并提出处理意见。

（3）项目技术负责人

①在项目经理和企业技术负责人的领导下，对项目的工程质量负技术管理责任。

②严格执行国家工程质量技术标准、规范的各项有关规定。

③编制施工组织设计、专项施工技术方案和施工措施，及时上报企业有关部门和技术领导批准，从技术方面对工程质量给予保证。

④编制或组织编制技术质量交底文件，组织对作业班组的技术质量交底。

⑤检查施工组织设计、施工方案、技术措施、技术交底的落实情况。

⑥参加项目内部质量检查工作。

⑦参加项目分阶段工程质量验收工作。

⑧参加工程质量事故调查，分析技术原因，制订事故处理的技术方案及防范措施。

（4）项目质量员

①在上级质量管理部门的领导下，负责项目的工程质量监督检查工作，对项目的工程质量负监督管理责任。

②认真执行国家、地方政府有关质量的法律、法规及公司有关质量制度和规定。

③参加对施工作业班组的技术质量交底，熟悉每个分部、分项工程的质量技术标准。

④每天对施工作业面的工程质量进行检查，及时纠正违章、违规操作，防止发生质量隐患或事故。

⑤做好受监项目质量监理检查记录，定期向项目管理部提交监理报告和工程质量动态报告。

⑥督促、指导项目完善质量管理机构、管理制度及措施，检查制度、措施的落实情况。

⑦对需要实施旁站监理的关键部位、关键工序在施工现场采取不同的旁站监理方式（全过程旁站、施工前旁站、施工后验收旁站、定时旁站、巡回旁站、监督旁站等），及时发现和处理出现的工程质量问题。

⑧对各分部分项工程的每一检验批进行实测实量，严格按国家工程质量验收标准或企业的内部质量标准进行质量验收。

⑨会同建设方、监理方共同对每一检验批进行质量验收，并按国家质量标准对每一检验批进行质量评定。

⑩发现工程质量存在隐患或检查工程质量不合格时，有权下达停工整改决定，并立即向上级领导报告。

⑪参与工程质量事故的调查和处理。

⑫有权对项目的操作人员提出处罚和奖励意见。

⑬做好与建设单位有关人员、地方质量监督站、监理单位的互相联络，协助项目进行工程质量竣工验收。

（5）项目施工员

①在项目经理的领导下，对本专业的工程质量负直接管理责任。

②对施工班组进行质量教育，严格按施工程序组织施工。

③负责组织施工班组及时进行自检、互检、交接检。

④严格贯彻执行有关施工工艺标准和质量规范，负责对工艺标准和成品保护向班组进行质量技术交底。

⑤支持质量员工作，及时安排质量整改和返工。

⑥对质量事故进行分析，找出原因，提出改进办法。

⑦核实材料来源并督促材料选样送检。

⑧做好施工日志，记录并收集本专业的工程技术质量保证资料，并及时反馈资料员。

（6）项目预算员（负责人）

①全面熟悉图纸，明确质量要求，负责对图纸上存在的问题、错误、矛盾等进行汇总。

②负责文件的收发、登记和保管工作，建立文件清单。

③负责记录图纸会审时的意见，事后整理好图纸会审记录。

④负责确定施工组织设计的编制目录，并参与编制。

⑤准确填写技术核定单，经审核后，负责送至设计和建设单位办理签证认可事宜。

⑥负责技术交底记录和技术复核记录的归档管理。

⑦协助项目技术负责人制订新技术、新工艺的推广应用计划和 QC 活动计划，并参与实施。

⑧负责施工中有关技术资料的收集和整理工作。

⑨负责编制施工总结，并及时向公司技术部门上报。

2）落实工程质量责任追究制度

发生重大工程质量事故，不仅要追究直接责任，而且要追究有关负责人的责任。同时，对涉及项目工程质量的技术、材料、机具、设备、管理人员和分包单位等，也要对工程质量事故承担相应责任。

3）制订质量计划

（1）项目质量控制应按 GB/T 19000 族标准和企业质量管理体系的要求进行。

①项目质量控制应坚持“计划、执行、检查、处理”PDCA 循环工作方法，不断改进过程控制。

②项目质量控制应满足工程施工技术标准和建设单位的要求。

③项目质量控制必须实行样板制。施工过程均应按要求进行自检、互检和交接检，隐蔽工程、指定部位和分项工程未经检验或已检验定为不合格严禁转入下道工序。

④项目经理部应建立项目质量责任制和考核评价办法，并成立以项目经理为首的质量管理领导小组。项目经理应对项目质量控制负责，过程质量控制应由每一道工序和岗位的责任人负责。

（2）项目质量计划应与施工组织设计一同进行编制，对于特殊工序可单独编制相应的质量计划。质量计划应由项目经理编制,项目管理部门负责人审核,公司总工程师审批。

质量计划应包括下列内容：编制依据、项目概况、质量目标、组织机构、质量控制及管理组织协调的系统描述，必要的质量控制手段，施工过程、服务、检验和试验程序等，确定关键工序、特殊过程及作业的指导书，与施工阶段相适应的检验、试验、测量、验证要求，更改和完善质量计划的程序。

（3）质量计划的实施应符合下列规定：

①质量管理人员应按照分工控制质量计划的实施，并应按规定保存控制记录。

②当发生质量缺陷或事故时，必须分析原因，分清责任，进行整改。

（4）质量计划的验证应符合下列规定：

①项目经理应定期组织具有资格的质量检查人员验证质量计划的实施效果，当项目质量控制中存在问题或隐患时，应提出解决措施。

②对重复出现的不合格和质量问题，责任人应按规定承担责任，并应依据验证评价结果进行处罚。

4）施工阶段的质量控制

（1）技术交底应符合下列规定：

项目开工前，公司项目管理部门应向项目经理部进行技术交底。分部工程和分项工程开工前，项目经理应组织施工员向劳务队伍进行技术交底，书面技术交底资料应办理签字手续并归档。在施工过程中，项目经理对建设方或监理方提出的有关施工方案、技术措施及设计变更的要求，在执行前由施工员向执行人员进行书面技术交底，填制《技术质量交底记录》。技术交底主要包含以下几个内容：①引用标准（编号和名称）；②操作过程要求；③质量检验评定要求；④环境和文明施工要求；⑤成品保护要求。

（2）工程测量应符合下列规定：

在项目开工前应进行相应的测量放线工作，经项目经理认可后测量记录应归档保存。在施工过程中应对测量点线妥善保护，严禁擅自移动。

（3）机械设备的质量控制应符合下列规定：

应按设备进场计划进行施工设备调配，现场的施工机械应满足施工需要。

（4）项目经理部测量和监控装置的控制

项目经理部根据工程需要，选用适当的测量和监控装置，向项目管理部门提出领用申请，填写《测量和监控装置领用申请单》。测量和监控装置管理员按《测量和监控装置领用申请单》进行发放，并当场校准演示，确认无误后，做好登记，随设备检定合格证复印件一起发放使用。

项目在使用测量和监控装置时，必须建立项目设备专用台账，确保设备合格证和标识齐全清晰，指定专人操作，要轻拿轻放，谨慎操作。使用完毕后应及时归还，以便其他项目周转使用。在使用中如有疑问，应及时与设备管理员联系，不可擅自随意处理。

属于国家法规所指定的测量和监控装置均应由项目管理部设备管理人员按周期检定计划，分批送往当技术监督部门检定，向技术监督单位索取合格证并在设备上贴合格标识。在《测量和监控装置收发台账》中进行记录备案。

对于施工人员日常所使用的一般性卷尺、自制铝合金靠尺等测量和监控装置，项目管理部应使用专用的经过技术监督局检定的能溯源国家或国际标准的装置，按照项目工期的实际情况制定相应周期，由专业计量人员进行校准并标识。按有关要求填写《内校记录表》，做好原始记录。

添置测量和监控装置时，必须根据工程需要，由项目经理部以报告形式向项目管理部门申请，再由主管生产的经理审批后，交部门专业人员采购，设备采购完毕，办理《料具验收单》后验收入库。

对于自制的计量设备当发现不能满足使用要求时，应立即更换。

在使用测量和监控装置前，发现设备偏离校准状态时，应立即停止使用，退回项

目管理部更换，并由计量人员负责重新校准或送外检定。当发生设备遗失或人为损坏时，应追究当事人责任。对于测量和监控装置因准确性出现怀疑，被拆卸或损坏，被修理和已过检定有效期时，应将装置重新送技术监督部门检定。

（5）一般工序的控制

各专业施工员对承担该工序的施工班组负有指导、监督和检查责任，并要求该班组严格按规定的工艺流程操作，督促其做好自检、互检、交接检工作，同时进行抽检。项目管理部派驻的质量员随时巡视工地进行检验，对于不合格工序签发《整改通知单》。对各分部/分项工程检验，均需做好检验记录。隐蔽工程的检验由质量员、项目经理、技术负责人会同发包方、监理方共同进行，检验通过后各方在《隐蔽工程验收记录》上签字认可，方可进行下一道工序施工。

（6）工序试验控制

项目经理部在施工过程中，根据发包方或监理的意见，对即将开始的工序进行分析，确定其中一些重要的非经试验无法验证其质量的工序和产品，列出清单并划分内部试验和外部试验范围。

制订试验计划，确定试验时间和试验方案，得到项目经理认可后，报公司主管生产领导审批。

外部试验由项目经理部将样本送到地方权威机构进行试验，试验结果出来后，由权威机构签发试验报告。

内部试验一般为隐蔽工程和室内防水工程，进行该工序的试验时，应请发包方、监理方共同参与，当试验结果出来后，应请发包方、监理方和项目经理部共同确认。

（7）工程施工检验状态标识

只有合格的工序才能转入下道工序施工。

对分部分项工程检验状态标识，由质量员负责。分项工程检验状态体现在分项工程质量检验评定记录中，标识追查时可直接查找该记录。

项目经理部负责监督指导半成品工序的检验和试验，由项目经理部督促加工单位进行并将试验结果备案，当检验和试验结果不合格时，责令其进行整改，同时报公司物资采购部门协调备案。

（8）特殊工序的控制

特殊工序由具有相应资格的技术工人负责施工，该工种须持有关权威机构颁发的操作证上岗，严格进行技术和安全交底，使用合格设备，按照既定方法施工，严密监视进展情况。按照既定的检验和试验方法对工序施工质量进行初步评定，因特殊工序一般为影响结构的工程，故验收时须会同监理方共同进行，最后结果应得到发包方、监理方的确认。

对在项目质量计划中界定的特殊过程，应设置工序质量控制点进行控制。

对特殊过程的控制，除应执行一般规定外，还应由项目经理编制专门的作业指导书，经项目管理部审核，企业总工程师审批后执行。

（9）工程变更应严格执行工程变更的相关程序，经有关单位批准后方可实施。

（10）建筑装饰产品或半成品应采取有效措施妥善保护。

（11）施工中发生的质量事故，必须按《建设工程质量管理条例》的有关规定处理。

（12）项目经理部各专业施工员在施工过程中，应对关键或特殊工序过程的技术指标和操作程序进行监控，确保过程符合国家有关标准或技术交底要求，并在《分部分项工程技术监控记录》中对监控情况记录备案。

（13）项目《施工日记》的编制记录，应由各施工员、质量员、安全员将当天施工人数、工作内容、质量、安全、过程实施、环境检查等情况记录汇总后交资料员统一编制，由项目经理签字确认。

（14）项目经理部要根据实际情况建立质量检查制度，至少每周开展一次质量大检查，同时要做好记录。项目质量员及其他施工管理人员在施工生产过程中要开展质量巡查。

（15）项目开展综合检查要依据质量责任制的有关要求，由项目经理带队组织项目质量领导小组成员开展。

（16）项目管理人员和质量员应根据实际情况开展定期检查、不定期检查、专业检查和季节性检查。

5）过程质量检验管理

公司项目管理部门每月至少组织1次对所属项目的质量检查，重点检查项目质量管理工作落实情况、样板制执行情况、现场施工质量及质量整改情况，将检查结果在公司内部进行通报。对管理重点工程、创优工程进行不定期检查。制订分项工程通病纠正预防措施并督促各项目进行过程检查执行。

“样板制”“三检制”等都是施工过程动态的质量控制行之有效的措施和方法，应加以坚持和推广。

6）质量检查的整改与反馈

当存在重大质量隐患或质量问题时应填写质量整改通知单，并要求受检单位、项目或班组定人、定时间、定措施，严格整改，并及时反馈，公司项目管理部和项目经理部应对整改情况进行复查。

凡检查过程中发现项目存在重大质量隐患的，质量检查人员有权勒令项目停工或局部停工，立即整改，并依据企业规定对项目经理及相关责任人进行处罚。

5. 管理重点

（1）做好装饰材料的采购工作，确保材料质量满足项目施工要求。

（2）做好劳务队伍的筛选工作，确保劳务工人技术达标，施工质量满足项目施工要求。

（3）严格控制每道工序，把好质量关，严格对照质量检验规范要求核查施工质量。

（4）加强施工工序的控制，对操作人、操作工艺、器械和环境等因素要有效把控。

（5）做好环境因素的控制，包括空气湿度、气温、严寒、酷暑、噪声、照明、气候、通风等。

案例分析

某装饰工程石材质量管理工作浅析

某装饰工程地处西北，工程建筑面积 12099m^2。某建筑装饰公司施工范围为会所室内精装修（包括地下 1 层，地下 1 至 3 层主要功能区的精装修），后业主又将外墙装饰施工任务交给公司。室内装饰工程合同暂定总价为 4000 万元，外墙合同暂定总价为 700 万元。合同开工日期为 2008 年 4 月 10 日，合同竣工日期为 2008 年 11 月 1 日，合同总工期为 207 日历天。

会所室内装修的区域因业主在 2008 年 9 月需要在会所开展一次营销活动，确定会所的部分区域要先行完工并投入使用，这一区域的施工范围包括首层大堂、电梯厅、红酒廊、2 层棋牌室及走廊。赶工区石材工程量主要为：墙面干挂石材 1270m^2，地面石材铺贴 1980m^2，非赶工区施工范围为地下 1 层、1 层至 3 层其他施工部位，墙、地面石材工程量约为 4000m^2。前后期石材供应商共有 3 家，均为甲方指定，并确定石材品种和限定采购价，再由装饰公司与厂家签订采购合同。

赶工区于 2008 年 9 月 25 日完工后，因地面石材质量观感不佳，业主认定所选用的瑞典米黄石材品种完全不适宜用于地面，于 11 月下达了首层大堂地面石材全面返工、后续区域更换石材品种、重新选择供货厂家的指令。虽然业主承担了返工的费用，但对施工管理造成了不良影响，同时，也使装饰公司与原石材供应商面临可能出现法律纠纷的局面。

经业主重新选择并指定，石材品种改为西班牙米黄，供货商定为两家。按业主要求，在 2009 年 1 月 8 日，大堂地面返工区域已施工完成，地面石材结晶工作完成了打磨及部分底层结晶。后期非赶工区石材已到货 50% 且正在铺设。在新品种石材的结晶护理施工过程中，也出现了一些意想不到的问题，项目为此投入了大量的管理精力和费用。因工程仍不断发生设计变更和增加工作内容，以及业主材料选样和定价进展缓慢，项目预计在 4 月底才能完工交付。项目施工管理人员对工程石材的品种选取、质量管理也有了更为深刻的认识。

一是知己知彼，全面掌握石材特性。

前期赶工区石材直接由业主和设计单位确定品种，供货厂家、甲方直接下发限价单给项目经理部。业主、设计以及相关项目人员对使用面积最大的瑞典米黄的特性并没有真正了解，没有进行石材大板、工程实例考查，厂家亦未将瑞典米黄的缺点说明清楚。加之厂家考虑材料出材率,降低成本,以至于前期赶工区所供石材质量问题突出,效果不佳,最终导致石材返工重做。

后期业主、设计单位确定了由西班牙米黄石材代替瑞典米黄石材。项目经理部认真总结了前期石材方面的工作,在业主石材招标期间,项目经理部积极主动地向业主提供了石材质量标准技术参数、质量验收要求、供货工期要求等资料,并陪同业主详细考察了石材公司的大板现货情况。在考察中详细了解后发现,业主所选取的西班牙米黄并不是原产地的老品种,而是石材业内俗称的“西班牙米黄闪电纹SP矿”这一新的矿种,此品种石材的特性是在检验相对干燥的石材大板时,其内含的白色闪电纹线并不明显,整体板面呈米白色,色泽均匀、干净,效果较好。同属这一品种,品质等级高的石材闪电纹较少且肉眼难以观测到,而等级差的石材在板材干燥时,其白色闪电纹在板面上若隐若现,不仔细观察的话,会觉得与高等级的相比也没有太大的区别。而在加工过程中,因板材切割时大量用水,石材吸水后,板面的纹线会明显地显露出来,整个板面上出现类似“西瓜皮”一样的白色水纹线,而随着水分逐渐变少,闪电纹将会变淡变细,等级较高的石材会基本恢复到原始大板的状态,而低等级的就不一定能完全恢复。

在前期对厂家石材大板的考察过程中,项目经理部人员发现了这一情况,因此坚持要求厂家选取此品种高等级的石材大板,两家供货商不得不四处选板,使得后期石材质量在大板的选取过程中得到了初步控制。

二是坚持质量第一,合理处理质量和工期的关系。

前期赶工区由于工期紧,考虑石材为甲定厂家供货,项目经理部采取的是石材到场验收的方式。现场验收中发现,石材公司所供的瑞典米黄石材存在较多的质量问题,最主要的问题在于这个品种的石材结晶体脆性极大,板材中的暗裂缝较多,施工过程中极易断裂。第一批地面石材到货后,项目经理部拒收了该批石材,发文并通知厂家立即整改安排返工,同时将情况上报了业主,业主亦表示支持项目经理部质量控制的原则,但工期不能放松。经过多次协调,厂家只是更换了部分问题石材,其余的石材返厂后重新运至工地,但主要的质量问题仍无改观,厂家以该品种石材本身就是这种特性、业主限价较低没有利润等原因进行推诿,由此延误了工期。2008年9月上旬业主要求项目经理部安排到场石材先行施工,并提出施工完毕后应由石材厂家随后进行局部石材的更换、修补及结晶美化处理的要求。项目经理部虽然提醒业主应先保证质量,否则施工完后无法通过验收,但业主态度坚决,项目经理部只好按业主要求先保证工期,没有继续坚持。施工完成后,该厂家只提供了极少数石材用于更换,并拒绝接受后期的石材结晶、护理工作。在业主多次出面协调未果的情况下,业主要求由项目经理部安排专业厂家,对已完工的石材进行结晶、护理,而项目经理部考虑到石材及供应商均是由业主选定,且对石材结晶护理的定价迟迟未定,故没有及时采取相应的措施,致使地面石材的质量问题长期暴露在外,

业主鉴于施工方和供货方均不能有效解决问题，做出了主要部位返工重做、变更石材品种和供货商的决定。造成这一局面的原因，排除对石材品种特性未能事先了解的因素，也体现了项目在对于甲指甲限这一供货方式中，对材料的质量管控工作认识不足的问题。另外，当出现质量与工期严重冲突的情况时，采取何种方式处理，以及在充分理解业主的目标诉求的同时，如何有效降低施工方的风险和影响，仍是值得装饰公司进行深思和总结的问题。

三是源头控制，驻场控制质量及进度。

前期赶工区石材的返工使项目经理部对工程质量要求有了更深的体会。经认真总结前期石材管理工作中的不足，根据甲方的限价及标段划分的要求，在与石材公司签订的石材采购合同中，限定了比前期石材采购合同更为详细的质量标准、供货时间要求。同时对项目人员工作分工进行了调整，专门抽出一名管理人员进驻石材公司，从大板挑货、色差排版、下料生产、石材防护等各道工序进行前期质量监控，同时对其加工进度进行督促。对发现的不合格大板乃至成品板坚决提出更换要求，虽然厂家基本上配合项目经理部的质量控制措施，但仍有少数的板材未经项目经理部在工厂验收即装箱发货至现场。项目经理部在现场验收时仍实行逐块验收，使石材进场的质量始终处于可控状态，业主也表示不要考虑甲定厂家的因素，大力支持项目经理部质量控制及验收的管理办法。

由于采取了较为严格的质量控制办法，两个厂家在大板调货及加工生产方面所需时间较长，现场工期有所影响，项目经理部也与业主进行了积极沟通，业主表示在严格控制质量的情况下，工期可以考虑合理延长。

四是积极沟通协调，合理安排结晶工序

业主原定在2009年1月22日左右，在返工完毕后的大堂区域开展年底营销答谢活动，根据这一节点时间安排，项目经理部会同供货厂家一起，加班加点于2011年1月7日施工完毕。按照常规经验，铺贴的地面石材在干燥一周后，即1月15日开始进行石材打磨、结晶、护理施工，原计划1月21日基本完成。

鉴于时间上的原因，项目经理部没有安排做结晶的样板施工，虽然对新的石材品种特性已经有所了解，但对于其在结晶施工中会产生何种影响并未做深入的试验和研究。在投入结晶施工之初，项目经理部只注意到了常规的质量控制因素，在石材打磨完毕之后，对于因板材吸水而出现的白色纹线没有过多地加以关注，停留在石材干燥后会自然消退的认识上，因此，按照常规对地面进行了填缝和面层结晶封闭的处理。随即发现石材闪电纹白线增多并愈发明显、地面观感效果较差的情况，为此，项目经理部立即与业主相关人员协商，暂停了石材结晶工作。经与供货商沟通，项目经理部人员考察了使用同种石材并已经完工的项目现场，同时特别邀请了石材协会的有关专业人士到现场实地勘察，帮助分析原因、拟定对策，通过观察和分析，初步查明了相关原因并拟定了一些措施。项目经理部所采取的积极主动的行动，也使业主明白了施工中有关合理工序和合理时间的重要性，更加支持项目对石材品质的管理工作。

案例分析

某项目努力打造精品装饰工程案例

某项目作为A建筑装饰公司在年初确定的重点工程之一，是公司在金融板块市场的标志性工程，项目位于市中心，建筑面积70818m^2，装修施工的面积涵盖了大部分的楼层和外广场。合同工期为2010年4月12日至2010年12月17日，实际四方验收时间为2010年11月15日，比合同工期提前32天完工。为保证项目顺利实施，项目经理部从项目开工到项目结束做了一系列卓有成效的工作。

一、策划先行，依靠总承包CI形象赢得良好口碑

项目管理策划是用以指导项目实施活动、规避风险、保证项目按计划完成的纲领性文件。项目经理部一进场就在公司部门的指导下，编制了全面的项目管理策划方案。对整个工程的工期、质量、安全、CI、创优等各个方面进行详细的布置和安排。在项目实施过程中，严格执行项目策划，并按照现场的实际情况及时修正。特别是7楼样板层完成以后，在总结样板层施工经验的基础上，就整个工期安排、质量通病、施工工序、协调经验、安全管理等项目策划的各个方面做了全面修订。

作为项目的总承包单位，项目CI形象是给业主留下第一印象的重要方式。为体现企业形象，项目经理部一开始就狠抓CI形象建设，严格执行施工现场的CI布置规范，结合装饰工程的自身特点，通过临时办公室搭设、专业会议室布置、现场临时用电规范、CI标识展示等，让项目一进场就取得了业主、监理、管理公司等各方的认可。

二、样板引路，为工程大面积施工打下坚实基础

项目是典型的办公楼装修工程，大部分楼层是标准层，楼上部分一共15个楼层，施工工艺和施工做法基本相同。根据合同要求和工程特点，项目经理部从2010年4月12日到2010年7月25日，实施了7楼样板层的施工。考虑作为总承包工程的特点，在样板层的施工过程中专门制订了样板层施工方案和专门的施工计划。通过样板层施工，确定了“空调—消防—暖通—电气—智能—装饰”的施工顺序。规定了每个施工动作的施工作业规范和作业时间，通过定人、定岗的方式将每一项施工内容落实到个人。

通过样板层的施工探索，总结出各个工序的流水时间，为项目施工总进度的修正提供了有力保证。样板层施工完毕后，将整个地面15个楼层划分为三个流水施工段，同时开展施工。在样板层施工过程中，发现几个对工程影响的几个突出问题：一是穿孔铝板的安装存在安装变形和损耗超标，二是开敞区吊顶石膏板开裂和墙面配电箱开裂问题，三是卫生间墙面玻化砖脱落。针对这几个突出问题，项目经理部召开专题会议进行商讨，确定开敞区穿孔铝板由厂家进行安装、开敞区石膏板吊顶增加烤漆凹槽、

玻化砖背后刷背附胶等方法进行处理。

在样板层的总结过程中，项目经理部还从对接政府部门、加快与设计沟通、严格现场管理、理顺总分包关系、做好成品保护等方面进行总结。

三、精细管理，过程控制，提高室内装修施工质量

按照系统论的观点，施工精细化管理是对涉及整个工程的各个因素实施全过程、无缝隙的管理。对于此项目来说，就是要对人员（管理人员和工人）、材料（物资材料和半成品材料）、施工工艺和技术、施工组织等方面进行精细化管理。在公司的统一安排下，项目经理部配备了合理的管理人员架构，各个岗位都挑选了合适的人选，保证了项目的组织架构完整。

在劳务队伍的选择上，挑选成建制的劳务公司，保证了施工过程中劳务力量能够满足项目施工的需求。在材料供应商选择方面，挑选与公司长期合作或有较强实力的物资供应商。

在项目的实施过程中，通过样板施工，将相关的施工工艺和施工技术转换成工程实体。总结样板施工的经验后，再将成熟的工法、工艺运用到大面积施工中。通过制订详细的总进度计划、月计划、周计划，每天召开进度协调会，解决工程中遇到的各种问题。在过程中不断修正总进度计划，若出现工期延误情况，则果断采取工期补救措施。项目的整个工期得到充分保证，实际工期比预定工期缩短了 32 天。

四、深化设计，做足功课，保证施工安排井然有序

本项目设计单位是由上海某设计院和北京某设计院组成，特殊的设计单位结构决定了本项目深化设计的成败，直接影响整个项目技术方案的落实和实施。项目进场后，设立了四个专门的深化设计岗位，涵盖了装修、暖通、电气、消防等专业。深化设计过程中，主要做了以下几个方面的工作：一是施工图纸的排版深化工作，即将图纸上的通风、消防、电气安装管道布置；木饰面、石材分隔的理论尺寸和现场相结合，将所有的图纸排版图深化为现场施工图。二是节点图的深化设计工作，即根据现场实际施工过程中不同材质的交接节点，将高低差的交接点、特殊部位的大样图等图纸进行及时深化，使各个部位的收口得到了很好处理。深化设计工作为整个项目的实施打下了坚实的基础，整个工程的实施过程中基本没有发生因收口等问题返工的现象，为提前完成工期指标奠定了基础，装饰设计师多次得到了业主和相关参建单位的表扬。

案例分析

某项目施工质量控制经验交流

某住宅装饰项目位于城市繁华商业地带，是一个外商投资的高端住宅精装修项目，合同金额 1806 万元，装修面积约 9200m^2，施工内容包括 17 个楼层的电梯厅和 136 套房间精装修。

一、主要目标

将项目打造成一个业主满意、公司认可的精品工程。一是满足业主对工程的高质量要求，履行合同承诺，为公司与知名房地产商在全国范围内的合作奠定基础。二是通过该项目施工获得精品工程业绩，树立企业品牌形象。三是借助此平台培育一批精于管理、善抓质量的项目管理人才。

二、主要做法

（一）重视前期策划，精心准备

（1）提前介入，群策群力。该项目对公司意义重大，业主对工程质量的要求也极为苛刻。在项目投标初期，即安排拟派遣的项目经理参与投标，摸透投标内容，全面掌握工程概况。在技术标编制前，组织技术人员集中讨论，群策群力，共同探讨技术标的编制，确定投标策略，使得技术标内容详尽全面，计划更加准确。项目经理全程参与投标，对项目把控更加准确，也为后期施工顺利进行打下坚实基础。

（2）项目策划，质量为重。中标后，多次召集区域内项目经理开会讨论，充分发挥团队精神，就项目质量管控的重要环节提意见、找方法、想对策，形成质量专项策划书。同时，为实现质量精品目标，在项目效益得以保证的前提下，项目经理部在效益和质量之间做出适当取舍，以质量为保证，舍弃小利益，保障高质量。

（3）观摩交流，汲取经验。项目经理部组建进场后，针对项目团队年轻、精装修施工经验缺乏的问题，组织项目经理部成员到同档次酒店式公寓进行观摩学习，了解酒店式公寓精装修施工工艺。与其他项目的管理人员进行交流，学习探讨住宅精装修工程质量控制经验，使项目人员提前对施工质量控制形成清晰认识。

（二）注重节点总结，提炼经验

（1）重视图纸会审。每一份图纸到手后，项目经理部都要组织施工员与劳务班组长一同进行图纸会审，充分发挥团队优势，认真讨论和分析工艺做法和各工种搭接关系，以及材料下单尺寸要求等，确保工长下料正确，施工人员充分领会设计意图，熟悉设计内容，正确按图施工，避免因施工误差造成收口参差不齐。

（2）全员总结，提炼经验。为从样板施工中发现更多问题，保证大面积施工质量，项目经理部与业主沟通，主动实施了两个样板层。在28楼样板层施工完成后，项目经理部组织所有管理人员到现场查找问题，列出整改措施，逐条拍照督促落实。样板层施工完成后，又组织项目管理人员进行检验。整个样板房检验过程，项目共组织了三轮检查总结。第一轮，项目管理团队进行自我总结；第二轮，组织生产系统技术骨干到现场考察后与项目经理部一同总结；第三轮，项目经理部组织各劳务班组、半成品供应商一同总结。

根据总结内容，项目经理部对样板层施工过程中出现的问题是否会在大面积施工过程中出现、将以怎样的形式出现以及如何解决等问题进行归纳，逐一拟定解决措施，形成合理、有效的施工流水作业线，即按照吊顶、半成品安装（门、衣柜）、地板木地

板、墙纸、洁具灯具安装的顺序进行施工。最后，项目经理部将总结结果下发劳务班组、半成品供应商，分工种进行了现场讲解交底。

通过两次样板层完成后的节点总结，项目经理部对施工方案进行有针对性的优化，使基层做法更合理、细节收口更完美，避免样板层施工中发生的问题在大面积施工过程中重复发生，有效保证了大面积施工的质量。

（三）把握关键环节，突出管理重点

找到质量管控的重点是保障项目最终效果的关键。经过样板施工的分析，项目在后期施工中管理的重点在以下三个方面。

（1）注重深化设计。深化设计是项目整体质量控制的首要步骤，通过对主体设计单位的施工招标图纸进行深化，可以及时发现问题，并提出有建设性的解决方案。通过对施工图的深化设计，可以发现各专业分包单位间可能存在的交叉作业，及时优化施工顺序，避免因工序颠倒导致一些质量弊病。

（2）重视半成品供应。本项目涉及防盗门、户内门、防火门、成品衣柜、镜箱、台盆柜等半成品，既有自行选择的半成品供应商，也有业主指定的半成品供应商。项目经理部对所有供应商，都在签约前通过范例工程考察、样板制作、工厂观摩等途径，对其实力进行综合评估，对于不能满足要求的坚决替换。

（3）注重半成品和石材管理。一是安排专人负责半成品及石材管理。二是在衣柜安装方面，将甲方及图纸上一些细部节点的硬性要求进行归纳汇总，以表格形式，按类型列出安装质量控制标准。三是在石材质量控制上，除做好源头控制、落实供应商考察、优化排版外，还对所有石材施工的工人进行专门培训，明确了石材施工的质量控制管理要点。

（四）加强协调，不断整改完善

整个项目有 20 多家专业分包单位，现场各单位交叉施工多，施工中各分包单位的技术衔接、工作时间次序安排都直接关系到施工质量。项目不等不靠，主动与各家分包单位沟通协调，按照施工流程，确定各分包单位的施工时间节点，保证每套房间质量标准统一，使得整个施工过程顺畅。

在项目施工过程中，项目经理部十分重视检查、整改、完善，每位施工员全权负责处理工种的质量问题。公司安排专职质量员每周到项目进行质量巡检，项管部每月综合检查时都把项目的质量情况作为关注重点，对工程质量的每个细节进行定期复验，大到外观效果，小到外饰面平整度和细部收口节点，发现问题及时进行整改。

4.4.2　质量创优管理

1. 概念释义

质量创优管理，指建筑装饰企业和项目经理部为实现项目质量目标，提高项目施工质量，提升企业质量管理水平，针对质量创优的具体要求，结合工程特点，制订专项策划并落实的管理活动。

案例导引

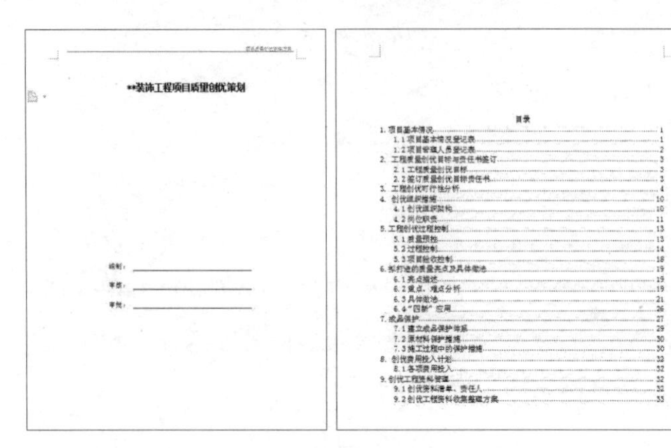

**装饰工程项目质量创优策划

编制：
审核：
审批：

目录

封面及目录

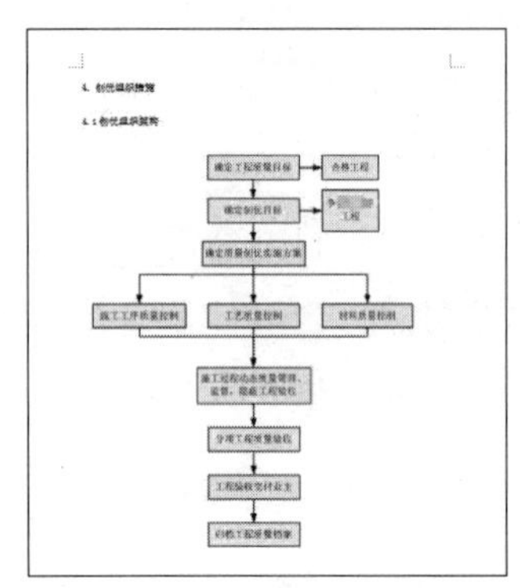

4. 创优组织措施

4.1 创优组织架构

5.2 过程控制

5.2.1 建立样板引路制度

每一道工序开始前，先做好样板间，由项目部组织施工班组、业主、监理单位共同按验收标准评定，指出优点和存在的不足，及时采取纠正措施，召集各施工班组现场观看、总结纠偏，要求后续工程比样板好。

本项工程施工前进行样板展示区施工，通过样板施工提前发现质量隐患并采取有效措施，进行相关交底，后续施工严格按照样板展示区标准执行。

策划及现场实施内容

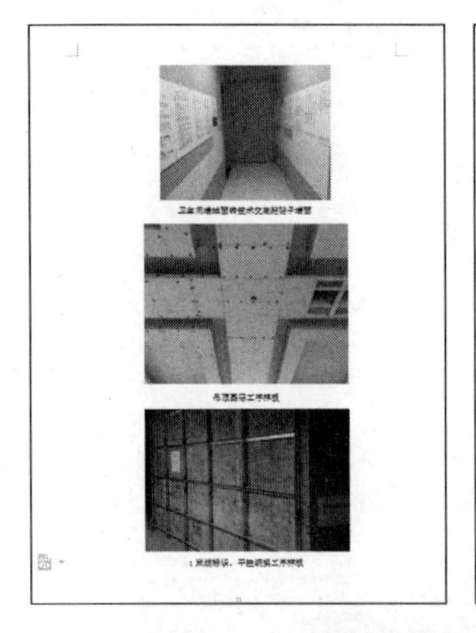

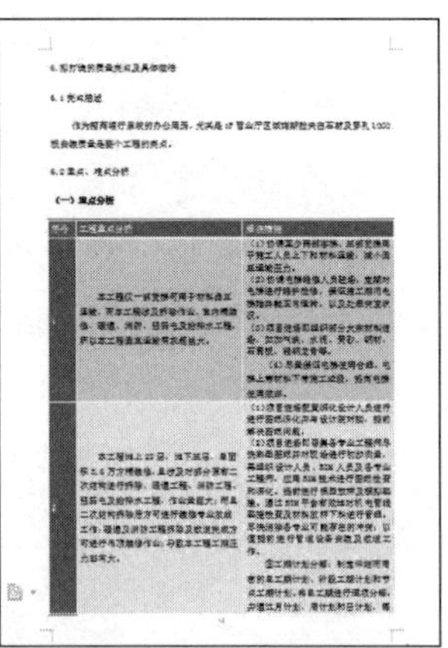

策划及现场实施内容

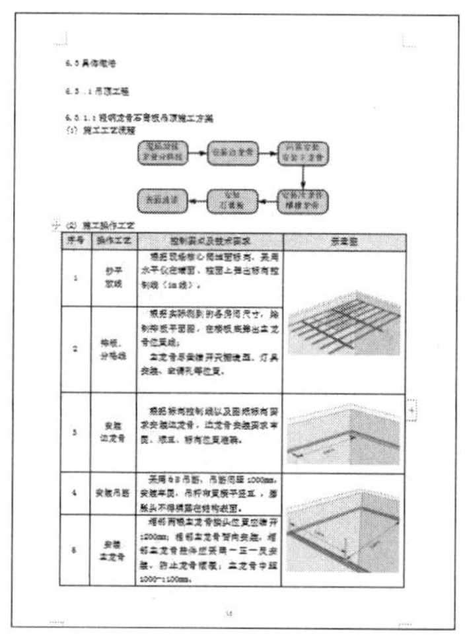

6.5 具体做法

6.5.1 吊顶工程

6.5.1.1 轻钢龙骨石膏板吊顶施工方案

(1) 施工工艺流程

(2) 施工操作工艺

序号	操作工艺	控制要点及技术要求	示意图
1	抄平放线	[illegible]	
2	[illegible]	[illegible]	
3	安装边龙骨	[illegible]	
4	安装吊筋	[illegible]	
5	安装主龙骨	[illegible]	

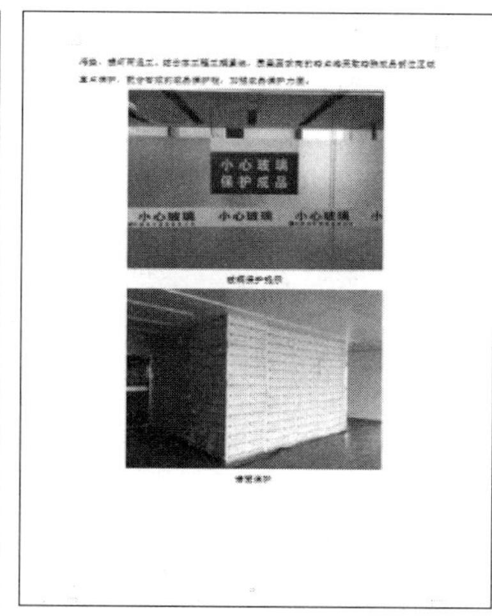

策划及现场实施内容

2. 管理难点

（1）当前建筑装饰市场竞争日趋激烈，施工单位的投标价格较低，工程质量创优组织活动需要较大资金予以保障。

（2）目前工程项目的相关方短期意识明显，参与工程质量创优的积极性不高，项目往往采取强制推行的方法。

（3）建筑装饰企业往往缺乏质量创优制度和奖励措施，无形当中就会给创优工作带来较大限制和影响。

3. 管理要点

（1）分解出各道工序，进行量化细化分析，对实测实量项目制订出比规范和验收标准更严格、施工方法更趋合理、标准控制更细的施工工艺标准，作为内控标准用于施工质量控制。

（2）强化基础保障，严把源头质量关，为创建优质工程创造良好条件。严抓测量管理，全面进行各项测量任务。确保结构、位置、尺寸正确；实行测量责任制，各项测量工作要严格制度和程序，做到操作规范，观测准确，记录清晰，计算无误；扎实做好试验和检验工作；严把原材料进场关；材料、成品、半成品先检验后进场；业主提供的产品要按规定及时抽查检验，发现问题及时反馈和处理；自行采购的物资不经抽验和试验，不得以任何方式、任何理由进场入库。

（3）超前样板引路，确保一次成优。对各专业项目做出样板或样板分项、样板工序。经监理方确认后，统一做法，统一标准，一次成优。关键工序成立“专业施工队”，确保质量水平均衡发展，达到以点带面、共同创优的目的。

（4）积极开展质量小组活动，为重点分部分项工程的特殊过程设置质量管理点。各工种、各工艺严格按标准、工序作业。

4. 管理重点

（1）认真做好装饰材料的管理和控制。所有用于建筑装饰工程的施工材料都必须经过试验，取得合格证书后才可以进入到施工现场。而且进入施工现场后，还必须不断加大抽检频率，确保进场材料的合格性。

（2）推行全面的质量管理。定期召开质量会议、制订工程的质量保证措施，这是加强工程质量管理的重要因素。要认真制订工程施工计划，超前探索和解决施工当中存在的质量问题，不断强化项目人员的质量意识。从装饰材料的选择到各个程序的加工，都必须实行全过程质量管理。要做到预防为主，控制好各个环节的工作质量，不断地把全面管理的方法切实应用到施工实践当中。

（3）认真坚持“五不”施工制度。所谓的“五不”施工制度是指：施工准备工作不充分不施工，未达到标准要求不施工，施工方案、工序作业指导书、质量保证措施没有得到批准不施工，设计图纸未经自审和会审不施工、现场未进行技术交底及重难点项目无作业指导书不施工。

（4）坚持质量一票否决权制度。推行质量管理岗位的工作责任制，逐级负责制对于创优来说有着非常重要的作用，通过层层把关，层层负责，积极开展各项创优活动，做到每月检查、每季分析，更好地确保工程施工质量。

（5）推行样板工程引入，确保工程创优目标。项目要有着详细的质量创优规划，项目经理必须抓好优质样板工程的施工，以起到样板引路的作用。

（6）加强工程技术资料的管理。建筑装饰工程技术资料繁多，技术资料管理非常重要，材料合格证、实验报告单、质量检验评定表、技术交底书等各类记录，都必须严格按照规定进行收集整理。

4.5 项目商务管理

4.5.1 商务策划动态管理

1. 概念释义

商务策划动态管理是指项目经理部根据商务策划书要求，确定商务策划目标实施时间，落实策划措施，根据现场情况调整或者新增商务策划的管理行为。

案例导引

2013 年，某装饰公司中标软件基地精装修工程，造价约 6900 万元，2013 年 11 月 30 日前完工。项目经理部于 2013 年 2 月进场进行施工准备，5 月完成样板房施工，6 月底展开大面积施工作业，后项目提前半个月完工。项目经理高度重视商务策划工作，保证合理的经济效益。

认真做好编制商务策划书的事前准备工作。项目经理部在施工前期，对经济状况进行分析，充分把握和整合资源，收集相关经济资料和数据，为编制商务策划书做好充分准备。一是充分收集资料。工程中标后，项目经理部会同公司市场营销部门，将工程招标文件、招标图纸、往来文件、中标通知书、合同文件、投标文件（包括投标报价、施工组织设计、样品等）、相关定额等资料收集完整，对重点经济数据和效益点进行筛选，掌握项目的商务状况，做到心中有底，为策划做好充分准备。二是做好必要的商务交底。项目经理部在开始编制商务策划书前，专程邀请公司商务部门相关人员，从合同条款、预算清单、地方定额等方面，对项目全体人员进行商务交底及策划交底，对工程投标中存在的漏项及经济风险点进行剖析，提出商务关键关注点和相应措施，确定商务策划方向。三是明确的项目责任。为确保项目取得良好的经济效益目标，同时保证项目的合理承包基数，项目经理部与公司多次磋商成本测算，并结合当地定额、项目工期、合同条款等，反复论证，最终确定上缴率，签订《项目目标责任书》，明确项目商务策划目标。

在此基础上，项目经理部做好策划动态控制工作。商务策划书编制完成后，在项目施工的过程中，首先是注重合同风险控制。项目经理部组织成员综合分析，制订相应措施，规避风险，关键点监控得到公司法务部门的帮助。其次是注重变更签证管理。项目经理部增加具有经济创效的施工项目，减少亏损项目数量，及时办理变更、签证手续。同时，将变更及签证费用与工程进度款一并进行申请，消除垫资，化解风险。最后是注重资金使用策划。项目收款快速高效，工程款尽量做到早收、多收。资金支出严格控制，尽量使用熟悉的材料商及劳务队伍，延缓部分资金支付，减少资金压力，规避资金倒挂风险。

项目经理部在定期月度成本核算过程中，及时分析当月的成本状况，通过对现场实际情况及时进行小结，调整项目策划的目标和措施。为了更好地落实商务策划管理，项目经理更是找准管理重点，逐条实施。第一是抓好深化设计，这是项目降本增效的切入点，也是商务策划的重要环节。项目经理组织管理人员在一周内根据现场实际列出投标图中的问题，与设计师一起对投标图进行优化，得到建筑师批准。通过图纸优化以及材料规格和品牌的设计变更，为后期顺利施工提供了有利条件。第二是抓好成本精细化管理，这也是策划实施的重要切入点。项目经理通过全面学习推行精细化管理方法，引导项目全体员工提高项目精细化管理认识和落实精细化管理行为。通过对损耗的控制指标分解，节约成本近50万元。

与此同时，项目在定期月度成本核算过程中，及时分析当月的成本状况，通过现场实际情况及时进行小结，调整项目策划阶段性目标及措施，加强动态控制。项目完工后，项目经理部对整个项目的商务策划执行情况进行了全面分析、总结，以便在今后的商务策划工作中取得更好成效。

2. 管理难点

（1）商务策划实施成功，需要依靠整个项目团队共同协作，包括基础资料的及时收集，过程信息的及时沟通，效益风险的及时判断，团队紧密配合，工作无缝衔接，策划实施成功率方能提高。

（2）商务策划实施并非能 100% 实现，特别是对于项目效益有重大影响的策划，在未能完全实现或者策划失败后，项目经理部需要结合工程进展，寻找新的、合理的、具有可操作性的策划点。

3. 流程推荐

项目商务策划实施流程如图 4-7 所示。

4. 管理要点

（1）商务策划具体执行人收集、夯实策划项全部信息，根据具体策划项，从夯实的全部信息中识别有利信息予以执行，并对进展情况和出现不可控因素向相关负责人汇报。

（2）项目经理建立沟通机制。通过沟通，项目经理掌握商务策划过程执行情况，协调督办商务策划执行。

（3）项目预算员（负责人）根据执行情况预计策划效益，项目经理判断商务策划实施效果。

5. 管理重点

（1）明确商务策划实施各环节的实施责任人、实施内容、完成时间、预期结果、注意事项及不可控因素处理流程。

（2）商务策划来源信息包括但不限于：

①工程合同：合同条款、合同报价、技术方案、图纸等；

②施工现场：核实现场与合同差异、过程往来函件及建设单位指令等；劳务、材料、租赁设备等市场价；

③政策性文件：人工费、材料费、费率、税金等政策性调整文件；

④对接人：策划执行中内外部关键执行主体。

6. 文件模板推荐

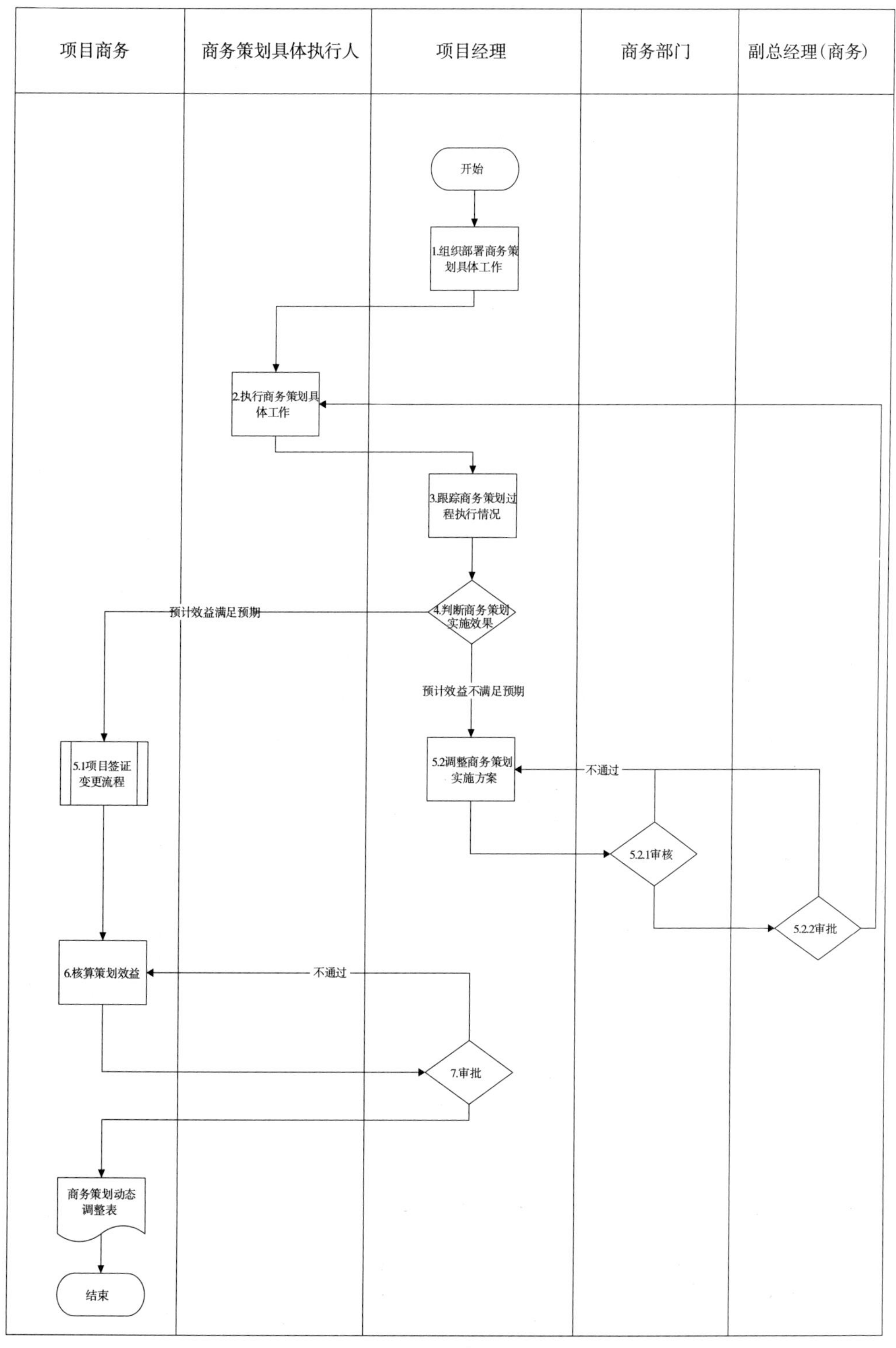

图 4-7　项目商务策划实施流程

商务策划动态调整表（汇总表）

填报项目：　　　　　　　　　　　　　　　　　　　统计截止时间：

序号	策划内容	策划类型	策划预期目标	计划实施时间	实施状态	完成时间	实施效果	备注
	第一部分：原策划实施情况							
1								
2								
3								
	第二部分：新增调整策划实施情况							
1								
2								

项目经理：　　　　　　　　　　　　项目商务负责人：　　　　　　　　　　填报人：

商务策划动态调整表（明细表）

填报项目：　　　　　　　　　　　　　　　　　　　　　　　　　　　统计截止时间：

序号	策划内容	单位	投标情况			成本测算情况			盈亏	采取措施后					策划效益
			工程量	投标单价	合价（1）	工程量	成本单价	合价（2）	（3）=（1）-（2）	合同工程量	收入单价	实际工程量	支出单价	最终效益（4）	（5）=（4）-（3）
1															
2															
3															
4															
5															
…															
合计															

项目经理：　　　　　　　　　　　　　项目商务负责人：　　　　　　　　　　　　　填报人：

4.5.2 签证变更管理

1. 概念释义

签证变更管理是指在建筑装饰工程项目实施过程中，项目经理部对由建设方提出的变更事项或由项目上报、经建设单位确认的签证事项，进行成本核算、收入报送、收入确认的管理行为，签证变更管理是实现项目效益的重要手段。

案例导引

某建筑装饰项目在前期样板房施工时，在酒店部分墙面橄榄绿乳胶漆位置增加罩光清漆一遍，得到建设方认可。后期施工时，接到建设方设计部门的变更通知单：要求增加一层立邦亮光漆。项目经理部认真分析了此要求，认为是提升装饰效果、创造经济效益的重要事项，由此开展签证变更工作，具体内容如下：

（1）主动实施变更。根据业主变更流程，在通知单下发后，需根据通知单内容，由建设方工程部下发相应工作联系单，进一步明确实施内容。项目经理部抓住该环节，提前做好策划：

①工艺明确化：将设计师所提“一层立邦亮光漆”再次明确为“两遍立邦亮光漆”，避免后期确认时产生不必要歧义。

②部位模糊化：由于业主设计及施工人员的初步意图为墙面橄榄绿部分增加亮光漆，在该联系单中仅说明为“在橄榄绿乳胶漆外层”增加亮光漆，为后期工程量的扩大确认奠定基础。

（2）报价策略充分考虑现有依据

扩大报量的依据：原联系单中已对实施部位进行模糊化处理，在“橄榄绿乳胶漆外层”增加亮光漆的说明已经被确认，因此在报量时，将图纸中所有吊顶、灯槽及墙面橄榄绿部位均计算在内，该环节后期的管理重点环节在于橄榄绿乳胶漆使用部位的确认。

（3）在确认过程中，建设方设计师及施工人员的初步意图为墙面橄榄绿部分增加亮光漆。由于乳胶漆在该项目中为甲供，建设方对于甲供材料肯定是需要核对的。因此项目经理部查阅招标图、施工蓝图与样板房的差别，提出在某些部位图纸显示乳胶漆型号与样板房施工颜色不统一，在此基础上，主动提出为避免后期甲供材料确认歧义，项目经理部愿意牵头进行现场乳胶漆颜色的确认，并得到建设方的支持。

（4）图纸计算或现场测量工程量并确认。经过努力，最终该变更确认收入金额为32 万元，高出预计收入 11 万元。

2. 管理难点

（1）签证变更依据不充分。建筑装饰工程项目开展过程中，因项目进度需要或建设方人为因素影响，未及时向施工单位下发书面指令，项目经理部迫于履约压力，需要完成相关事项的工作，容易形成未及时向建设方要求书面依据的问题，导致签证变更依据不充分。

（2）签证变更确认流程冗长。受制于合同条款、现场审批流程等因素影响，签证变更确认的流程漫长，有效性不足，往往现场施工完毕，而相应的签证变更还未最终确认。

3. 管理要点

（1）项目预算员（负责人）分析建设方工程指令，明确签证变更费用文件计算依据，并将具体任务分配给项目经理部相关责任人员，并明确完成时间。

（2）项目经理部联系公司物资采购部门，按照要求提供物资询价单，项目进行比价分析，确定最优询价单，提供给项目预算员（负责人）。

（3）项目设计师按照项目预算员（负责人）要求绘制图纸。项目预算员（负责人）与技术负责人对图纸进行审核，提出修改意见。项目设计师及技术负责人将确定版的图纸报送给建设方，并得到确认。

（4）项目预算员（负责人）搜集相关人员提交的费用文件编制依据编制预算文件，报项目经理和公司商务部门审核，审核通过后报建设方审核。

4. 管理重点

（1）及时性：在收到甲方指令后，第一时间在项目经理部内部进行沟通，确保各责任人工作第一时间开展。

（2）有效性：确保签证预算编制文件依据充分。

（3）准确性：确保签证预算收入及成本核算准确，确保项目效益。

5. 流程推荐

1）签证变更指令签收流程

签证变更指令签收流程如图 4-8 所示。

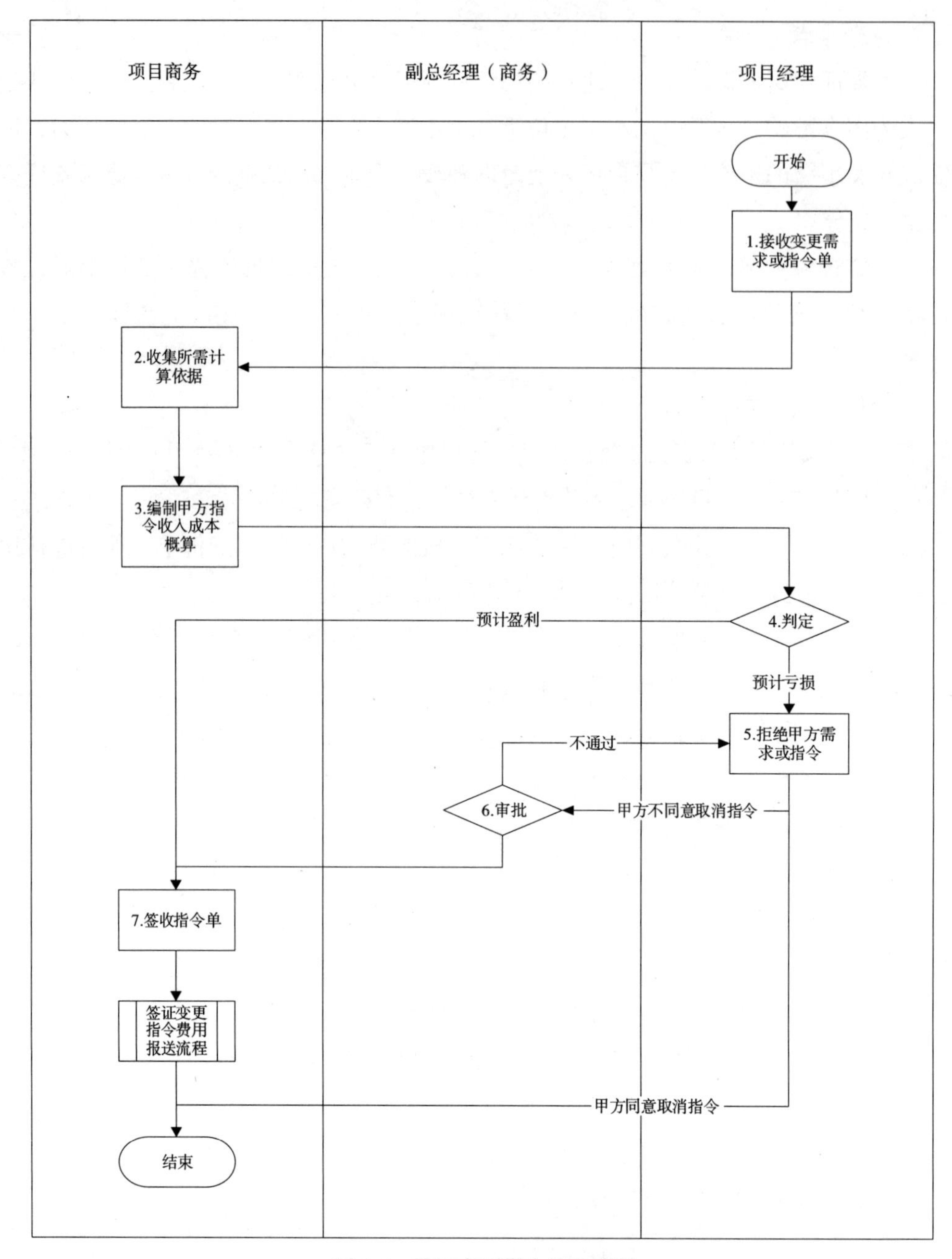

图 4-8　签证变更指令签收流程

2）项目签证变更费用报送确认流程

项目签证变更费用报送确认流程如图 4-9 所示。

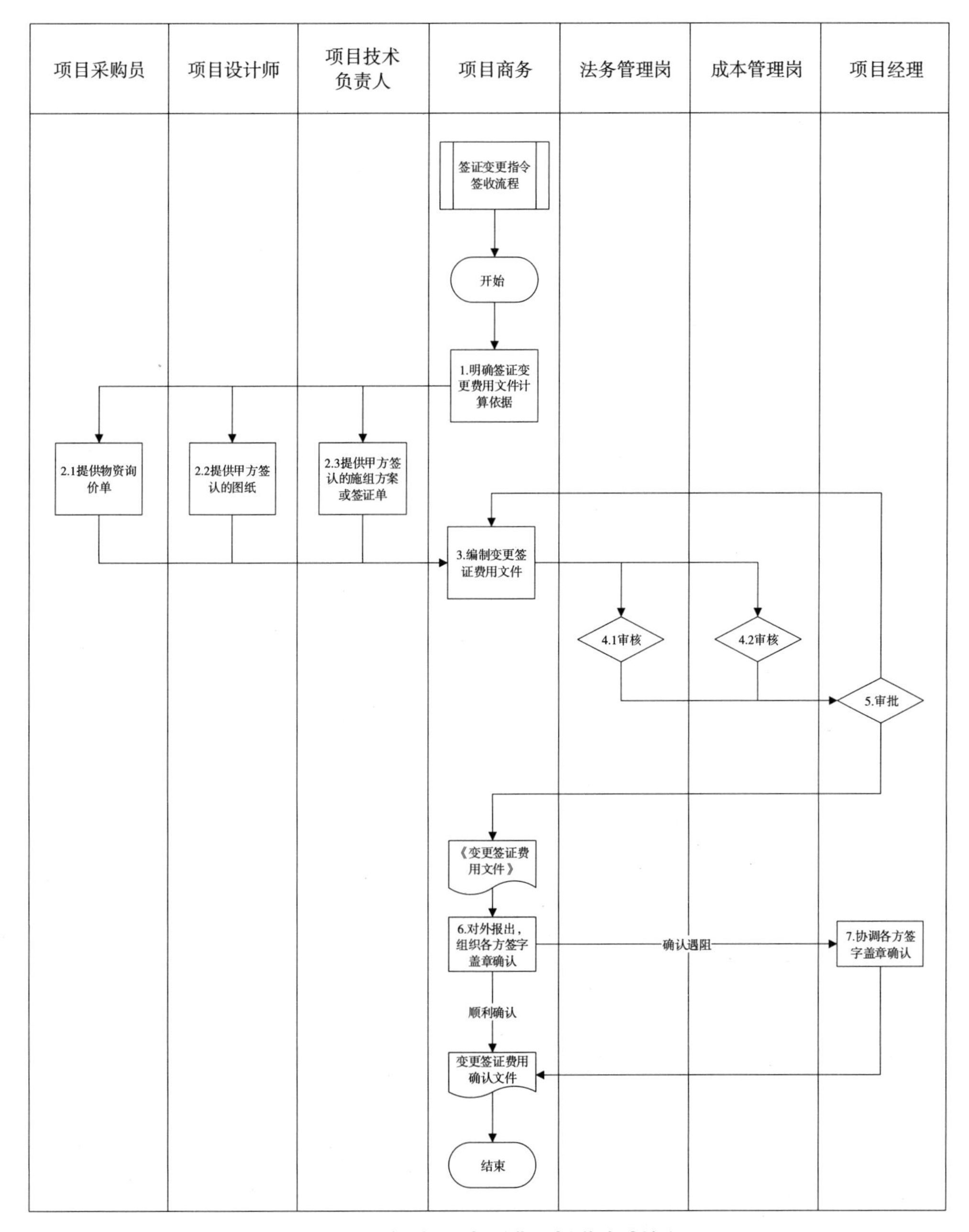

图 4-9　项目签证变更费用报送确认流程

4.5.3　成本核算管理

1. 概念释义

成本核算管理是指建筑装饰项目经理部对工程项目实施过程中发生的各项成本进行统计汇总，与当期计划成本对比，进而分析成本是否超耗，并对超耗进行纠偏的管理行为。

案例导引

2016年2月，某装饰公司中标精品住宅工程，合同额达7050万元。项目经理部成立后，项目经理认真研究合同和图纸，在进场初期以审定的施工图预算为依据，确立预算成本。带领项目团队对施工图内容进行分析、归类，预估工程的总预算成本及目标利润。在确定计划成本方面，一是以预算成本为基础，考虑项目的可能支出；二是从主要材料的采购降低率出发，代替综合材料采购降低率，计算材料价差的降低额度。通过测算，该项目原预算成本为6950万元，计划成本为6800万元，而最终通过成本核算后确定项目成本为6500万元。

项目在实施成本控制的过程中，要求各岗位、各班组成本支出必须按计划执行。根据以往同类工程耗用情况，结合本工程实际和节约要求，项目制订各项消耗指标，据以执行。比如材料用量的控制，以消耗定额为依据，严格实行限额领料制度。项目经理部要求施工员及时掌握材料进场、工人领料情况，现场指导并监督工人合理开料，降低材料损耗。对工人已领材料，下达完成工程量指标，杜绝工人材料浪费。项目经理部为了达到降本目的，根据已确定各成本子项的计划成本，专门与各专业施工员签订了成本管理责任书。

项目经理严格落实成本核算工作，每月进行成本分析，逐项分析成本节约或超支情况，寻找原因之后，根据成本分析报告，定期或不定期召开项目成本分析会，总结成本节约经验，吸取成本超支的教训，为下月成本控制提供对策。严格、准确地控制和核算施工过程中发生的各项成本，及时提供可靠的成本分析报告和有关资料，并与计划成本相对比，以达到改善经营管理、降低成本、提高经济效益的最终目标。

项目的全体管理人员高度重视材料计划的制订、复核、审批各环节，从严要求、认真控制，力保不出现工作失误。施工员与设计师核对无误后，向物资采购部门提供材料计划，为完成成本控制目标打下基础。项目经理部与物资采购部门共同招标，认真筛选，最终将木门制安、家具采购、木地板铺装等分项确定了优秀的供应商进行专业化分包，有效降低了项目成本，保证了施工质量，同时也减少了现场管理成本。

2. 管理难点

（1）成本核算管理并不仅仅是对各项成本数据进行理论上的加减乘除，而是要通过项目现场实际施工情况，包括形象进度、仓库材料、现场劳务数量、机械设备进出场等情况的统计，核算真实的项目成本。

（2）项目管理过程中，往往会发生超耗现象，对于超耗问题，在成本核算中要及时分析原因，落实责任人或责任单位，确保项目效益。

3. 管理要点

（1）项目预算员（负责人）组织收集项目成本数据，主要包括：

①项目施工员提供已发生劳务（半成品）用量、后续劳务（半成品）计划用量、材料计划用量以及内部奖罚情况。

②项目物资管理员提供材料验收金额。

③项目安全员提供安全类措施方案、方案调整情况、安全投入成本以及奖罚情况。

④项目技术负责人提供非安全类措施方案以及方案调整情况、变更情况，项目预算员（负责人）核算成本数据。

⑤项目经理提供项目预计工期和人员调动情况、可能额外发生情况及相应数据，项目预算员（负责人）核算成本数据。

⑥项目预算员（负责人）根据项目的实际进展及人员配置，计算项目管理人员的薪酬福利成本。

⑦项目预算员（负责人）核算总包管理费、施工水电费、垃圾清运费、办公室租赁等费用等情况。

⑧项目预算员（负责人）根据项目经理提供的信息，预计项目后续还需发生的间接费成本。

（2）项目预算员（负责人）统计核算数据，主要包括：

①项目预算员（负责人）进行项目成本计算。

②项目预算员（负责人）根据已发生成本与预计发生成本计算项目总成本，并与目标成本对比分析，锁定成本超耗数据。

（3）提出超耗纠偏措施：

①项目经理组织各成员讨论成本情况，分析原因，制订纠偏措施。

②项目各成员根据各自管辖范围内的成本超耗情况，提出纠偏措施及下一步工作安排。

4. 管理重点

（1）项目预算员（负责人）在计算项目总成本时应与目标设定的口径一致。

（2）项目技术负责人分析非安全类措施费用超耗原因并提出整改措施；项目安全员分析安全类措施费用超耗原因并提出整改措施；项目施工员分析人工费、材料费、半成品费用并提出整改措施；项目物资管理员分析材料费用超耗原因并提出整改措施。

5. 模板文件推荐

项目成本分析报告

一、项目基本概况

1. 该项目位于________市________区，地处________路________路交界处，施工

面积________，我公司主要施工________区域，共________个楼面，施工部分主要是________________________________等，由公司委托________为项目经理，________为预算员（负责人）。

2. 该项目为________公司建设，由________公司总承包。项目自____年__月进场开工，合同竣工日期为____年__月，合同工期为__月，预计竣工日期为____年__月，预计工期为__月。合同价为______万元，合同计价模式________，该项目于____年__月签订承包合同，上缴率________。

测算基数、目标责任成本、实际成本对比表

序号	内容	测算基数（元）	目标责任成本（元）	调整后的目标成本（元）	实际成本（元）		
					截至目前成本	预计后期成本	总成本
1	直接费						
1.1	人工费						
1.2	材料费						
1.3	机械费						
2	间接费						
2.1	管理人员薪酬						
2.2	办公费						
2.3	差旅交通费						
2.4	业务招待费						
2.5	通信费						
2.6	生活补贴						
2.7	其他间接费						
3	措施费						
3.1	安全文明环境费						
3.2	劳动保险费						
3.3	材料检验试验费						
3.4	幕墙四性检测费						
3.5	空气检测费						
3.6	现场临时设施						
3.7	现场清理费						
3.8	脚手架费						
3.9	现场水电费						
3.10	其他措施费						
4	设计费						
5	总包管理费						
6	税金						
	小计						

二、合同总体执行情况

该项目已进场__个月，预计尚需__个月可全部完工，施工进度约为总工程量的________%，已向甲方报工程量________万元，甲方审批报量________万元，向公司报量________万元。已收款________万元，已支付________万元，其中人工费支付________万元，材料费支付________万元。

项目已向甲方报送变更签证单__份，报送金额为________万元，目前已正式签认________万元。未正式签认部分，预计签认金额为________万元。

合同预计总收入（总成本）计算表

项目名称：　　　　　　　　　　　　　　　年　月　日　　　　　　　　　　　　　　　单位：元

<table>
<tr><td rowspan="3">项目</td><td colspan="7">合同内收入/成本</td><td colspan="7">合同外收入/成本</td><td rowspan="3">合同预计总收入/成本合计</td></tr>
<tr><td rowspan="2">合同初始收入/成本</td><td colspan="2">变更增项</td><td colspan="2">变更减项</td><td rowspan="2">合同内收入/成本合计</td><td colspan="2">签证收入/成本</td><td colspan="2">索赔收入/成本</td><td colspan="2">奖励收入</td><td rowspan="2">合同外收入/成本合计</td></tr>
<tr><td>截至上月数</td><td>本月数</td><td>截至上月数</td><td>本月数</td><td>截至上月数</td><td>本月数</td><td>截至上月数</td><td>本月数</td><td>截至上月数</td><td>本月数</td></tr>
<tr><td>合同收入</td><td></td><td></td><td></td><td></td><td></td><td></td><td></td><td></td><td></td><td></td><td></td><td></td><td></td><td></td></tr>
<tr><td>目标责任书成本</td><td></td><td></td><td></td><td></td><td></td><td></td><td></td><td></td><td></td><td></td><td></td><td></td><td></td><td></td></tr>
<tr><td>项目成本</td><td></td><td></td><td></td><td></td><td></td><td></td><td></td><td></td><td></td><td></td><td></td><td></td><td></td><td></td></tr>
<tr><td>自营利润率（%）</td><td></td><td></td><td></td><td></td><td></td><td></td><td></td><td></td><td></td><td></td><td></td><td></td><td></td><td></td></tr>
<tr><td>专业分包</td><td>收入</td><td colspan="4"></td><td>成本</td><td colspan="6"></td><td>利润</td><td></td></tr>
<tr><td>综合</td><td>总收入</td><td colspan="4"></td><td>总成本</td><td colspan="6"></td><td>综合利润率</td><td></td></tr>
</table>

三、材料费对比分析及原因

该项目自行采购主要材料有________，甲供料有________。甲指乙供材料有________。

自行采购主要材料价格对比表

单位：元

序号	材料名称	单位	采购量	合同收入单价	甲方确认单价	采购价	差价	预计盈利	利润率
1									
2									
3									
	小计								

自行采购主要材料用量对比表

序号	材料名称	单位	材料净用量	调整后的材料净用量	目标损耗率%	项目总计划量	实际采购量			量差	实际损耗率（%）
							实际采购量（截至上月数）	实际采购量（本月数）	实际采购量累计		
1											
2											
3											
…											
	小计										

四、十大主要材料用量分布情况

序号	施工部位	数量	单位	图纸编号
一	楼层一			
1	部位1			
2	部位2			
3	部位3			
…	…			
二	楼层二			
1	部位1			
2	部位2			
3	部位3			
	…			
	汇总量			

五、人工费对比分析及原因

该项目目标责任书人工费总额为________万元，目前已实际发生人工费________万元。详见人工费对比分析表。

人工费对比分析表

序号	内容	目标值（元）	调整后的目标值（元）	实际劳务费（元）			差额
				实际发生（截至上月数）	实际发生（本月数）	实际发生累计	
1	木工						
2	贴面工						
3	油漆工						
4	电焊工						
5	幕墙工						
6	水电安装						
7	普工						
8	临时电						
9	其他						
	小计						

劳务费超支原因分析:____

六、商务策划动态实施情况

1. 原商务策划中存在量差、价差，工程施工过程中采取了哪些措施？取得了什么样的效果？

2. 原商务策划中漏项，工程施工过程中采取了哪些措施？取得了什么样的效果？

3. 原商务策划中其他方面，采取了哪些措施？取得了什么样的效果？

七、下一步的工作安排（略）

案例分析

某项目成本基础管理案例

某项目是一幢以办公为主，集商贸、宾馆、观光、展览及其他公共设施于一体的综合性超高层智能建筑，A装饰公司2004年中标，施工范围含地下B1和B2F商场美食区，3-5F/52-53F商贸会议区，6-12F/66-78F办公区，合同额4960万元。

该项目施工工艺复杂多样，许多新工艺在国内均属首创，这也决定了项目预算员（负责人）工作面临较大挑战。在项目的实际操作过程中，项目经理部不仅从中获得了宝贵的施工组织经验，而且增加了对国际合同条款与商务策略的新认识。通过此项目的成功运作，企业从中总结出一条规律:越是大型项目，基础管理工作就越发显得重要，通过夯实项目基础，带动项目管理工作的整体提升。

一、建立成本管理制度，强化成本控制意识

该项目总承包单位在2004年投标时由于成本原因，合同处于亏损状态，而A公司与总包签订的合同沿袭了总包与业主的大合同，即执行FIDIC条款，凡合同涉及的合同图纸、技术规范、招标文件等资料中所描述到的内容均包干在合同单价及总价内，其中存在大量漏项、量差和价差，给企业造成了巨大风险。因此，成本管理工作在当时背景下显得尤为重要。

为减少管理费支出，项目经理部在前期仅安排项目经理、预算员、物资管理员和设计人员进驻现场，开展图纸熟悉、材料招标、图纸深化以及整体预算等工作，为后期工作做好铺垫。前期项目班子经过对图纸的熟悉及计算，发现很多对项目成本管理工作不利的因素。

1. 严格执行FIDIC合同条款

全部图纸施工内容均为包干价，业主不会因材料价格上涨因素而调整其单价，也不会因合同漏项、现场与合同量存在差异而对其有所补偿。

2. 垂直运输难度大

项目所有二次结构墙体（ALC板墙）、混凝土导墙、混凝土地坪浇筑均在施工范围内，施工量非常大，导致施工材料的垂直运输难度极大，成本偏高。

3. 询价不准，报价偏低

大多数材料均为进口材料，投标时材料单价没有询到其准确价格，导致合同中很多材料单价严重偏低。

4. 漏项过多，量差过大

项目很多图纸的隐蔽工程单价未包含在预算清单单价中。

经初步预算，项目潜亏非常巨大。为此，项目经理部制订了详细的成本管理措施，为整个项目的成本管理工作提供了制度保障。此外，项目经理部设立了专职商务经理，主要负责与总包施工分区分量的洽商、变更、签证和索赔的管理，以及组织工程的进度结算和竣工结算等工作。

项目经理和商务经理通过项目大小例会，不断强调成本管理工作的重要性，以此强化项目设计人员和专业工长的成本意识，保证项目管理人员对项目的各项盈亏做到心中有数。设计师不仅要做好图纸深化工作，还要有成本意识，不盲从业主，从项目施工成本出发，在满足国内施工规范的基础上做好深化设计。各专业施工员要抓好项目质量的把关以及材料损耗的控制，从成本的角度出发，避免返工、维修造成的浪费。

二、把握成本控制管理重点，开展各项具体工作

1. 加强外部沟通，发挥团队优势

该项目材料量极大，项目经理部联合四家装饰分包单位集中采购主要装饰材料，以低于市场价 20% 的价格买到相同品牌的材料。项目经理部对业主指定的主要大规模进口材料进行品牌替换，大大降低了材料单价。对亏损无法挽回的材料，联合四家装饰分包单位与总包洽商，转由总包施工，避免了亏损。此外，项目经理部牢牢抓住业主变更材料的机会，推荐质量可靠且具有较好盈利水平的材料。

2. 甩项管理难点部位，减少管理风险

地下室砌块工程，因材料单价高，运输困难，施工难度大，装饰单位无专业施工队伍，自行施工成本将难以控制。经与总包和其他单位协商，委托专业单位施工此分项工程，减少了成本控制风险，也缓解了项目管理压力。

3. 响应赶工措施，实现额外利润

为确保竣工目标，总包制订了一系列节点工期计划，项目经理部积极响应，组织班组加班加点，按时完成总包制订的赶工节点，先后 4 次获得赶工费奖励，不仅创造了额外利润，也缩短了项目工期，减少了费用支出。

4. 控制人工支出，引进竞争机制

利用公司劳务资源，对三大工种实行单项招标，结合项目自身特点，对高区和低区的施工单价实行价差管理，选择实力强、价格优、素质高的施工队伍，在劳务合同中确定其单价。在每月劳务结算时严格执行合同单价，月工程量在各个施工员开具的结算书基础上，由商务经理再次严格审核，最后由项目经理确定其最终结算金额。

三、加强项目索赔，做好变更签证

该项目合同采用包干制，索赔和变更签证对于经济工作显得尤为重要。项目在与业主进行商务谈判过程中遇到的困难较多，每一个设计变更必须在 28 天内提出索赔请求，28 天内完成索赔谈判。而且，每项索赔项目都涉及很多关键的基础工作：如收集图纸、照片、返工通知单、工程量计算书、单价分析表、材料采购合同复印件，然后与造价咨询公司谈好初稿，在初稿基础上再与业主进行洽商。因此，可以说该项目索赔和变更签证工作是一个系统工程，关系到项目每个管理人员，有时甚至要联合其他装饰分包一起开展此项工作。项目经理部针对实际情况，认真落实商务谈判人员和程序，取得良好的索赔金额。

四、及时跟进工程报量与结算工作

该项目采用 FIDIC 合同条款，其变更、报量、工程款回收都严格按照合同条款执行，变更在合同执行过程中的 28 天内完成其谈判和协议的签订，工程进度款也按现场实际施工情况报收。项目原合同付款周期约定为 6 个月，56 天审批周期，即每 9 个月才能收一次工程款。为缓解资金压力，解决大批进口材料的资金占用问题，项目经理部经与业主协商，使付款周期由9个月缩减至5个月，后又缩减至2个月，大大缓解了资金压力。同时，积极做好月度成本分析报告、验工月报与合同预计总收入月报表，为企业领导及时掌握项目情况提供了详细的基础资料。

案例分析

某项目成本管理案例

某建筑装饰项目合同金额5000万元，由两家业主共同出资建设，属固定总价合同，合同工期180天。施工范围为A栋及B栋的大堂、电梯厅、卫生间及走道等公共部位的精装修。为实现项目效益最大化，就要在项目管理过程中以合同为依托，充分发掘开源节流的渠道，辅之动态监控的手段，争取每一分可争取的利润。为达此目标，项目经理部在成本管理方面主要从下面三个方面开展。

一、研究合同条款，策划利润来源

1. 识别合同风险，险中求胜要效益

规避投标风险。招标要求灯具为某德国品牌，投标报价较低。此材料又属非暂定价材料，无法重新认价，存在潜亏。项目进场后，积极配合商务部门与业主和设计沟通。按照招标文件中灯具技术要求寻找国产灯具，保证技术参数完全符合。通过多次沟通，终于使设计师接受替代品。同时项目经理部向业主反映进口品牌存在采购周期过长、国内无法维修等问题，最终让业主也接受国内厂家生产的灯具，并予以书面确认。

化解清单风险。工程量清单由业主提供，存在部分漏项。商务经理和各专业施工人员全面复核招标图纸，寻找招标图纸与合同清单的差异，清理漏项子目及预计发生成本金额，分析可能争取到的期望目标。按此目标，项目经理部科学分工，分别与业主及设计沟通，有效化解了漏项风险。

变更亏损项目。大堂柱子的不锈钢材料报价亏损，项目经理部积极寻找变更途径，力争扭亏为盈。原报价厚度为1.0mm厚，贴在木夹板上容易变形，项目经理部以此建议业主变更为1.5mm厚。为了说明问题，争得业主同意，项目经理部组织业主及设计到现场观看施工效果测试。用1.0mm厚钢板先施工一根样板柱，结果在灯光照射下凹凸不平。事实胜于雄辩，业主及设计同意变更厚度。

2. 主抓材料认价，灵活变通创效益

项目大宗材料如石材、人造石、透光石、洁具都为暂定价材料，占主合同金额的44%，因此暂定价材料认价工作是创造项目效益的核心环节。项目经理部力争通过材料认价取得最大的经济效益。经过策划，项目经理部决定首先从石材供应商入手，开展认价工作，与材料商谈定按业主最终认价下浮，之后再报业主认价。洁具、人造石等材料在确保主合同品牌或同档次的要求下，积极寻找价格最为合理的供应商。

3. 优势互补，“加减法”变更出效益

建筑装饰公司优势在精装修，粗装修成本远高于土建及专业分包单位，且材料采购及组织施工难度较大。项目经理部决定按照“加减法”原则策划变更，即增加利润高的子项，减少利润低的子项。通过与总包沟通，项目经理部将合同内零星砌筑及粉刷子项转交总包施工，作为交换条件，总包范围内的垃圾间及清洁间精装修交装饰公司施工，并要求业主以指令单的形式确认了合同外增加项目。通过成本核算，该子项交换为项目经理部创造了盈利。同时严控成本支出，从源头节约出效益，除了对外广开源头外，项目对内严格节流控成本，本着节约也是创造效益的原则，做到事事精细，环环盈利。

二、严格控制成本，价量齐抓防止效益流失

1. 半成品材料：控制采购价是关键

开展工料分析，控制采购价格。在签订半成品采购合同前，物资部门与项目经理部共同询价，摸准原材料最低价格，对半成品做详细工料分析，确定最高限价，指导合同签订。实行样板制度，测算合理成本。消火栓门的不锈钢包边及玻璃安装等半成品项目，施工员先安排劳务队以不计成本的形式制作样板，测算实际消耗的人工费及材料费，再优化制作过程中的用工量及材料使用量，计算出合理成本，指导半成品合同签订。

2. 自购材料：控制损耗率是关键

合理排版，降低损耗。为了减少材料损耗，降低成本，项目经理部严格贯彻物资管理制度，与各专业施工员分别签订目标责任状，明确材料损耗率。合同中墙纸损耗率为 15%，施工总量 15000m^2，施工部位主要集中在公共走道，而且吊顶标高基本一致。基于这一特点，项目在与材料供应商签订合同时，即要求供应商定尺寸供应墙纸的每卷长度，并作为合同条款写进采购合同中；在铺贴墙纸前，结合电脑排版和样板层的实际铺贴排版来测算使用量，将墙纸损耗率成功控制在 8% 以内。

多方把关，防患未然。公司商务部门与项目预算员共同对材料总控计划把关，防患于未然，避免超耗情况发生。项目经理部定期对材料的预算量、计划量、进场量及已使用量进行对比分析，及时盘点材料库存量。对每批进场材料的数量进行统计，如果进场材料数量已达到总控计划的 80%，即提醒施工员注意盘点现场材料库存量。由项目经理牵头，对未下单数量、未到场数量及现场未施工数量进行对比分析，如发现数据有误立即查找原因。通过此方法将材料损耗率控制在合理范围内，未出现材料超耗现象。

三、重视成本分析，动态掌控效益

建立台账，定期比对。项目每月更新已发生的人工费、材料费及间接费台账，列表汇总已发生的各种费用，预测尚需发生成本及预期利润率，并与预算收入进行对比，指导项目积极回收工程款，减少资金压力。

分类统计，掌握情况。项目编制同类材料利润对比表，准确掌握材料的盈利空间。通过分类数据比较，迅速掌握项目动态成本及利润点的具体部位。

分析数据，制订措施。项目盈亏偏差原因主要包括物价上涨、自身施工管理不当、业主新的指令以及设计变更等。项目通过比较统计数据，及时分析具体原因，以此制订针对性措施。另外，在项目盘点材料时发现个别房间的材料用量大于计划用量，经过查找，发现是在搬运过程中的碰撞导致损耗增加，铺贴空鼓造成返工损耗增加，施工完毕保护不得力，造成损坏损耗增加。找到这些原因后，项目及时制订相应措施，有效避免了后期施工过程类似情况发生。

成本管理是系统而细致的工程，需要公司相关部门及项目经理部管理人员的共同努力才能实现。只有将成本管理工作精细化，才能保证项目经济效益最大化。经过项目经理部全体管理人员的共同努力，项目全面完成成本目标，实现了比较好的经济效益。

4.5.4 商务资料管理

1. 概念释义

商务资料是建筑装饰项目建设全过程中形成的，用数字、文字、图形、图表和影像资料等形式记录的有关经济方面的记录。商务资料管理是指对上述资料的编制、签发、收集、整理和归档工作，目的是规范项目工程经济文件的管理与控制，确保项目在经济方面的支撑性依据。

2. 管理难点

（1）项目商务资料的产生，往往伴随项目效益创造或者成本的增加。一般而言，对于效益增加的一方，其往往希望第一时间对资料内容进行确认。而对于成本增加的一方，则往往为了降低支出而延缓或者不进行确认。因此在实际施工过程中，商务资料确认的及时性不足，往往与工程施工不同步。

（2）商务资料往往由工程技术资料引发，但受限于商务管理人员（项目层面指项目预算员）能力有限，对工程技术资料的理解不深不透，导致无法编制全面完整的商务资料文件，导致依靠商务资料文件索取的效益打折。

（3）虽然商务资料是项目管理的重要组成部分，但当前仍普遍存在项目管理人员忽视这一组成部分，特别是受到履约压力时，对商务资料的系统管理往往严重缺失。

3. 管理要点

（1）商务资料包括招投标文件及答疑、工程合同、施工图纸、签证变更单，涉及经济效益的设计变更单、技术核定单、工程指令单、会议纪要、影像记录，工程所在地政府或国家颁布的有关影响项目效益的文件，如人工费、材料费调差文件、不可抗

力索赔文件等。

（2）项目经理部管理职责

①项目经理：负责商务资料最终把关，避免和减少不合格资料流入资料管理的最后环节。

②项目施工员、安全员、质量员、物资管理员：负责保证商务资料管理的及时性、完整性、准确性、与工程的同步性，根据分工做好过程资料的形成、跟踪、检查和复核。

③项目预算员：负责对项目经济资料的形成、收集、整理、移交工作，并对商务资料的及时性、真实性、有效性、完整性负责，必须保证与项目工程进度同步。

④项目资料员：负责对项目商务资料的收发、归集工作，并确保资料可寻可查。

（3）公司商务管理部门职责

负责对项目商务资料名录及资料质量监督、检查和考核工作，对资料有缺失或未达预期目标的，进行督办整改。

4. 管理重点

（1）商务资料收集、整理与施工进度同步，并建立相应的收发台账，确保资料查阅的便捷性。

（2)商务资料的调查准备及编制应满足项目效益需求,商务资料应完整、全面、真实、有效。

（3）应确保施工过程中的商务资料齐全、有效并及时归档，防范和减少因资料缺项、遗失、无效等问题导致项目效益流失的风险。

4.6　项目技术管理

4.6.1　技术交底

1. 概念释义

技术交底是指在建筑装饰单位工程或分项工程施工前，由工程相关的专业技术人员向施工人员进行的技术性说明，其目的是使施工人员对技术质量要求、工程特点、施工方法与措施安全等方面达到详细了解，从而有效避免技术质量等事故发生。

案例导引

某酒店项目客房卫生间墙面材料为瓷砖，为了确保施工要求满足五星级酒店标准，在施工前，技术负责人老董对施工员小张和小吴做了详细的技术交底。

分部分项工程施工技术交底记录表

建设单位		工程名称	** 项目
交底日期	2018 年 10 月 10 日	交底地点	项目经理部
交底部位	酒店客房卫生间墙面		
引用规范规程	GB 50210-2018、GB 50300-2013 等		

控制管理要点

1. 适用范围

本技术交底适用于酒店客房卫生间墙面部位的饰面板湿贴施工分项工程。

2. 施工准备

2.1 施工条件

2.1.1 已熟悉施工图纸及设计说明。

2.1.2 已熟悉现场。

（1）办理好结构验收。少数工种（防水等）的工序应提前完成，并准备好加工饰面板所需的电源等。

（2）墙面弹好 1m 水平线和各层水平标高控制线。

（3）门窗套必须将门框、窗框立好，要求位置准确、垂直、牢固，并考虑安装铝板时尺寸有足够的余量。要用 1 ∶ 3 水泥砂浆将缝隙堵塞严实。铝合金门窗框边缝所用嵌缝材料应符合设计要求，塞堵密实并预先粘贴好保护膜。

（4）饰面板等进场后应堆放于室内，下垫方木，核对数量、规格，并进行预铺、配花、编号等，正式铺贴时按号取用。

（5）大面积施工前应先放出施工大样，做好样板，经质量检测部门鉴定合格后，还要经过设计单位、建设方、施工单位共同认定后，方可组织班组按样板要求施工。

（6）对进场的饰面板应进行验收，颜色不均匀时应进行挑选，必要时进行试拼选用。

2.1.3 在施工中应做好各项施工记录，收集好各种有关文件。

（1）进场验收记录和复验报告、技术交底记录。

（2）材料的产品合格证书、性能检测报告。

2.2 材料规格

面砖：按设计要求的品种、颜色、花纹和尺寸规格选用瓷砖，并严格控制、检查其抗折、抗拉及抗压强度，吸水率等性能。块材的表面应光洁、方正、平整、质地坚固，不得有缺楞、掉角、暗痕和裂纹等缺陷。

2.3 施工设备与机具

（1）机械设备：切割机、红外投线仪、手推车等。

（2）专用和通用工具：孔径 5mm 筛子、灰抹子、铁锹、橡皮锤、水桶等。

（3）检查工具：红外线水平仪、水准仪、水平尺、卷尺等。

3. 操作工艺

3.1 施工工艺流程

基层处理→基层拉毛→刷背覆胶→弹线→排板→选板→浇水洇湿→镶贴面砖→养护→面砖勾缝与擦缝→清理保护验收。

3.2 操作步骤说明

3.2.1 施工准备：详见第 2 节。

3.2.2 基层处理

将总包所做的小拉毛墙进行处理，若拉毛墙不符合要求，拉毛松动，则将其清理掉，重新进行拉毛。若墙面有孔洞，则将其用砌块补平，并在所补位置进行抹灰处理。

3.2.3 基层拉毛

将 801 胶水和水泥搅拌在一起，用滚筒自上而下滚涂到墙体上，形成小拉毛墙。

3.2.4 刷背覆胶

在涂刷背覆胶前，将玻化砖浸入水中，用钢丝刷将其背后浮灰清刷干净。晾干后，用毛刷将背覆胶均匀涂刷在玻化砖背面（以不流淌为宜）。一般涂刷 2 遍，涂刷第一遍约四小时完全干燥后再涂第二遍，涂层总厚度约 0.5 ~ 1.0mm 左右。

3.2.5 弹线

（1）瓷砖完成面线：根据现场实际尺寸及房间内的方正度，在四周墙壁上弹出瓷砖的完成面线。

（2）瓷砖控制线：待墙面拉毛完成之后，即可按图纸要求进行分段分格弹线，同时亦可进行面层贴标准点的工作，以控制面层出墙尺寸及垂直、平整。

续表

建设单位		工程名称	** 项目
交底日期	2018年10月10日	交底地点	项目经理部
交底部位	酒店客房卫生间墙面		
引用规范规程	GB 50210-2018、GB 50300-2013 等		

3.2.6 排版

根据大样图及墙面尺寸进行横竖向排砖，以保证面砖缝隙均匀，排砖严格按照墙砖深化排版图进行排砖，并符合设计图纸要求，注意大墙面、柱子和垛子要排整砖，以及在同一墙面上的横竖排列，均不得有小于1/3砖的非整砖，并不得小于100mm。非整砖行应排在次要部位，如窗间墙或阴角处等，但要注意一致和对称。

3.2.7 选板

面砖镶贴前，应挑选颜色、规格一致的砖，防止出现面砖颜色有色差而对整体效果产生影响，以及防止出现大小不一的砖，导致面砖镶贴完成后，砖缝大小不一。

3.2.8 浇水湿润

在面砖粘贴前将基层浇水湿润。

3.2.9 镶贴面板

镶贴面砖宜从阳角处开始应自下而上进行粘贴。抹10mm厚1 ∶ 2.5水泥砂浆结合层，要刮平，随抹随自下而上粘贴面砖，要求砂浆饱满，亏灰时，取下重贴，并随时用靠尺检查平整度，同时保证缝隙宽度一致，留缝1.5mm。镶贴墙面时，应先贴大面，后贴阴阳角，阴角的接缝留在不显眼的部位。阳角墙砖应做45° 切边对角，紧密贴合，并保证阴阳角的方正、垂直。在粘结层初凝前或允许的时间内，可调整釉面砖的位置和接缝宽度，使之附线并敲实。在初凝后或超过允许的时间后，严禁振动或移动面砖。

3.2.10 洒水养护

在面砖粘贴完成后，洒清水养护。

3.2.11 面砖勾缝与擦缝

贴完经自检无空鼓、不平、不直后，用棉丝擦干净，用白水泥擦缝并压实，缝隙应均匀平直，不得超出墙砖的留缝宽度。勾完缝后用布将缝的素浆擦匀，砖面擦净。

3.2.12 清理、保护、验收

待面砖镶贴完毕，把各种保护膜等物品清理干净。按照成品保护方案的要求落实好已完房间的成品保护，要做到能上锁的房间上锁并安排专人看管，等待正式验收。

4. 施工技术管理要点

（1）铺贴前，请检查包装所示的产品型号、等级、尺码及色号是否统一，如发现产品质量有异议时，请速与厂方或经销商联系。

（2）铺贴前，应先处理好待贴体或地面平整，干铺法基础层达一定刚硬度才能铺贴砖，铺贴时接缝多在2 ~ 3mm之间调整。

（3）建议采用325号水泥，干铺法参与比例：基础层　水泥：细砂=1 ∶ 3，粘贴层　水泥：细砂=1 ∶ 2（白色系列抛光砖建议白水泥，以达到和色效果）。抛光砖铺贴前预先打上防污蜡，可提高砖面抗污染能力。

（4）图案拼花特征明显的，请认准其拼花特征统一方向铺贴，图案特征不明显的或无图案请结合施工效果要求铺贴。

（5）铺贴完工后，应及时将残留在砖上面的水泥污渍抹去。已铺贴完毕的地面需养护4 ~ 5天，防止受外力影响造成地面局部不平。

（6）墙面基层拉毛工序等，一定要用质量符合要求的胶液，保证基层强度满足要求。

5. 质量验收标准

根据《建筑装饰装修工程质量验收规范》GB 50210-2018 要求进行饰面板湿贴的验收。

5.1 主控项目

（1）饰面板的品种、规格、图案、颜色和性能符合设计要求及国家现行标准的有关规定。

（2）饰面板粘贴工程的找平、防水、粘结和填缝材料及施工方法符合设计要求及国家现行标准的有关规定。

（3）饰面板粘贴牢固。

（4）满粘法施工的饰面板无裂缝，大面和阳角无空鼓。

5.2 一般项目

（1）饰面板表面平整、洁净、色泽一致，无裂痕和缺损。

（2）墙面凸出物周围的饰面板整板套割吻合，边缘整齐。墙裙、贴脸突出墙面厚度一致。

续表

建设单位		工程名称	** 项目
交底日期	2018 年 10 月 10 日	交底地点	项目经理部
交底部位	酒店客房卫生间墙面		
引用规范规程	GB 50210-2018、GB 50300-2013 等		

（3）饰面板接缝平直、光滑，填嵌连续、密实。宽度和深度符合设计要求。

5.3 允许偏差和检查方法

项次	项目	允许偏差（mm）	检验方法
1	立面垂直度	2	用 2m 垂直检测尺检查
2	表面平整度	3	用 2m 靠尺和塞尺检查
3	阴阳角方正	3	用直角检测尺检查
4	接缝直线度	2	拉 5m 线，不足 5m 拉通线，用钢直尺检查
5	接缝高低差	1	用钢直尺和塞尺检查
6	接缝宽度	1	用钢直尺检查

6. 成品保护

为避免装修施工交叉作业，对成品和半成品易出现二次污染、损坏和丢失，因此必须加强对成品和半成品的保护，加强交叉施工的成品保护制度。在各种交接时，对上道工序的成品需要进行检查并办理书面移交手续。过程施工中做好以下工作：

（1）运输时，不要碰坏墙柱饰面、栏杆及门框，门框在适当高度位置宜包铁皮保护，以防手推车轴头碰坏门框，小车腿应用胶皮或布包裹。

（2）施工时不得碰坏各种水电管线及埋件。

（3）在已完成面层的房间进行油漆作业时，应采取措施防止污染面层。

（4）施工时如有污染墙柱面、门窗、立线管及设备等，应及时清理干净。

（5）材料运输时应注意保护包装完好，轻拿轻放，不得损坏墙砖边角。

2. 管理难点

（1）技术交底应结合建筑装饰工程的特点和实际情况。针对设计要求、现场情况、工程管理难点、施工部位及工期要求、劳动组织及责任分工、施工准备、主要施工方法及措施、质量标准和验收，以及施工、安全防护、消防、临时用电、环保注意事项等进行交底。

（2）技术交底要具备指导性。技术交底中不允许使用“按照设计图纸和施工及验收规范施工”及“宜按…”等词语，要在大样图的基础上，把设计图纸的控制管理要点写清楚，把规范的管理重点条文体现在大样图和控制管理要点里。同时把要达到的具体质量标准写清楚，作为班组自检的依据，使施工人员在开始施工时就是按照验收标准来施工，体现过程管理的思路，使施工人员变被动为主动。

3. 管理要点

（1）公司总工程师向项目经理、项目技术负责人进行技术交底，内容包括以下主要方面：

①工程概况、各项技术经济指标和要求。

②主要施工方法、关键性的施工技术及实施中存在的问题。

③特殊工程部位的技术处理细节及其注意事项。

④新技术、新工艺、新材料、新工具施工技术要求与实施方案及注意事项。

⑤施工组织设计网络计划、进度要求、施工部署、施工机械、劳动力安排与组织。

⑥总包与分包单位之间互相协作配合关系及有关问题的处理。

⑦施工质量标准和安全技术，尽量采用本单位所推行的工法等标准化作业。

（2）项目技术负责人向项目经理、质量员、安全员进行技术交底，内容包括以下几个方面：

①工程情况和当地地形、地貌、工程地质及各项技术经济指标。

②设计图纸的具体要求、做法及其施工难度。

③施工组织设计或施工方案的具体要求及其实施步骤与方法。

④施工中具体做法，采用的工艺标准和企业工法，关键部位及其实施过程中可能遇到问题与解决办法。

⑤施工进度要求、工序搭接、施工部署与施工班组任务确定。

⑥施工中所采用主要施工机械型号、数量及其进场时间、作业程序安排等问题。

⑦新工艺、新技术、新材料、新工具的有关操作规程、技术规定及其注意事项。

⑧施工质量标准和安全技术具体措施及其注意事项。

（3）专业工长向各劳务班组长和工人进行技术交底，内容包括：

①侧重交清每一个作业班组负责施工的分部分项工程的具体技术要求和采用的施工工艺标准或企业工法。

②分部分项工程施工质量标准。

③质量通病预防办法及其注意事项。

④施工安全交底及介绍以往同类工程的安全事故教训及应采取的具体安全对策。

4. 管理重点

（1）交底内容主要为总体目标、施工条件、施工组织、计划安排、特殊技术要求、重要部位技术措施、新技术推广计划、项目适用的技术规范、政策法规等。

（2）交底形式和记录：技术交底以书面形式或视频、幻灯片、样板观摩等方式进行，形成书面记录。交底人应组织被交底人认真讨论并及时解答被交底人提出的疑问，交底双方须签字确认，按档案管理规定将记录移交给资料员归档。

4.6.2　测量放线

1. 概念释义

测量放线，建筑装饰测量是指对已有的建筑物标识进行测量，然后测出装饰施工目标的坐标；建筑装饰放线是指已知一个坐标，然后在实际场地中找出该目标的位置。测量放线对控制施工质量有着重要作用。

案例导引

某项目需进行悬臂标段隔墙测量放线施工，为了提高施工精度，技术负责人老董按照项目经理的要求，全面负责项目测量放线工作。为了让施工员进一步熟悉现场，掌握技术控制要点，老董带领施工员小吴和小张，以及几名技术工人，开始对装饰现场进行全面放线。老董所做的测量放线工作内容如下：

一、主要机具

水准仪、激光垂准仪、钢卷尺、小线、墨斗等。

二、作业条件

作业人员具有一定的测量资质技术；有足够数量的仪器设备，仪器设备经检定合格；建筑物装修处符合设计要求；装修建材符合设计要求。

三、主要测量区域及部位

轻钢龙骨石膏板隔墙测量放线主要区域为：15 ~ 18 层功能性房间隔墙、公共区域隔墙。

四、操作工艺

1. 测放准备

将测量放线的仪器及工具准备到位，放线工人通过施工培训并且合格，认真仔细理解隔墙深化设计图纸，熟悉施工现场环境。

2. 测量放线

以已有的隔墙沿地龙骨定位线为基础，将其引至侧墙及顶棚，同时标出门窗洞口位置，在此过程中认真核对隔墙深化设计图纸，对原有沿地龙骨定位线进行复核，发现与图纸不符处立即在图纸上标明，随后向项目管理人员汇报，将其改正。定位线要求：竖直线的精度不低于 1/3000，水平线精度每 3m 两端高差小于 ±1mm，同一条水平线的标高允许误差为 ±3mm。

3. 自检工作

由于功能性房间、公共区域隔墙与风管、桥架、消防水管等设备局部有冲突，在将沿地龙骨定位线引放至侧墙、天棚过程中及时把冲突部位做好记录，向管理人员反馈信息。

4. 验线

由总包装饰部、质量部会同监理公司按照图纸要求和规范要求进行验线，墙体线验收合格后方可进行隔墙施工，所有验线工作均要有检查记录。

五、测量记录

（1）装饰施工测量时必须做好施工记录备案，以资校核。

（2）施工记录内容：工程名称和编号，日期，测量、计算与校核人员亲笔签名；施测依据，有关的图件和相关数据；对于施测方法，作业步骤与注意事项等的文字说明；监理评定意见。

六、安全环保措施

（1）爱护测量仪器设备，使用时注意保护仪器，使用后立即装箱，避免仪器设备损坏。

（2）测量施工人员注意人身安全，施工时要戴安全帽，在将定位线引测至侧墙及天棚的过程中对于人字梯的使用要特别注意，操作时首先检查人字梯是否牢固，确定其牢固后方可使用。在使用过程中严禁站在人字梯上移动梯子，要移动活动架子时，施工人员必须下架子，方可移动架子。在临边洞口处放线时要佩戴安全带与固定点系挂牢固，现场严禁吸烟，严禁酒后作业，作业场所产生的垃圾必须自产自清、日产日清、工完场清。

2. 管理难点

测量放线是建筑装饰工程施工中不可缺少的重要工作之一，测量放线的准确度直接影响整个工程的质量及进度，且测量放线工作贯穿装饰施工全过程。如何提高测量放线精度是此项工作的重要内容之一，包括测量人员的技术水平、测量仪器的选用、天气因素影响、测量数据的分析运用等。

3. 管理要点

1）第一步

（1）根据总平面图在各施工空间放出三根基准控制线：轴线、控制线以及标高线。

（2）在地面、顶面以中轴线为基点，向拟完成工作面延伸一米，平行放制完成面控制线。

（3）根据图纸标注尺寸，以完成面控制线为基准放制各墙面完成线。

（4）根据图纸标注尺寸，以1m水平线为基准放制顶面完成线。

（5）以顶面完成线为基准，向上延伸250mm放制机电控制标高线。

（6）根据图纸标注尺寸，以1m水平线为基准，放制地面 ±0.000 水平线。可根据工作面采用多种放线方式：流水放线法和分组放线法。

2）第二步

（1）根据图纸，以轴向控制线为基准，放制各区域厨、卫墙面四周瓦工粉刷完成面线：卫生间、厨房间、服务间、乳胶漆、窗套线基层等。

（2）根据图纸，以轴向控制线为基准，放制各区域油工粉刷完成面线。

（3）根据图纸，以轴向控制线为基准，放制各区域木硬包、软包完成面线。

（4）根据图纸，以轴向控制线为基准，放制各区域木饰面完成面线。

3）第三步

（1）根据图纸要求，以已放制的控制线为基准，放制家具、洁具等造型线。

（2）根据图纸要求，以已放制的控制线为基准，放制空调、送回风口、检修口、喷淋头、烟感、广播、投影仪及投影幕、灯具孔等定位线，并在墙面放制插座、开关等定位线，对暂时无法确定的造型，应留活口，以不影响大面积施工为控制原则。

4）第四步

根据图纸标注尺寸及使用要求，以走道中间控制线为基准线，调整与走道有关的门套内、外侧的墙面完成面线定门套，并放线定位。

5）第五步

在生产过程中，一些原有的定位线会被施工作业遮盖，需根据原有尺寸在相同位置重新放线。

4. 管理重点

（1）审查图纸：对装饰现场所有尺寸、建筑物关系进行校核，核对平面、立面、大样图所标注的同一位置建筑物尺寸、形状及标高是否一致；室内外标高之间的关系是否正确。

（2）实施测量原则：以大定小、以长定短、以精定粗、先整体后局部。

（3）施工前测量方案需审批通过，方案中要有：建立测量网络控制图、结构测量放线图、标高传递图、水电定位图、砌筑定位放线图、抹灰放线控制图等。

4.6.3 设计变更与技术洽商

1. 概念释义

设计变更是指在满足建筑装饰项目建设方基本要求和国家标准、规范的前提下，项目经理部遵循有利于改进施工工艺、有利于提高施工效率、有利于降低工程成本的原则，对原设计图纸提出变更优化意见的管理活动。技术洽商是指项目活动开展时，建筑装饰施工单位发现施工工艺或者工程参数在技术上存有疑义或者无法跟现场条件相匹配，且建设单位未能及时提供必需的技术支撑，通过函件、会议纪要、施工图纸等方式获得建设单位技术方案变更的支持。

案例导引

在建筑装饰项目现场放线过程中，经验丰富的技术负责人老董发现图纸和现场存在多处不符合现象，进而与设计师和建设单位进行沟通。当然这个技术洽商并不仅仅是口头沟通，为了规避风险，体现严肃性，老董在洽商完成后，与设计单位和建设单

位进行了书面确认。

2. 管理难点

设计变更和技术洽商通常有两种情况，一种是发现施工工艺或者工程参数在技术上存有疑义或者无法与现场条件相匹配，无法找到支撑性文件，从而向建设单位寻求支持的行为，这种情况下，一般容易取得建设单位认可。另一种是施工单位发现原有技术参数或者施工方案无法满足自身效益，通过寻求另外一种方案更换原方案来满足效益需求的行为。这种情况下，要求施工单位做好全面的依据收集，并充分与监理单位、设计单位、建设单位等做好沟通工作。如何实现更换目标，是一大管理难点。

3. 管理要点

（1）设计变更

①对工程材料、安全、功能性、平面布置有重大影响的更改，由项目施工员提出变更方案，填写《设计变更单》，报项目技术负责人审核。

②对工程材料、安全、功能无重大影响的变更，由项目施工员填写设计变更申请，由项目技术负责人评审其可行性后，可在现场图纸上直接修改，保持图纸的一致性，并做好交底工作。

③变更方案、《设计变更单》送监理方、发包方审批后，由项目经理部组织实施。

（2）技术洽商

①项目经理部发生技术洽商需求时，向监理方上报纸质工程洽商事项及主要内容。

②监理方就洽商内容初步判定洽商的必要性、技术及经济的合理性，合理事项 3 个工作日内将意见转给建设方工程管理部门，不合理的退回。

③建设方工程管理部门就洽商可行性、工程量情况进行全面审核，必要时将洽商文件转设计单位、建设方商务部门、审计单位等进行审核。设计单位就洽商内容的必要性、各专业协调性，从设计角度出发对洽商内容进行审核；商务部门就工程洽商的资料是否齐全、经济条件是否合理、增减费用计算是否准确进行审核。

（3）建设方将技术洽商实际可行性反馈至项目经理部。

4. 管理重点

（1）由施工单位提出的设计变更和技术洽商，需经得设计方、监理方、建设方确认后方可执行。

（2）涉及主体结构、装修标准、经济效益的变更，需经公司相关部门审批同意后执行。

（3）编制技术洽商函件，文字表达应清楚明了，确保项目权益。

4.6.4 项目 BIM 管理

1. 概念释义

BIM，即建筑信息模型，是应用于工程设计建造管理的一种数据化工具，以建设工程的各项相关信息数据作为模型的基础，建立直观的、可视的建筑模型。BIM 技术在建筑装饰行业内取得了长足进步，成为建筑装饰施工管理的重要工具。

案例导引

某酒店工程公区走道采用隐藏式消防栓暗门，根据《中华人民共和国国家标准（消火栓箱）》GB14561—2003 规定，消防栓箱门开启角度不得小于 160°，开启拉力不得大于 50N。该项目消防栓安装处土建预留洞口深约 300mm，消防栓外口距离石材完成面约 250mm；考虑施工位置为酒店公共走道区域，走道宽度必须满足规范要求，无法通过外移墙面完成面达到增加暗门开启空间的目的，采用常规暗门做法受空间限制，无法满足要求规范要求。项目经理部与公司 BIM 中心通过专项研究，采用“二次转换”的办法，模拟解决开启角度、力度等问题。

第一步：现场测量尺寸后，利用 Revit 软件建模，在电脑中模拟方案的可行性。

首先是对开启角度的控制。设置两道转轴，将整个转动过程分解成两个阶段，两个阶段之间通过强力磁铁进行限位，确保两次转动先后有序进行，避免出现碰撞等影响成品质量的情况发生，如下图所示。

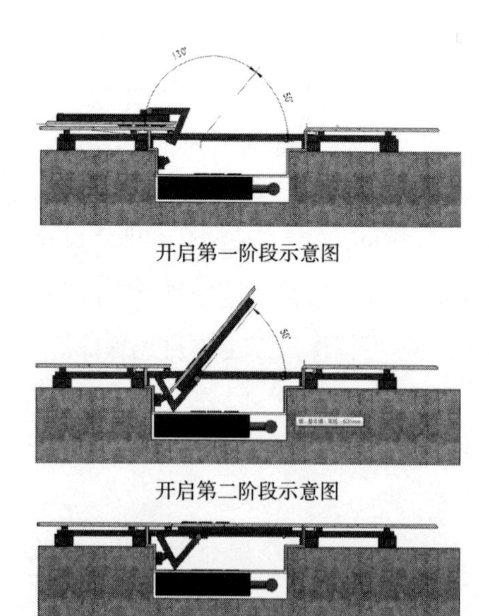

开启第一阶段示意图

开启第二阶段示意图

关闭阶段示意图

其次是对承载力的控制。通过一个“L”形连接件将两套转轴进行连接，在上下连接件之间用方管进行连接，使两套转轴形成一个共同的受力体，以此来增加暗门转动系统的承载能力，控制饰面板安装后暗门的沉降使之在可控范围内，如下图所示。

门轴连接示意图

第二步：模型拆分调整，首先将实体构件进行调整，重点模拟门轴开启关系，如下图所示。

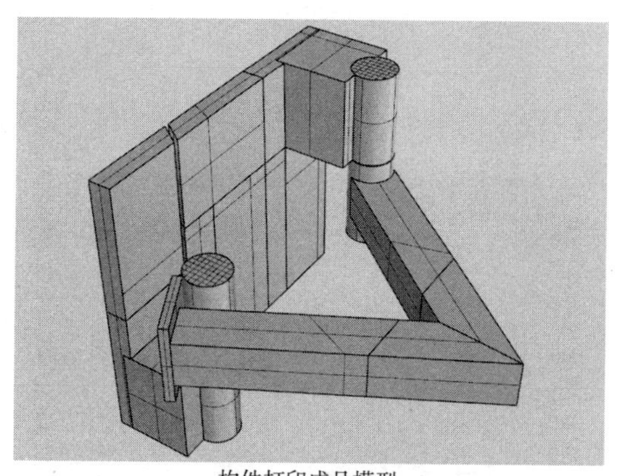

构件打印成品模型

接下来，根据确定的打印构件模型，确认打印的缩放比例和拆分方案，主要参考几点原则，一是拆分后的构件不超过打印机可打印的最大尺寸规格；二是需要发生相对运动的构件要分开打印；三是尽量较少悬挑构件的打印；四是增加打印实体构件没有的部分。根据以上原则，确认拆分方案后，即可对原模型进行调整，并将每个拆分的单元分别导出 .stl 格式文件。

第三步：设置打印参数。在 Cura 软件中，先把应用的打印机相关参数进行设置，再将 .stl 格式的文件导入 Cura 软件中，按照计划的打印顺序，放置模型在打印范围内，并根据打印的精度和时间要求，对打印参数进行设置。

第四步：打印构件。首先将导入.Gcode格式文件的SD卡插入卡槽；然后，插好电源，开机，由打印机自动校准平台；接着安装打印耗材，保证耗材可正常通过送料管，并从喷嘴喷出熔融状耗材。同时，保证打印平台上无异物，并涂抹固体胶，便于熔融状耗材附着。

打印构件

第五步：处理构件。打印完成后，将打印单元中悬挑处有支撑的去掉，并处理光滑；按照构件将各单元进行组合，榫接部位的榫接，未设置榫接需要组合的，可以使用AB胶进行粘接；需要涂色区分不同区域的，可以进行涂色，此种情况，打印耗材最好使用白色。

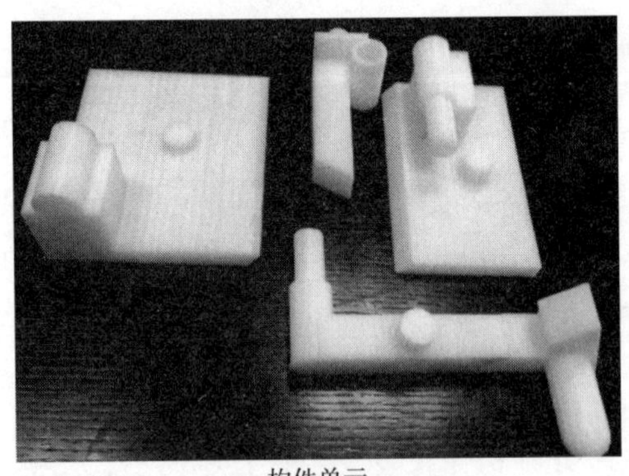
构件单元

第六步：方案模拟及实施，打印完毕后，项目经理部对模拟构件进行组合，验证方案的可行性，并用于现场实际施工中。

2. 管理难点

BIM技术虽然带来了直观、高效、便捷等优势，但其存在一些管理难点：

（1）BIM 技术发展前景虽广，但当前其技术水平仍不成熟，运用范围仍有较大局限。对于建筑装饰施工企业而言，缺乏 BIM 技术高精尖人才仍是普遍现象。

（2）BIM 技术的硬件设施要求较高。在施工阶段 BIM 技术所需的信息量十分巨大，其数据文件的大小可以轻易超过几十个或上百个 G。当无法在网络上串联运作时，就必须配备高性能计算机才能使用。另外在开启多个 BIM 文件时，程序运行也会变得困难。

（3）BIM 技术所需信息量庞大，要建立符合现场环境、满足功能需求的模型，就必须全方位收集数据，包括图纸信息、现场结构、人力资源配置、物理应用、材料特性、工程所在地环境气候等，在收集上述信息后还需加以研究分析，不断调整方案，这一过程往往需要花费较大的精力。

3. 流程推荐

项目 BIM 运用流程如图 4-10 所示。

4. 管理要点

（1）方案设计应用：建筑装饰方案设计主要以装饰工程项目需求为出发点，方案模型需要满足功能需求、空间构想、创意表达等方面要求。利用 BIM 技术进行概念设计、场地规划、方案对比等，最终达到与发包方及项目参与方进行高效沟通的目的。

（2）深化设计应用：建筑装饰工程施工宜应用 BIM 技术进行深化设计，尤其是异形及复杂节点的深化设计、多种材料的交接面等。装饰施工深化 BIM 模型通过不同构件材质标识、尺寸标注、剖切视图、提取三维坐标点等手段直观展现设计效果，并且指导现场施工。

（3）施工方案模拟、验证、优化：针对重难点施工，在施工图设计模型或深化设计模型的基础上进行施工工艺、施工顺序的可视化模拟，并充分利用建筑信息模型对方案进行分析和优化，提高方案审核的准确性，实现施工方案的可视化交底。

5. 管理重点

（1）方案设计应用：明确面层材质及边界信息，包括几何尺寸、规格型号、材料和材质等信息。

（2）深化设计应用：明确面层材质及边界信息，包括几何信息，如尺寸大小等；定位信息，如平面位置、标高等；材料信息，如材质、规格型号等；技术参数信息，如系统类型、连接方式、安装部位、安装要求、施工工艺等。

（3）施工方案模拟、验证、优化：BIM 模型应表示工程实体和现场施工环境、施工机械的运行方式、施工方法和顺序、所需临时及永久设施安装的位置等。BIM 模型应表示施工过程中的活动顺序、相互关系及影响、施工资源、措施等施工管理信息。BIM 动画应当能清晰表达施工方案的模拟。

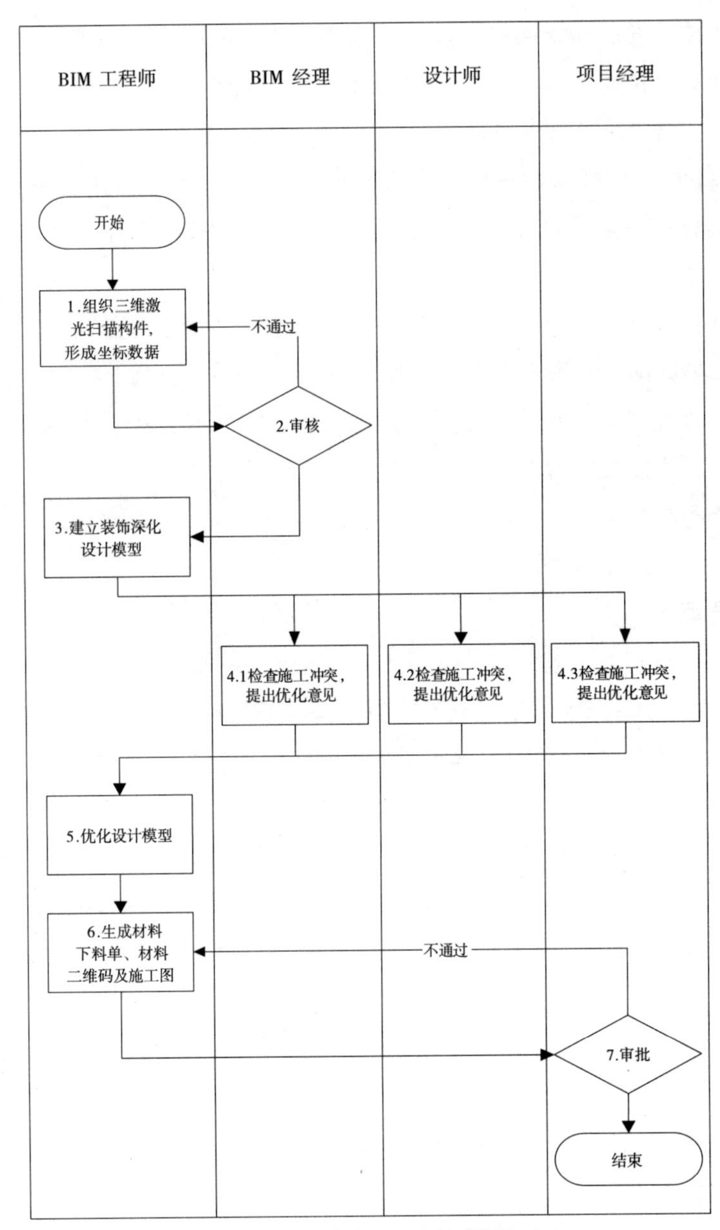

图 4-10　项目 BIM 运用流程

成功案例

某中心广场幕墙项目 BIM 管理案例

本项目项目以“蝶•舞”为设计构思，整体展现了百花齐放、蝶舞翩翩的独特建筑造型。总建筑面积 19.6 万 m^2，建筑高度 39.5m，定位为大型综合性文化中心。项目划分为 A、B、C 三个区，A 装饰公司承建 B 区立面及屋顶，包括群艺馆、大剧院和书店、影院等空间，主要幕墙系统包括玻璃幕墙、GRC 挂板以及室内 GRG。整个立面呈流

线型渐变，不同位置的外立面倾角不同，幕墙面板形状 90% 以上均不相同。项目质量目标为确保“国家优质工程奖”、争创“鲁班奖”。BIM 应用目标为深度应用基于 BIM 的参数化设计，保障项目完美履约。

一、管理难点

（1）传统的计算方法难以完成异形幕墙项目的工程量统计，项目前期商务核算及招标工作效率低下；

（2）幕墙造型复杂，图纸设计难度大，二维图纸可以把握设计管理要点，复杂节点需要用三维图形反复推敲才能确定最优方案；

（3）90% 以上幕墙板块为非标准板块，材料下单出图数据量是传统幕墙的 5 倍以上，传统下单模式无法满足施工工期及质量要求；

（4）外立面造型多变，场地情况复杂，吊篮、汽车吊、云车等各种现场施工措施需要各类距离及倾角数据，平面图纸的方式难以获取此类数据；

（5）定位放线是整个项目施工质量管理的重中之重，外轮廓沿长约 1000m，测量工作量大，绝大部分龙骨均具有复杂的三维空间定位，测量定位工作任务极其繁重。

二、应用亮点

项目幕墙 BIM 应用贯穿施工全过程，从投标阶段的方案策划、曲面优化等到深化阶段的三维扫描、出图出料单等，再到施工阶段的方案模拟、物料追踪、定位放线等。

（1）方案展示：本项目投标时依据设计院提供的表皮有分格模型，采用 BIM 技术进行板块划分、分析、数据统计等工作，大大提高了技术标水平。

（2）三维激光扫描：项目在深化设计前开展三维激光扫描工作，校核前期施工误差，作为深化设计基准。本项目龙骨实效安装使用点焊的方式固定位置，完成一个区域的龙骨安装后，使用三维扫描仪对龙骨进行专项扫描，数据处理后直接在 Rhino 软件中通过剖切相同位置，清晰便捷地检查龙骨的安装偏差，对于不满足要求的龙骨绘制偏差图纸，由施工员反馈施工班组进行修正，龙骨满足要求后方可进行满焊作业。

（3）参数化快速搭建模型：本项目基于 Rhino 平台的 GH 程序，快速生成幕墙构件，方案修改可能仅仅需要修改某个参数即可获得新模型，相对于传统的手动建模，具有颠覆性的效率提升。

（4）图纸校对及会审：本项目因复杂的空间关系导致大量的设计问题，但无法在前期施工图中得以表达，随着 BIM 模型的建立，这些问题逐步浮现。项目设计师与 BIM 工程师以三维模型为沟通平台，与业主方、总包方、监理方、设计方等单位共同协调处理问题，相对二维图纸晦涩难懂的表达，三维模型可视化的方式提供了所见所得的沟通情景，沟通效率大大提高。最终确认的设计问题以在图纸会审记录上添加模型截图、文字描述的方式盖章确认，缩短了问题的处理时间。

（5）快速出图下单：基于精细化的幕墙 BIM 模型，直接从模型当中导出构件的编号、加工数据，稍微整理即可完成大批量的材料下单任务。同时，基于精细化的 BIM 施工模型，使用程序一键剖切，生成施工定位图纸，本项目共绘制了约 1000 个竖向龙骨剖面，12000 个平面定位数据。

（6）辅助深化设计：在深化设计阶段，根据标准的系统节点做法的逻辑关系，直接在模型中生成各种非标准的节点模型，分析和优化相同节点的多种类型，在模型中完善节点方案后，生成二维节点图纸，标注细化后即可形成相同节点系统的多种连接方案。

（7）模型综合协调：通过 BIM 技术进行模型综合协调后，可提前发现图纸中存在的错、漏、碰、缺等问题，经过分析后可优化图纸深化设计和施工方案，不仅提高了施工质量，确保了施工工期，节约了大量施工成本，还创造了可观的经济效益。

（8）方案模拟：项目对难点部分进行可视化模拟与分析，将施工工序化、动漫化，动态演示每道工序的施工方法、控制管理要点、标准，直观展示重要样板的工序步骤，进行形象交底，提高技术交底质量。

（9）工程量统计：传统工程量提取由设计师根据平面图形计算，由项目预算员根据阶段做法估算材料含量，这种方式存在准确性不高、效率低下、后期更改频繁等问题，最后导致项目费用与商务核算不匹配。BIM 是一个完善的数据库，可实时提取所需的各种信息。用 BIM 生成采购清单等能够保证采购数量的准确性，有效控制、校对材料的总数量，以及在指导、控制并合理规划工程阶段需要进场的材料数量，提高了项目施工质量与工作效率，实现材料进度、堆放、转运的精细化管理，对控制成本具有较强的现实意义。

（10）基于二维码的材料管理：通过 EBIM 云平台，为每一构件赋予二维码，实现专项模型轻量化、移动化、多端协同、二维码应用，以二维码为纽带，将深化设计、加工制作、构件运输、现场安装等各个环节工作联系起来，将动态信息储存于云端，实现 BIM 构件及材料的实时跟踪管理，并与现场施工管理进度相结合，做到随用随进，降低场地占用，便于项目经理部随时监控材料运输及仓储状况。

（11）模型轻量化应用：BIM 的参与方不仅仅是专业的设计人员，项目管理人员都应参与到 BIM 的使用中来，这样才能体现全员 BIM 的价值。但专业的 BIM 模型需要高配置的硬件设备支持，这是全员实施 BIM 的障碍。项目应用 EBIM 作为协同平台，BIM 经过数据处理后，将几何信息及非几何信息轻量化在平台上使用，网页端、电脑客户端、手机移动端均可以方便查看和使用模型，给全员使用 BIM 提供了极好的条件。

（12）文件协同平台：文件协同是 BIM 协同的重要组成部分。对项目团队之间的

文件传递、不同办公地点的文件交换、文件的及时同步以及整个 BIM 团队的数据保护而言，传统的拷贝、项目群聊等方式已不能满足需求。本项目基于坚果云的团队版产品，搭建分包项目级协同平台，用于项目内部设计协调和成果汇总，制订协同平台文件夹结构及使用规则，可以实现局域网内同步加速、云端远程访问、文件分享、权限设置和文件历史版本管理等协同需求。

（13）无人机航拍：无人机具有使用便捷、高清拍摄、角度自由等优点，在幕墙外立面施工时，可以跟踪现场每日施工进度，即使不在现场也能及时了解现场状态。另外，航拍可以在空中自由调整视角，各个角度的照片清晰明了，这是常规手机无法比拟的。同时，使用无人机可以监控施工人员安全施工，检查施工质量。

（14）方案展示（结合虚拟现实）：为了更好地展示系统效果及构造，项目将 Rhino 搭建的 GRC 大样模型导入 UE4 游戏引擎，通过编程和真实材质制作，实现虚拟现实场景浏览，借助 VR 眼镜等硬件设备实现沉浸式漫游。

（15）曲面批量优化：双曲面板的加工具有难度大、周期长、费用高的特点，设计师下单的工作量非常大。项目的外倾玻璃系统约有 2000 块，约 8000m^2 双曲玻璃，GRC 系统约有 2200 块，约 15000m^2 双曲 GRC，如果完全按照优化前的双曲面板施工，必然导致工期不足、加工和安装费用超标。根据不影响外立面效果的原则，项目使用 grasshopper 编制优化面板程序，批量优化双曲面为平板、单曲板，从而达到降低难度、缩短工期、减低造价的目的。

三、优势分析

将 BIM 下单与传统下单进行比较，BIM 下单大大提高了材料的下单速度。以 1800 块异形玻璃为例，20% 玻璃每块需要 10 个数据，80% 玻璃需要 42 个数据，常规使用 CAD 软件绘制玻璃图纸，要进行划分分格、减胶缝、测量加工数据等程序，一块需要 10 分钟以上，一天 10 小时可绘制 60 块，1800 块玻璃约 30 天。利用 BIM 从板块划分、分析、出图及数据，4 天可以出 90%（除收口）的玻璃图纸和料单，效率至少达到 7.5 倍，而且没有出现数据错误，准确度达到 99.9%。项目只需要配备 1 名 BIM 技术负责人、1 名 BIM 工程师和 1 名下单人员。而传统模式短时间内满足下单要求至少需要 10 名以上的设计师。

BIM 下单还可以大大减少材料下单费用。异形玻璃数据提取若由厂家出图，成本达到 50 元／m^2，曲面玻璃约 8000m^2，利用 BIM 技术可以为材料价格谈判争取主动权。BIM 下单可以大大提高 GRC 的共模率，减少模具费用。项目 GRC 模具的制作成本为约 300 元／m^2，在 GRC 材料招标阶段，项目提供相应数据给厂家，可以极大减少材料模具费用，本项目约减少 1300m^2 的模具，节省约 39 万元。另外，在材料及劳务招标方面，BIM 数据详细准确，至少节省 5 天的招标时间，材料单价下浮约 2%。

4.7 项目物资管理

4.7.1 物资计划管理

1. 概念释义

物资计划管理是指建筑装饰项目根据履约要求，在施工现场对项目所需装饰物资材料的各类计划进行管理的活动。项目物资计划管理的主要内容是对装饰物资材料的种类、供货方式、供货时间进行计划安排，并对计划的执行情况进行监控。

案例导引

根据项目进度计划及物资总控计划，装饰施工员小张和小吴分别对轻钢龙骨、岩棉、水泥黄沙、石膏板等物资逐批次提出下料计划，并报项目技术负责人老董审核。取得老董同意后，小张和小吴将料单计划分别发往各分供方指定邮箱，并随即与供应商负责人取得联系，明确物资的型号规格、用量、计划到场时间等要求。

2. 管理难点

（1）根据项目施工进度计划，严格按照分部分项施工的先后顺序制订物资采购、加工、到场计划，科学确定物资供应的次序。

（2）充分考虑不同分部分项工程交叉作业情况，以及劳动力进场计划，防止因物资供应不及时发生窝工。

（3）物资供货计划要严密配合施工进度计划，并根据现场变化，及时调整，满足每日、每周、每月的物资用量。

（4）要考虑物资的加工周期、供货周期、运输时间等因素。

（5）要严格控制货款支付计划，使项目物资支付与工程款收入相匹配，防止出现资金倒挂，或者发生因支付不足影响物资进场时间。

（6）要充分统筹现场布局，与业主方、总包方充分沟通，解决好物资现场堆放问题。

3. 推荐流程

物资需用计划流程如图 4-11 所示。

4. 管理要点

（1）物资供应计划由施工员提出后，由项目经理审核签字，采购人员交商务部门，按预算物资清单进行数量核实，物资采购部门按物资进货要求核实并签字认可，最后交公司领导审批签字，计划方可生效。

（2）物资计划如有变动，须由项目经理提交变更原因，并交公司分管领导审批。

（3）确保材料物资招标需求单规范、准确、完整，具体包括：物资名称、规格型号、数量、品牌等基本信息是否完整，图纸是否规范齐全，材料质量是否符合标准，进场

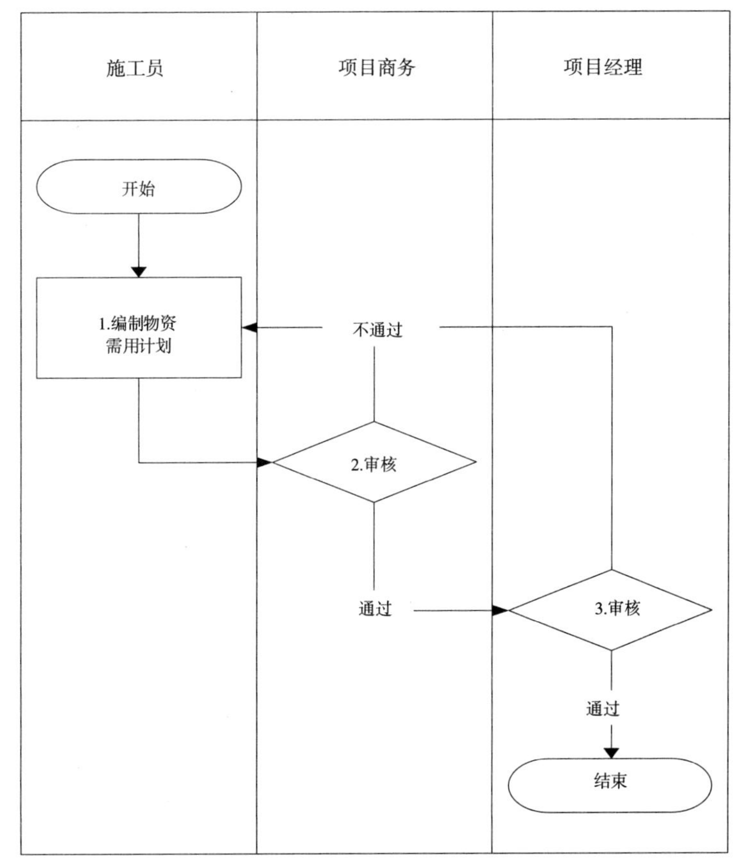

图 4-11　物资需用计划流程

时间要求是否明确等。

（4）需用计划中物资的加工图、排版图、到场周期是否合理，物资使用部位是否与现场进度相匹配。

5. 管理重点

（1）审核项目所提计划的当前需用量是否超出总控计划。

（2）审核项目所确定的损耗率是否同目标责任状、总控计划一致。

（3）当物资供应计划与现场实际需要出现偏差时，必须及时纠正。

（4）当物资供应厂商无法满足加工要求时，为确保加工时间要求和质量标准，往往需要项目经理部委派专人前往厂商加工厂现场督导。大宗物资供应，必须派专人驻厂督导。

6. 文件模板推荐

物资需用总计划

项目名称： 日期：

序号	物资名称	规格型号	计量单位	需用数量（含损耗）	损耗率	用料部位	需用时间	投标预算量（含损耗）	投标预算价格	质量要求	备注

物资采购计划

项目名称：　　　　　　　　　　　　　　　　　　　　　日期：

序号	物资名称	规格型号	计量单位	计划数量	采购责任方、采购方式					计划订货时间	成本控制管理要点及措施
					甲供	公司（战略采购、招标采购）		项目	分包方		

物资供应计划表

项目名称：　　　　日期：　　　　编号：

序号	物资名称	规格型号	单位	数量	计划单价	质量标准	使用部位	计划订货时间	计划进场日期	备注

招标文件会审表

<table>
<tr><td>项目名称</td><td colspan="7"></td></tr>
<tr><td>招标时间</td><td colspan="3"></td><td colspan="2">招标文件编号</td><td colspan="2"></td></tr>
<tr><td>物资名称</td><td>规格型号</td><td>单位</td><td>质量标准</td><td>需用数量</td><td>计划单价</td><td>采购计划</td><td>备注</td></tr>
<tr><td></td><td></td><td></td><td></td><td></td><td></td><td></td><td></td></tr>
<tr><td></td><td></td><td></td><td></td><td></td><td></td><td></td><td></td></tr>
<tr><td></td><td></td><td></td><td></td><td></td><td></td><td></td><td></td></tr>
<tr><td></td><td></td><td></td><td></td><td></td><td></td><td></td><td></td></tr>
<tr><td></td><td></td><td></td><td></td><td></td><td></td><td></td><td></td></tr>
<tr><td>主要条款</td><td colspan="7"></td></tr>
<tr><td>评审部门</td><td colspan="3">评审内容</td><td colspan="2">评审意见</td><td>评审人</td><td>评审时间</td></tr>
<tr><td>物资主管部门</td><td colspan="3">1. 标的物规格型号、数量、价格、付款方式
2. 标的物质量要求</td><td colspan="2"></td><td></td><td></td></tr>
<tr><td>项目经理部</td><td colspan="3">1. 标的物规格型号、数量
2. 标的物质量要求</td><td colspan="2"></td><td></td><td></td></tr>
<tr><td>商务主管部门</td><td colspan="3">标的物数量、价格、付款方式</td><td colspan="2"></td><td></td><td></td></tr>
<tr><td>法律主管部门</td><td colspan="3">1. 标书格式合理性
2. 标书条款齐全性
3. 标书内容规范性</td><td colspan="2"></td><td></td><td></td></tr>
<tr><td>纪监主管部门</td><td colspan="3">1. 标书格式合理性
2. 标书条款齐全性
3. 标书内容规范性</td><td colspan="2"></td><td></td><td></td></tr>
<tr><td>财务主管部门</td><td colspan="3">1. 付款方式严谨性
2. 付款方式可行性
3. 付款方式描述准确性</td><td colspan="2"></td><td></td><td></td></tr>
<tr><td>评审结果</td><td colspan="7"></td></tr>
<tr><td>分管领导</td><td colspan="7"></td></tr>
</table>

□招标/□询比价开标记录表

项目名称：________________ 记录人：________________ 开标时间：________________ 共____页，第____页

物资情况 \ 入围厂家				名称		名称		名称		与业主签订的合同单价/业主认价	
				联系人		联系人		联系人			
				电话		电话		电话			
序号	材料名称	单位	数量	报价		报价		报价			
				单价（元）	合价（元）	单价（元）	合价（元）	单价（元）	合价（元）	单价（元）	合价（元）
1											
2											
3											
合计											
标书密封情况（好、一般、较差）											
约定的付款方式及评价（好、一般、较差）											
质量因素评价（好、一般、较差）											
供货期及评价（好、一般、较差）											
备注											
参与开标人员签字											

成功案例

某建筑装饰公司物资供应链建设情况

近几年，某建筑装饰公司在生产规模不断扩大的情况下，坚持从实际出发，大力推行物资集中招标采购，重点加强采购流程控制和供应商资源建设，努力实现“提高工作效率、降低采购成本、缓解资金压力”的工作目标。

一、切实加强计划管理。针对材料计划不及时、不完整、不准确的问题，要求各项目经理部在进场一周内，必须按规定形成总体材料计划，否则不得以任何形式购买材料。物资采购部门对各项目总体材料需求情况进行统计分析，特别是对材料预算单价进行对比，结合单项材料使用量，参照历史价格和市场行情，选择一定数量的合格供应商集中招标。通过加强计划管理工作，提高了项目成本核算能力，增强了施工人员责任心，也提高了部门工作效率，有力支持了采购管理工作。

二、改进物资采购方式。针对工程项目多、地点分散、采购人员有限的实际情况，坚持贯彻落实物资集中采购。一是实行采购人员集中管理。对所有采购人员实行集中调配、统一管理。除特大型项目外，采购人员同时负责多个项目的采购工作，重点做好收集市场信息、审核采购计划、组织集中招标、办理采购合同、保障材料供应等各项工作。物资采购部门根据项目进度情况，结合个人工作能力，进行动态调配，基本保证了生产需要。二是定期发布指导价格。为控制材料成本，安排采购人员及时调查市场价格情况，做好已购物资的价格统计工作，定期整理，及时更新，向商务部门、项目经理、采购人员等发布材料指导价信息，为项目成本测算、招标采购等工作提供标准。三是抓好常规材料采购。采取“定期招标、指定供应”的方式，针对五金、轻钢龙骨、石膏板、钢材、木材、水泥、黄沙等，具有规格统一、标准明确、价格相对透明、一次使用量大、使用次数频繁等特点的材料，实行了定期集中招标管理的办法，由采购部门定期在合格供方中进行招标，各类材料指定两到三家供应商负责供应。各项目经理和采购人员根据发布的当期指导价格，与供应商进行洽谈，形成意向后，按流程报批。在提高工作效率的同时，有效地控制了采购成本。四是控制好大宗材料采购。采取“全面评估、严格控制”的方式，着力加强大宗材料供应商的资源建设，通过各种渠道，不断扩大供应商来源，及时做好资信收集、综合考察等工作。在大宗材料采购过程中，充分发挥项目的积极性，鼓励其参与采购过程，与采购部门共同做好采购工作。具体来讲，采购部门根据项目总体材料需求，在合格物资供应商名册中，会同项目按规定比例确定供应商参加投标，由物资招投标领导小组进行评标和定标，并与项目经理一起，做好议价和谈判工作。通过项目经理的参与，达到了成本控制更明确、质量标准更清晰、供货周期更具体的目的。同时，也增强了谈判工作的公开、公平和公正性，对采购部门和项目经理的工作都有一定的促进。

三、引导资源良性发展。在月度生产例会上，采购部门与项目经理充分沟通，对供应商的供货、服务、价格等情况进行评估，重点推荐服务好、供货及时、价格合理的物资供应商，督促项目做好与优质厂商的协调与配合，并要求采购人员及时了解厂商的困难，听取他们对做好物资供应工作的意见和建议，维护好双方的合作关系，促进物资供应链的建设和发展。加大对供应商考核管理力度。由采购部门牵头，会同项目经理部和相关部门定期对所使用的供应商进行考核，在资金实力、市场信誉、供货情况、材料质量和材料价格等方面进行严格比较，及时更新《物资合格供方名册》，对不合格厂商坚决取缔，并在公司范围内通报，发挥优胜劣汰的管理机制。

四、加强项目物资管理员队伍建设。根据生产发展的需要，重点加强了物资管理员队伍建设。通过定期开展培训教育、加大工作检查力度、实施工作绩效考核等方式，提升项目物资管理员的综合素质，培养出了一支业务精、素质硬、相对稳定的现场物资管理队伍。

4.7.2 物资验收管理

1. 概念释义

物资验收管理是指在建筑装饰工程项目施工过程中，项目经理部对到场材料的数量、质量、经济价值及其他要求进行核验的管理行为。

案例导引

随着材料逐批来到施工现场，项目物资管理员老周和施工员小张忙得不可开交。2018 年 9 月，项目到场第一批莎娜米黄石材，老周和小张马上进行了验收。在核对厂家的送货单后，他们分别对数量和质量进行了验收，发现石材数量一致，但是其中有几块石材边角发生破裂，涉及石材面积约 15m^2。老周和小张马上与石材供应商当面确认，对合格的物资办理验收并登记了台账，对质量存在问题的物资进行退回，并要求供应商重新补货。

2. 管理难点

（1）验收人员要充分了解物资供应计划，掌握每批次物资的规格型号、技术参数要求、质量要求、费用结算方式等。

（2）验收人员应根据到场物资，提前准备好相应的验收工具。

（3）建筑装饰材料，无论是大宗物资还是零星物资，种类多，体量大，特别是在项目赶工阶段，物资集中到场，落实物资验收办理的及时性、物资验收质量的合规性都具有较大难度。

3. 流程推荐

项目物资验收流程如图 4-12 所示。

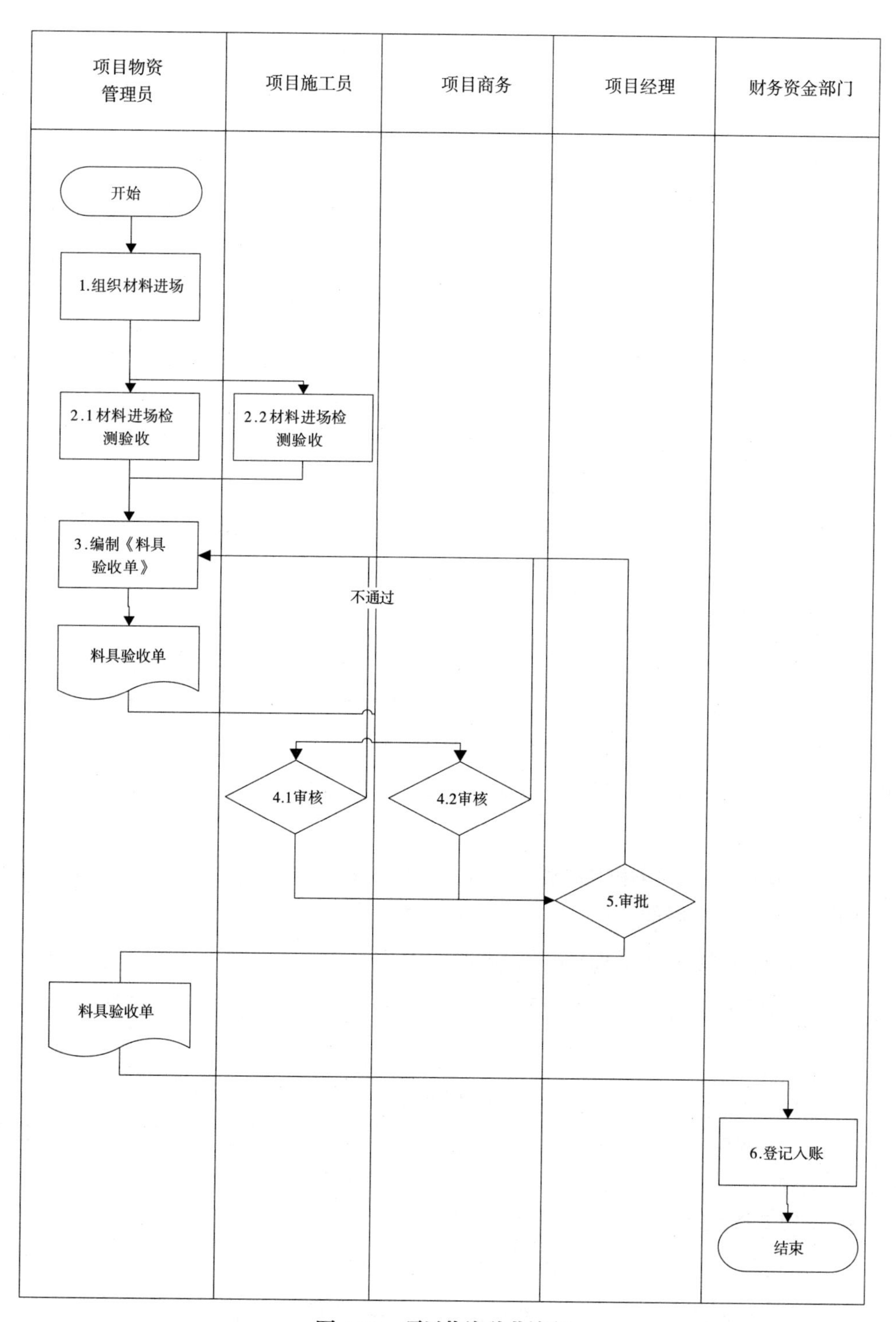

图 4-12　项目物资验收流程

4. 管理要点

1）物资验收的基本要求

（1）项目物资管理员在收料时，必须凭《工程物资计划表》及材料供应商的《送货单》收货。送货单必须规范，材料名称、规格型号、数量、单价、厂商公章等必须齐全。对由于紧急送货经检验质量合格而单价未定的物资送货单，采购部门需向项目物资管理员说明原因，且必须在价格确定后补交资料。

（2）在数量验收时，项目物资管理员必须认真核对实收数量与送货单数量，数量不符的，以实收数量为准，并在送货单上注明实收数量，保证入库数量的准确性。对具有包装的物资，在验收时要及时开箱或开桶查看，验明真实数量和质量。

（3）项目物资管理员对零星物资要进行质量验收，大宗物资的质量验收，必须与施工员、项目经理共同验收。施工员必须在《装饰物资检验表》上对物资质量进行评价和签字。除对材料的物理性（尺寸、厚度、完整、色差等）验收外，还应对各类物资的合格证和材质检测报告进行验证，对于有环境指标要求的装饰物资还必须对其环境检测报告进行验证，所有验证的报告复印件均需加盖供应商或生产商红章。

（4）《料具验收单》的办理需采购人员提供单价，由项目物资管理员填写并签字，项目经理签字确认，物资采购部门审核后方可生效。

（5）项目物资管理员在收发料后要及时填报台账。

2）甲供物资的验收

（1）项目开始时，项目经理部给业主发函说明甲供物资送货单上的数量，必须由项目物资管理员、施工员、项目经理三方签字才能生效，缺一不可。

（2）项目经理部必须给物资管理员提供完整的甲供物资收料计划单，无单时物资管理员有权拒收。

（3）由物资管理员对甲供物资进行数量验收，并核对甲供物资计划单，不一致的报告给施工员或项目经理。

（4）由项目经理、施工员对甲供物资进行质量检验。

（5）甲供物资的签收需项目经理、施工员、物资管理员共同在物资送货单中签字，方可有效。

（6）甲供物资送货单签字齐全后，必须编号并保存完好。

（7）甲供物资不合格或数量有问题时，由项目预算员（负责人）填写《施工联系备忘录》，项目经理认可后，及时交业主，办理有关退货、更换或协商手续。

5. 管理重点

（1）确保到场物资与需用计划相符，质量满足合同要求。

（2）验收时需多人同时在场，不得多办、少办、漏办验收。

（3）大宗物资的验收原则上应在当天办理，最迟在7天内办理。每周必须及时上

报物资部门和财务部门，以便知晓施工中主材的情况，明确是否超出总量计划，以便及时分析并采取相应措施控制主材用量，从而更好地控制材料成本。

（4）零星物资的验收手续原则上按货到合格立即办理，半成品的验收手续应在厂商所做部分完工后立即办理。

（5）物资的验收必须遵循“实事求是、见物验收”的原则，严格按照物资管理制度规定和企业管理制度要求进行办理。规范项目经理部材料进场验收及材料储存管理行为，严格把关验收标准，明确相关责任人。

6. 文件模板推荐

参见 238 页 ~ 241 页表格。

4.7.3　物资核算管理

1. 概念释义

物资核算管理是指建筑装饰项目经理部在项目施工过程中，与物资供应厂商在供货过程和供货完毕时，所开展的核对数量、确认质量、办理结算等相关手续，确保与物资供应厂商确认权益，避免纠纷。

案例导引

周工是公司资历较老的物资管理员，在物资管理方面一直兢兢业业。最近公司新出台制度，要求在物资供应商供货完毕 15 天后完成结算工作。由于项目物资种类多，涉及的供应商不少，根据以往经验，如果都是在项目完工后再逐笔核对，逐家审核，想要在 15 天内完成简直是“天方夜谭”。特别是工期长的项目，偶然会出现验收单遗失的现象，导致在最后与物资供应商产生争议。为了规避经济纠纷，及时办理结算，在这个项目上，周工每个月都会和预算员小李一起，与各家供应商进行数据核对，确保物资验收金额三方准确，做到每次供应都是一次结算，大大加快了物资的结算工作。

2. 管理难点

（1）建筑装饰工程项目具有一定周期，装饰物资材料供应是分批次完成的，要想快速、准确办理物资核算，就必须加强过程核算工作，确保过程资料完整，数据准确客观。

（2）由于装饰物资品种多、数量少、质量参差不齐，办理物资核算时必须确保全面准确不遗漏、验收及时能入账、质量达标不退货，这就要求项目物资管理员做好日常物资收发、登记、入账等工作，为过程核算与最终结算提供扎实有效的依据。

（3）在装饰项目生产过程中，经常会发生因物资供应质量不合格、物资供应未按项目计划要求等引起的纠纷，这些争议往往会顺延到工程结束，而且也会反过来影响工程进展。因此如何快速处理好争议纠纷，是物资核算管理的一大难点。

物资验收单

项目名称：　　　　　　　　　　日期：　　　　　　　　　　本单编号：

供应商名称：　　　　　　　　　发票编号：　　　　　　　　合同编号：

序号	物资名称	规格型号	单位	验收数量	采购价格		审核价格		备注
					单价	金额	单价	金额	

物资收发存台账

项目名称：

年		凭证		摘要	收入栏			发出栏							盘盈（+） 盘亏（-）	结存栏	
月	日	字	号				合计数量							合计数量	数量	数量	金额
合计																	

物资收发存月报表（表一：汇总）

填报单位：　　　　　　　　　　　　　　　　填报日期：

序号	物资名称	上月结存（元）	本月收入（元）	本月发出（元）	本月结存（元）	备注
	合计					

序号	单据名称	单据编号（__至__）	总页数	备注

物资收发存月报表（表二：明细）

填报单位：　　　　　　　　　　　　时间：　　　　　　　　　　　　第____页共____页

序号	物资名称	规格型号	单位	单价	上月结存		本月收入								本月发出								本月结存		附注
							验收单						合计		限额领料单						合计				
					数量	金额	数量	金额	单据编号				数量	金额	数量	金额	单据编号				数量	金额	数量	金额	
物资种类																									
本页合计（元）																									

3. 流程推荐

项目物资核算流程如图 4-13 所示。

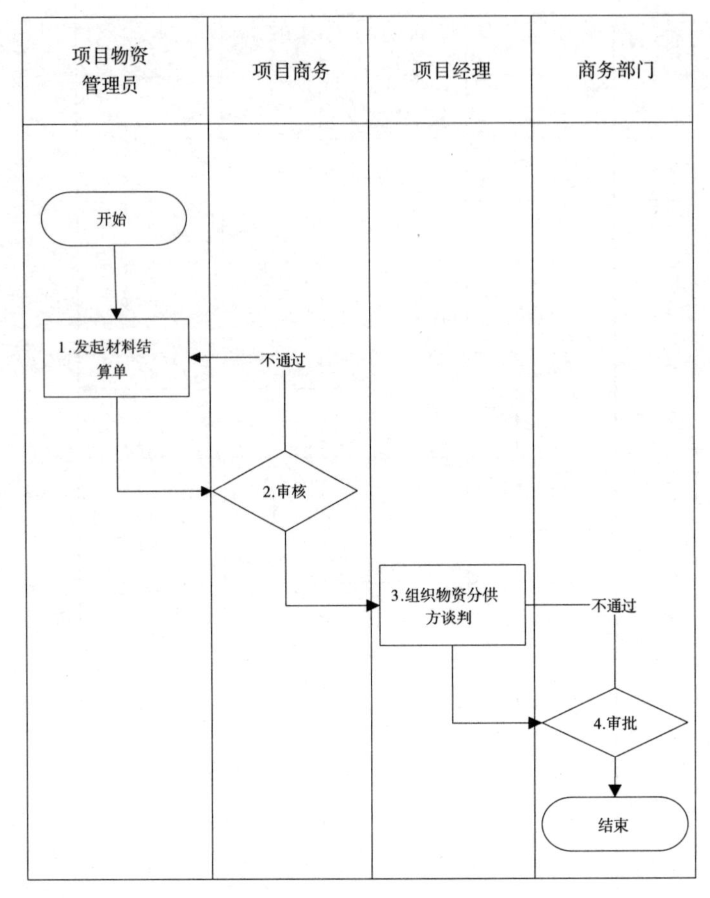

图 4-13　项目物资核算流程

4. 管理要点

（1）物资结算单编制时间：一般要求在物资供应商履约完成后 30 天内完成。

（2）物资管理单据的有效性：材料送货单完整，物资管理员和项目施工员签署姓名及日期、物资供应商签署日期并盖章。物资结算单金额与物资送货单金额、物资验收单金额和供应商违约产生的罚款金额相关联。

（3）物资结算单由物资供应合同中约定的法人或法人授权委托人签字、盖章。

4.7.4　装配式物资专项管理

1. 概念释义

装配式物资的专项管理，指建筑装饰企业通过专项的设计管理、信息化管理和装配运输管理，将建筑装饰材料或装饰分项工程转移到加工厂，实行工厂化生产，形成

装饰构件，运输到施工现场后，通过组装方式完成装饰作业的管理行为。

案例导引

项目工期紧，质量要求高，特别是针对装修标准，业主方专门聘用了国内某著名酒店管理公司的验收团队对酒店质量进行把关。为了保证项目施工质量，同时确保项目工期，小王的项目团队和公司 BIM 中心、项目管理部经过充分研究，对部分施工区域大胆采用了新型的装配式专项施工管理。其中关于地板铺贴，在往常方案中先进行自流平找平，在地板防潮垫铺装后进行地板铺贴。项目通过研究，调整为构件类铺贴方案，项目进行现场放线，并将数据反馈至 BIM 中心，由其进行模型生成，通过在加工厂按地脚 + 龙骨 + 饰面层进行拼装，再运输到现场作业。整个地面装配式施工相比传统工艺更加环保、节能、高效，取得了业主的充分认可。

2. 管理难点

1）内在因素

设计管理。建筑装饰设计师和装配式生产设计师的设计标准不一致，对设计交接容易产生疏漏，造成设计阶段消耗时间长、设计图交接产生矛盾、技术难度增大等状况发生。

信息化管理。在购买配件和材料时，由于模数不统一，物流标准不统一，信息出错概率大，信息管理效率低。

2）外在因素

政策因素。因为我国装配式建筑兴起比较晚，建筑装饰装配式施工更是处于起步阶段，国家关于建筑装饰装配式施工的政策、标准比较少，对装配式施工也缺乏必要的监督约束机构，导致建筑装饰装配式施工处于无序发展状态。

经济因素。由于建筑装配式施工处于起步阶段，前期投入大，成本相对比较高，装配式装饰产品目前不具备成本优势，虽然在节能、环保、高效方面具有竞争力，但无法通过正常竞价方式取得竞争地位。

技术因素。目前装配式装饰产品技术标准不统一，对高精尖装饰分项的研究不透，产品质量参差不齐，比较集中于一般性装饰施工，工程质量达不到高端标准，无法迅速抢占高端装饰市场。同时，目前装配式装饰所需物资材料的生产、运输等一系列流程并没有形成系统化、正规化，严重阻碍建筑装饰装配式施工的发展。

3. 管理要点

（1）尺寸复核方面，项目技术人员必须对现场采用装配式材料安装作业面的三维尺寸进行全面复核。

（2）设计方面，要遵循这样一个原则，即原先审图合格的图纸，如存在重大变更须报原设计确认，有重大变化必须重新审图合格，杜绝私自变更。要同步考虑工厂生产、现场施工组织、后期工具设计配合，进行图纸分解、拆分细化。

（3）材料保护方面，装配式材料在运输、现场卸货、仓库存放时须有专门的配套保护措施。

4. 管理重点

（1）完善装配式材料管理制度。科学制订和完善装配式材料管理制度，确保有序进行，为后续施工提供重要的保障。

（2）强化对前期准备工作的管理。一是组装顺序。要策划出有秩序、有效率、适合调度的组装顺序。同时要调节好各方之间的有效联系，方便出现问题时及时进行沟通和交流，有效保证材料装配顺利进行。二是装配式材料质量。要对装配式建筑所用的配件和建筑材料加强管理，确保生产质量。要求生产厂商能为生产质量负责，产品质量要符合国家相关条例政策的生产标准，同时对运输到施工现场的产品进行验收，要确保质量、型号等满足施工需求，可以安排专门人员对构配件进行维护保养，有效延长使用期限，确保施工项目顺利进行。三是增强作业人员的业务水平和专业素质。设计师对装配式建筑理念和制作流程要加强了解，确保设计出能制作、生产及投入使用的方案，有问题直接和生产车间负责人进行沟通。作业人员要增强装配式装饰技术水平和专业知识，降低技术所导致的安全隐患，企业要定期对作业人员进行相关业务培训。

4.7.5 设备工具管理

1. 概念释义

施工设备工具管理是指在建筑装饰项目施工过程中，按照装饰所需设备和工具的特点，协调好作业人员、工具设备和施工生产对象之间的关系，充分发挥设备及工具的优势，争取获得最佳结果而做的组织、设计、指挥、监督和调节等工作。

案例导引

某办公楼进行地面改造，建筑面积 7187m^2，地下 1 层，地上 11 层，工期 60 日历天，地面湿贴山东芝麻灰石材。根据设计要求，卫生间地面防水施工采用新材料 JS 防水涂料，该材料为绿色产品，无毒无味，防水效果好，由于石材地面施工面积较大，为了保证施工质量，施工单位制订了专项施工方案指导施工。

一、施工布置

（1）根据工作量和工期要求，配备足够的施工机具，合理安排劳动力，准备立体交叉施工的条件。为此，项目经理部准备了云石机、磨光机各 8 台，砂浆搅拌机 2 台。其他辅助工具，如橡皮锤、水平尺、铝合金靠尺、施工线等若干。

（2）材料要求：

42.5 级及以上普通硅酸盐水泥或矿渣硅酸盐水泥；

颜料和白水泥要求：颜色与饰面板相协调；

黄砂要求：粒径在 0.25 ～ 0.50 mm 之间，含泥率在 3% 以内；

石材板块应按设计要求选择规格、品种、颜色、花样完全满足工程需要，且须经过检测部门认可。

二、施工准备

（1）准备好施工用的机械。

（2）检查和验收好前道工序，必须符合和满足验收标准。

（3）在墙身弹好 50 cm 的水平线和十字线等。

（4）试铺、安排板块编号，分类堆放，绘制铺贴大样图。

三、质量控制管理要点

（1）基层、地面必须清理干净，无浮浆、油斑、杂屑等。

（2）地平面铺贴应严格按照规定进行。

（3）踢脚板铺贴要平顺、垂直。

（4）石材板块擦缝和成品保护要细心。

2. 管理难点

在设备使用寿命内，如何科学地选好、管好、养好、修好设备工具，如何提高设备利用率和劳动生产率，稳定提高工程质量，获得最大经济效益是工程设备工具管理的难点。

3. 管理要点

1）管理对象

设备供应商管理、设备采购管理、设备租赁管理、设备合同管理。

2）管理目标

加强设备管理，提高技术装备素质，保持设备良好的技术状态，充分发挥其生产效能，提高综合经济效益；同时规范设备使用管理，保障项目设备安全、高效运行。

3）管理职责

（1）设备供应商管理

公司项目管理部门收集供应商信息，掌握市场供求信息和市场行情，确保项目所需设备具有充足的供应渠道。

公司项目管理、商务管理等相关部门人员选择、考察和评价设备供应商情况。经考察合格的设备供应商，由考察人员提交《设备供应商、安装（拆卸）单位考察评审表》，由项目管理部门审核，公司主管生产的副总经理批准，列入公司《合格设备供应商名册》。

公司项目管理部门应及时跟踪记录合格设备供应商的履约过程，项目竣工一个月内，组织对供应商履约情况进行评价，填写《设备供应商履约评价表》，及时更新供应商资料，每年年终组织对供应商进行评估，保持合格供应商名单有效。公司每年年初发布年度设备合格供应商名册、供应商黑名单。

（2）设备采购管理

公司项目管理部门按照经审批的采购计划和确定的供应商组织实施采购，采购方式一般采用招标采购、询比价采购、定点限价采购等。

（3）设备租赁管理

公司项目管理部门按照经审批的租赁计划和确定的供应商组织实施租赁，租赁方式一般采用招标租赁、询比价租赁等。

（4）设备合同管理

公司项目管理部门负责拟定设备租赁合同。

公司项目管理部门、商务部门和项目经理根据合同内容提出修改意见，并与设备供应商进行合同谈判。

设备租赁合同经项目经理认可、公司项目管理部门、商务部门等相关部门会签、公司副总经理审核、法人代表（总经理）审批后签订。

公司项目管理部门就租赁内容对项目经理部相关人员进行合同交底。

4）设备工具使用

正确、合理地使用设备工具，可充分发挥设备的效率，保持较好的工作性能，减少磨损，延长设备的使用寿命。设备工具使用管理的主要工作如下：

实行机械使用、保养责任制。设备工具要定机定人或定机组，明确责任，在降低使用消耗、提高效率上，与个人经济利益结合起来。实行操作证制度，设备工具操作人员必须经过培训合格，持操作证上岗。操作人员必须坚持搞好设备工具的例行保养，保持设备工具的良好状态。遵守磨合期使用规定，实行单机或机组核算，合理组织设备工具施工，培养机务队伍，建立设备档案制度。

5）设备工具的保养、修理

设备工具的保养分为例行保养和强制保养。

例行保养，属于正常使用管理工作，不占用设备工具的运转时间，由操作人员在设备工具使用前后和中间进行，内容主要有保持设备工具的清洁、检查运转情况、防止设备工具腐蚀、按技术要求紧固易松脱的螺栓、调整各部位不正常的行程和间隙。

强制保养，是按一定周期，需要占用设备工具的运转时间而停工进行的保养。这种保养是按一定的周期和内容分级进行的。保养周期根据各类设备工具的磨损规律、

作业条件、操作维修水平以及经济性等主要因素确定。

4. 管理重点

1）设备供应商管理

（1）应立足资源建设的高度，加强设备供应商管理，稳固供应商队伍，提升供应商质量。

（2）应根据项目物资需求，通过各种渠道收集供应商信息，保证实时掌握市场供求信息和市场行情，确保工程所需物资具有充足的供应渠道。供应商信息可来源于业主方、设计方、竞争对手、兄弟单位、员工介绍、媒体推介、厂商自荐、公开招募等。

（3）设备供应商考察的内容包括：企业资质、业务范围、经营实力、产品质量、产品价格、工程服务、工程业绩、企业信誉等。

（4）列入设备合格供应商名册的供应商方可参加投标、议标及议价。

（5）设备供应商评估的主要内容包括设备采购合同的履约情况、采购数量、采购金额、现场有关环境与职业健康安全管理情况、企业与供应商的沟通程度、供应商持续改进情况等。

（6）经评估为不合格的供应商，或该供应商在建筑市场领域内发生社会影响较大的质量、安全、环境等违法行为，则取消该供应商的供应资格。对信誉低下、履约能力差、引起较大纠纷的供应商，列入《设备供应商黑名单》，3 年内不得使用，3 年后考察合格方可再次列入合格供应商名册。有下列情况之一者，取消其合格设备供应商资格：不按合同规定提供相应机械设备，使用过程中不履行合同义务，服务质量差；提供虚假设备技术资料；有违法违规经营或严重影响企业信誉的行为。

（7）凡连续 2 年未与其发生采购关系的供应商，取消合格供应商资格，如需合作的，必须重新考察。

（8）经评估合格的供应商，自动转入下年度设备合格供应商名册。

（9）设备供应商考察报告、名册、评估报告等资料保存期限为 3 年，由公司项目管理部门汇编归档保存。

（10）公司供应同类设备的合格供应商应保持至少 3 家以上。

2）设备采购管理

（1）项目经理部原则上不采购大型设备，特殊情况要采购大型设备，报公司批准后方可采购，设备报废由公司统一处置。

（2）公司项目管理部门按照公司规定的要求进行相应的招投标及询比价工作，根据招标结果确定供应商并编写设备购置合同。

（3）设备随机资料主要有设备制造许可证、使用说明书和维修保养资料、主要机构电气液压系统图纸资料、整机出厂合格证和主要外协件合格证及技术资料、机械制造监督检验证书和零配件目录等。

（4）公司项目管理部门和项目经理部按设备购置合同进行验收。核对发票、货单、机械设备规格型号，检查外观整机是否有损坏，包装是否完整、件数是否属实，发现问题，做好记录，及时向承运单位和厂家提出。

（5）公司项目管理部门和项目经理部按国家相关要求对设备进行试验。试验合格后，公司项目管理部门、项目经理部填写机械设备验收单，同时对设备进行编号并建立自有设备登记台账。

（6）针对使用中小型机械为主的室内装饰工程，原则上要求劳务分包或专业分包自配机具。对于需要分包商提供施工设备的，公司须将对设备管理的相关要求纳入分包合同范畴。

3）设备租赁

（1）外租设备应从合格设备供应商名册中优先选择，首次接触的供应商必须通过合格供应商考察、评审，再按招（议）标方式确定供应商。

（2）设备租赁按照公司要求进行相应的招投标及询比价工作，遵循先内后外的设备利用原则，充分利用公司现有设备资源，当内部设备资源不能满足需求时，可进行设备租赁。

（3）设备租赁单位应具备相应的生产许可证、产品合格证、制造许可证、制造监督检验证明，有完整的设备档案，无安全事故记录。

4）设备合同管理

（1）原则上所有设备采购行为均需签订设备采购合同。

（2）设备采购合同在执行过程中需要变更的，应协商一致后签订书面补充协议。

（3）双方确认无法执行合同时，应通过书面通知或签订协议解除合同。

（4）租赁设备应从合格设备供应商名册中优先选择，首次接触的供应商必须通过合格供应商考察、评审、再按招（议）标方式确定供应商。

5. 文件模板推荐

详见 244 ~ 257 页。

设备供应商、安装（拆卸）单位考察评审表

<table>
<tr><td>供方名称</td><td></td><td>企业性质</td><td></td></tr>
<tr><td>注册资本</td><td></td><td>注册号</td><td></td></tr>
<tr><td>注册日期</td><td></td><td>联系人</td><td></td></tr>
<tr><td>注册地址</td><td></td><td>联系电话</td><td></td></tr>
<tr><td>经营范围</td><td></td><td>联系地址</td><td></td></tr>
<tr><td>考察人员</td><td></td><td>考察时间</td><td></td></tr>
<tr><td colspan="4">企业营业执照是否有效生产、租赁、安装资质安全生产许可证：</td></tr>
<tr><td colspan="4">安装、技术、操作人员等配套服务能力有无固定维修、保养场所：</td></tr>
<tr><td colspan="4">实力及信誉情况：</td></tr>
<tr><td colspan="4">企业质量保证、安全、体系环保体系：
1.ISO 9000 证书　OHSAS 18000 证书　ISO 14000 证书
2. 质量检测能力
3. 有无安全事故记录及违法记录、有无环境事故记录及违法记录</td></tr>
<tr><td colspan="4">其他方面的考察：</td></tr>
<tr><td colspan="4">考察结论：</td></tr>
<tr><td colspan="4">评审意见：</td></tr>
<tr><td colspan="4">评审负责人：

日期：</td></tr>
</table>

设备合格供应商名册

第____页 共____页

序号	设备类别编号	设备类别	建档时间	供应商名称	主要供应设备	主要品牌	地址	企业负责人	业务联系人	手机	近三年主要供应项目	已合作时间	考察报告编号/评估编号	合格供应商管理分级	使用地

公司副总经理（生产）：　　项目管理部负责人：　　填报人：　　填报时间：　　年　月　日

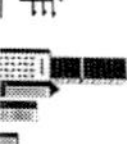

设备供应商黑名单

第____页　共____页

序号	供应商全称	企业注册地	主要供应物资	企业负责人	业务联系人	曾经供应物资的项目	不良信用行为	不良信用行为发生时间	是否仍在本企业供应物资

公司副总经理（生产）：　　项目管理部负责人：　　填报人：　　填报时间：　年　月　日

设备供应商履约评价表

项目名称：　　　　　　　　　　　　　　　　　　　　　　　　　　　　编号：

<table>
<tr><td>供应商名称</td><td colspan="4"></td><td colspan="2">法人代表</td><td colspan="2"></td></tr>
<tr><td>公司地址</td><td colspan="8"></td></tr>
<tr><td>联系人</td><td colspan="2"></td><td>电话</td><td colspan="2"></td><td>传真</td><td colspan="2"></td></tr>
<tr><td colspan="9">供应商基本情况：</td></tr>
<tr><td colspan="9">合同履约情况：</td></tr>
<tr><td rowspan="6">考核评价内容</td><td>企业资信（5）</td><td colspan="7">业绩信誉同行业良好（5）一般（3）差（0-2）</td></tr>
<tr><td>产品质量（25）</td><td colspan="7">产品质量达到合同要求（5-10）按合同要求及时提供资料（2-5）产品进场是否发生过不合格产品退场（0-5）有无发生产品质量问题给工程造成损失的情况（0-5）</td></tr>
<tr><td>价格（25）</td><td colspan="7">1.95% 材料报价低于公司询价 5% 以上（15-20）70% 材料报价低于公司询价（10-20）70% 以上材料报价高于公司平均询价（0-10）
2. 价格浮动时，材料成本上涨 10% 内不调整自行消化（5 分）有调整（0-5）</td></tr>
<tr><td>供应能力（20）</td><td colspan="7">1. 配送时间及时（10）偶尔未达到要求（5-10）未按合同约定（0-5）
2. 配送数量规格是否准确齐全（10）偶尔未达到要求（5-10）为按合同约定（0-5）</td></tr>
<tr><td>售后服务（20）</td><td colspan="7">供应商是否有质量、服务回访（0-5）对质量供应等过程中出现的问题是否及时解决（5-10）是否提出物资变更、管理创新给项目创造效益（0-5）</td></tr>
<tr><td>其他（5）</td><td colspan="7">提供信息资源共享、指导培训、定期交流互访等（0-5）</td></tr>
<tr><td>评价得分</td><td></td><td></td><td></td><td></td><td></td><td></td><td>综合平均得分</td><td></td></tr>
<tr><td>评价结论</td><td colspan="8">优秀（90 分）☐　合格（70 分）☐　不合格（70 分以下）☐</td></tr>
<tr><td>考核人员签字</td><td colspan="8"></td></tr>
<tr><td>主管领导意见</td><td colspan="8"></td></tr>
</table>

机械设备验收单

验收单位：　　　　　　　　　　　　　　　　年　　月　　日　　　　　　　　　　　　　　　　统一编号：

主机		动力		附属机构				随机工具				价值	
名称		名称		名称	规格	单位	数量	名称	规格	单位	数量	项目	
单位		单位										发票值	
数量		数量										购置费	
厂牌		厂牌										路桥费	
厂号		厂号										上牌费	
型号		型号										金属费	
规格		规格										保险费	
出厂		出厂										合计	
时间		时间											
随机相关资料													
机械技术状况						验收结果							

公司副总经理（生产）：　　　　　　项目管理部负责人：　　　　　　填报人：　　　　　　填报时间：　年　月　日

自有设备登记台账

序号	设备固定资产编号	机械名称	规格型号	生产厂家	设备原值（万元）	设备出厂编号	出厂年月	验收日期	备注

编制人：

招标文件会审表

<table>
<tr><td>项目名称</td><td colspan="7"></td></tr>
<tr><td>招标时间</td><td colspan="3"></td><td colspan="2">招标文件编号</td><td colspan="2"></td></tr>
<tr><td>设备名称</td><td>规格型号</td><td>单位</td><td>质量标准</td><td>需用数量</td><td>计划单价</td><td>采购计划</td><td>备注</td></tr>
<tr><td></td><td></td><td></td><td></td><td></td><td></td><td></td><td></td></tr>
<tr><td></td><td></td><td></td><td></td><td></td><td></td><td></td><td></td></tr>
<tr><td></td><td></td><td></td><td></td><td></td><td></td><td></td><td></td></tr>
<tr><td></td><td></td><td></td><td></td><td></td><td></td><td></td><td></td></tr>
<tr><td></td><td></td><td></td><td></td><td></td><td></td><td></td><td></td></tr>
<tr><td>主要条款</td><td colspan="7"></td></tr>
<tr><td>评审部门</td><td colspan="3">评审内容</td><td colspan="2">评审意见</td><td>评审人</td><td>评审时间</td></tr>
<tr><td>项目管理部门</td><td colspan="3">1. 标的物规格型号、数量、价格、付款方式
2. 标的物质量要求</td><td colspan="2"></td><td></td><td></td></tr>
<tr><td>项目经理部</td><td colspan="3">1. 标的物规格型号、数量
2. 标的物质量要求</td><td colspan="2"></td><td></td><td></td></tr>
<tr><td>商务部门</td><td colspan="3">标的物数量、价格、付款方式</td><td colspan="2"></td><td></td><td></td></tr>
<tr><td>法务部门</td><td colspan="3">1. 标书格式合理性
2. 标书条款齐全性
3. 标书内容规范性</td><td colspan="2"></td><td></td><td></td></tr>
<tr><td>财务部门</td><td colspan="3">1. 付款方式严谨性
2. 付款方式可行性
3. 付款方式描述准确性</td><td colspan="2"></td><td></td><td></td></tr>
<tr><td>评审结果</td><td colspan="7"></td></tr>
<tr><td>副总经理(生产)</td><td colspan="7"></td></tr>
</table>

□招标 / □询比价开标记录表

项目名称：________ 记录人：________ 开标时间：________ 共____页 第____页

设备情况 \ 入围厂家				名称		名称		名称		与业主签订的合同单价 / 业主认价	
				联系人		联系人		联系人			
				电话		电话		电话			
序号	设备名称	单位	数量	报价		报价		报价			
				单价（元）	合价（元）	单价（元）	合价（元）	单价（元）	合价（元）	单价（元）	合价（元）
1											
2											
3											
4											
合计											
标书密封情况（好、一般、较差）											
约定的付款方式及评价（好、一般、较差）											
质量因素评价（好、一般、较差）											
供货期及评价（好、一般、较差）											
备注											
参与开标人员签字											

说明：1. 采用何种方式采购就在相应的“□”划“√”；2. 采购设备内容较多，超过一页时，使用续页。

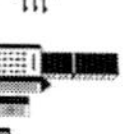

设备购置（租赁）议标记录

项目名称：　　　　　　　　　　　　　　　　设备名称：

供应商名称					
供应商参加人员		职务		联系方式	
购方参加人员					
谈判时间地点					
议标主要内容：					
供应商签字确认：					
参加人签字：					

设备购置（租赁）定案会审表

（采购方式：□战略采购 □招标 □比价 □议价 □其他）

项目名称：　　　　　　　　　　　　　　　　　　　　　　　　年　月　日

入围供应商情况 综合评估情况				供应商名称																
				联系人																
				联系电话																
序号	材料名称	单位	数量	预算		初报单价	议定		初报单价	议定		初报单价	议定		初报单价	议定		初报单价	议定	
				单价	金额		单价	金额		单价	金额		单价	金额		单价	金额		单价	金额
总计金额																				
单价及总价比较（定量排序或定性评价，下同）																				
质量因素比较																				
款项支付比较																				
供应周期比较																				
安全、环保、职业健康比较																				
服务、信誉、实力、能力等比较																				
综合评定初步意见																				
会审意见	项目经理部意见																			
	项目管理部门意见																			
	商务部门意见																			
	财务部门意见																			
	副总经理																			

设备购置（租赁）合同会审表

项目名称：

<table>
<tr><td>合同名称</td><td colspan="3"></td></tr>
<tr><td rowspan="2">签约双方</td><td colspan="3">甲方：</td></tr>
<tr><td colspan="3">乙方：</td></tr>
<tr><td rowspan="9">合同内容摘要</td><td colspan="3">1. 材料名称：</td></tr>
<tr><td colspan="3">2. 材料规格：</td></tr>
<tr><td colspan="3">3. 数量：</td></tr>
<tr><td colspan="3">4. 合同金额：</td></tr>
<tr><td colspan="3">5. 交货时间：</td></tr>
<tr><td colspan="3">6. 结算方式：</td></tr>
<tr><td colspan="3">7. 质保金：</td></tr>
<tr><td colspan="3">8. 质保时间：</td></tr>
<tr><td colspan="3">9. 违约责任：</td></tr>
<tr><td rowspan="6">评审意见</td><td>评审部门</td><td>修改意见</td><td>评审人签名 / 日期</td></tr>
<tr><td>项目管理部门</td><td>□ 无；□有，详见附页说明</td><td></td></tr>
<tr><td>项目经理部</td><td>□ 无；□有，详见附页说明</td><td></td></tr>
<tr><td>商务部门</td><td>□ 无；□有，详见附页说明</td><td></td></tr>
<tr><td>法务部门</td><td>□ 无；□有，详见附页说明</td><td></td></tr>
<tr><td>财务部门</td><td>□ 无；□有，详见附页说明</td><td></td></tr>
<tr><td>评审结果</td><td colspan="3">□各部门对合同无异议，请领导审批。
□已根据评审意见对合同进行修改，请领导审批。
□其他：</td></tr>
<tr><td>副总经理</td><td colspan="3"></td></tr>
<tr><td>公司法人代表（总经理）</td><td colspan="3"></td></tr>
</table>

设备购置租赁合同交底记录

编号：

<table>
<tr><td>项目名称</td><td></td><td>设备名称</td><td></td></tr>
<tr><td>供应商</td><td></td><td>签订时间</td><td></td></tr>
<tr><td>合同金额</td><td></td><td>合同编号</td><td></td></tr>
<tr><td colspan="4">合同交底内容：
1. 设备概况（规格型号、产地、数量、价格，设备性能等）

2. 设备进场数量、质量验收、送检复试要求及资料收集等

3. 设备的供货厂家、供货日期

4. 合同执行过程中的注意事项

5. 供方日常联系人及联系方式

6. 其他需要说明的问题</td></tr>
<tr><td colspan="2">交底单位：
交底人：

年　月　日</td><td colspan="2">接受交底单位：
接受人：

年　月　日</td></tr>
</table>

合同台账

项目名称：

序号	合同编号	设备名称	厂商名称	商标品牌	签订日期	合同金额	联系人	联系电话	备注

编制人：

4.8 项目劳务管理

4.8.1 劳务计划管理

1. 概念释义

劳务计划管理是指建筑装饰工程项目开工前，根据工程体量、承包范围、工期要求、涉及专业工种、安全质量要求等，研究制订符合项目要求的劳动力使用计划，明确劳务工人数量、素质、进场时间、分区配置等，通过招标筛选具有履约能力的劳务队伍，并根据现场情况及时增减劳务队伍和劳务工人数量的管理行为。

案例导引

根据工程量测算及清单列项，项目经理部向公司申请劳务招标，并提供了各分项清单人工预算收入、劳务控制价及劳务总控制价。公司项目管理部成立招标小组。根据项目劳务策划，招标小组从公司劳务资源库中选择多家优质劳务分包单位开展招标工作。根据各分包单位回标情况，在各工种队伍中，各自选择报价最优、信誉最佳的前 3 家单位进行议标。经过多轮谈判，最终选定劳务队伍 8 支，作为项目使用的劳动力。

2. 管理难点

（1）优质队伍储备。建筑装饰工程涉及贴面、油漆、木工、水电等诸多工种，分工细、专业性高。若要选择优质劳务施工队伍，每个专业工种都要储备一定数量的合格劳务分供方。

（2）优质队伍选择。要充分考虑施工队伍所在劳务公司的注册资金、施工资质、企业信誉、资金状况、工程业绩等，同时也要充分掌握劳务队伍中技术工人的实际施工水平，特别是班组长的施工经验、管理能力、责任态度、服从施工管理的配合度。

3. 流程推荐

公司劳务招标流程如图 4-14 所示。

4. 管理要点

（1）招标：项目中标后 20 日内项目经理部以书面形式提出用工申请，填写《劳务招标申请表》，明确用工时间、工种、人数及其他相关要求，交至公司项目管理部门，与招标文件一起进行评审，按工作流程进行招投标活动，向合格劳务分包商发布招标文件。

（2）开标：项目管理部门牵头组织招（议）标工作小组进行开标并填写《开标记录表》，开标后工作小组立即组织评标。

（3）议价：项目管理部门牵头组织招（议）标工作小组，在 5 天内与意向单位进行议价，并填写《劳务议标记录表》及《劳务招标定案汇总表》。

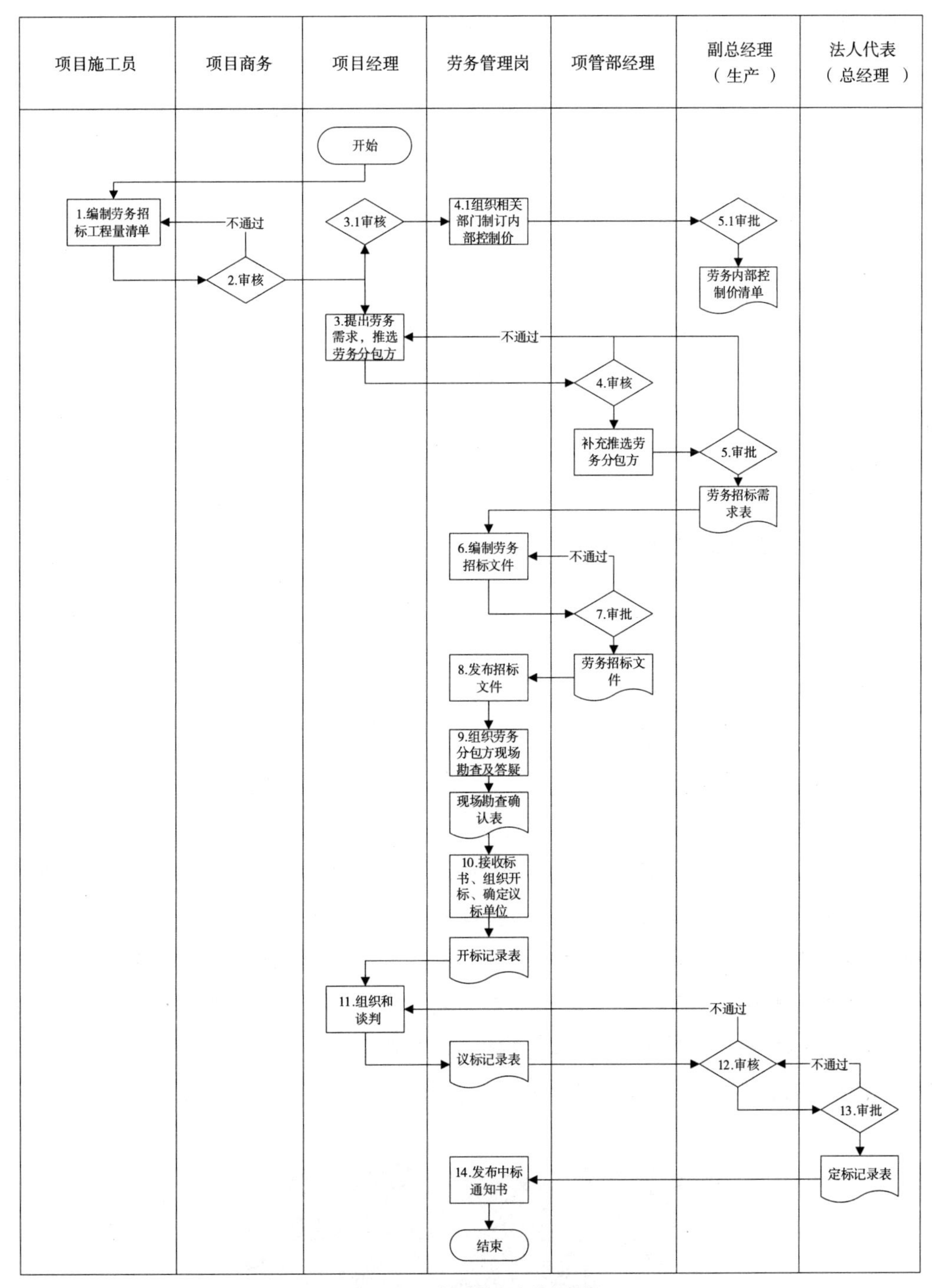

图 4-14　公司劳务招标流程

（4）定标：为规避低价中标、高价索赔的风险发生，按照“合理低价、优质低价”的原则选择劳务队伍，项目管理部在 10 天内将议价结果报劳务管理工作小组，综合评定后确定中标单位并公示，发放《中标通知书》及《进场通知书》。

5. 管理重点

（1）中标原则：公司项目管理部门牵头、项目经理部配合编制招标文件，确定分包方案、评标办法和程序、招标方式，在合格劳务分包商中邀请3家以上单位参加投标，按照“合理低价、优质优价”的原则选择劳务分包商，一般应优先使用评定等级较高的合格分包商。

（2）招、议标过程管理：公司制订详细的劳务招投标工作流程，明确工作内容、完成时间、责任部门及流程节点，要加强招议标过程监管，防止出现围标、串标等不良行为。

（3）重点工程、重大工程劳务队伍选择的前提是有过合作、有信誉、有实力，即“三有”条件。

6. 文件模板推荐

4.8.2 劳务实名制管理

1. 概念释义

劳务实名制管理是指建筑装饰项目在施工过程中，对劳务队伍及每位务工人员进行实名登记管理，主要包括实名信息管理、工地进出实名管理、实名考勤管理、实名培训管理、实名工资管理等。

案例导引

在以往的项目劳务管理工作中，小王所在的公司因没有有效的技术手段和管理理念，对现场的劳务班组人员仅通过手动登记工人进出场记录。在赶工阶段，劳务人员进出频繁，无法进行有效统计。因此，施工员开具当月劳务结算单后，劳务班组负责人会以结算金额少、到场人员多、无法支付工人工资为由，要求项目多予结算，导致双方争议、纠纷不断。为了解决上述问题，有效监控现场劳动力是否满足要求，规避用工风险，同时为核算劳务成本提供依据，项目进行了劳务实名制管理。

现场考勤机

劳务议标定案汇总表

单价：　　元

<table>
<tr><td colspan="8" rowspan="2">工程名称：</td><td colspan="4">分包商名称：</td><td colspan="4">分包商名称：</td><td colspan="4">分包商名称：</td></tr>
<tr><td colspan="2">联系人：</td><td colspan="2">电话：</td><td colspan="2">联系人：</td><td colspan="2">电话：</td><td colspan="2">联系人：</td><td colspan="2">电话：</td></tr>
<tr><td rowspan="2">序号</td><td rowspan="2">分项工程名称</td><td rowspan="2">单位</td><td rowspan="2">数量</td><td colspan="2">成本控制价</td><td colspan="2">中标价</td><td colspan="2">开标记录</td><td colspan="2">二次谈判</td><td colspan="2">开标记录</td><td colspan="2">二次谈判</td><td colspan="2">开标记录</td><td colspan="2">二次谈判</td></tr>
<tr><td>单价</td><td>合价</td><td>单价</td><td>合价</td><td>单价</td><td>合价</td><td>单价</td><td>合价</td><td>单价</td><td>合价</td><td>单价</td><td>合价</td><td>单价</td><td>合价</td><td>单价</td><td>合价</td></tr>
<tr><td>1</td><td></td><td></td><td></td><td></td><td></td><td></td><td></td><td></td><td></td><td></td><td></td><td></td><td></td><td></td><td></td><td></td><td></td><td></td><td></td></tr>
<tr><td>2</td><td></td><td></td><td></td><td></td><td></td><td></td><td></td><td></td><td></td><td></td><td></td><td></td><td></td><td></td><td></td><td></td><td></td><td></td><td></td></tr>
<tr><td>3</td><td colspan="3">合计</td><td></td><td></td><td></td><td></td><td></td><td></td><td></td><td></td><td></td><td></td><td></td><td></td><td></td><td></td><td></td><td></td></tr>
<tr><td colspan="4">合价</td><td></td><td></td><td></td><td></td><td></td><td></td><td></td><td></td><td></td><td></td><td></td><td></td><td></td><td></td><td></td><td></td></tr>
<tr><td colspan="2" rowspan="2">利润率：</td><td colspan="3">与成本控制价比较</td><td colspan="3"></td><td colspan="4"></td><td colspan="4"></td><td colspan="4"></td></tr>
<tr><td colspan="3">与投标价比较</td><td colspan="3"></td><td colspan="4"></td><td colspan="4"></td><td colspan="4"></td></tr>
<tr><td colspan="2">付款方式：</td><td colspan="6"></td><td colspan="4"></td><td colspan="4"></td><td colspan="4"></td></tr>
<tr><td colspan="2">工期承诺：</td><td colspan="6"></td><td colspan="4"></td><td colspan="4"></td><td colspan="4"></td></tr>
<tr><td colspan="2">垫资额：</td><td colspan="6"></td><td colspan="4"></td><td colspan="4"></td><td colspan="4"></td></tr>
<tr><td colspan="2">质量承诺：</td><td colspan="6"></td><td colspan="4"></td><td colspan="4"></td><td colspan="4"></td></tr>
<tr><td colspan="3">部门意见：</td><td colspan="5">项目经理部：</td><td colspan="4">项管部：</td><td colspan="4">商务部：</td><td colspan="4">财务资金部：</td></tr>
<tr><td colspan="3">建议中标单位及理由：</td><td colspan="17"></td></tr>
<tr><td colspan="3">分管领导意见：</td><td colspan="17"></td></tr>
</table>

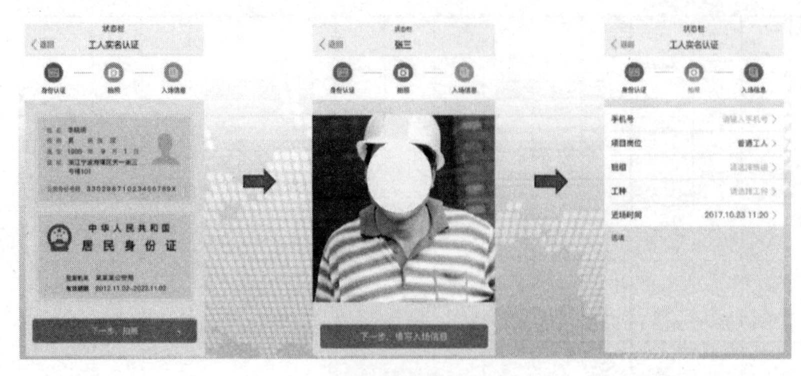

工人实名录入

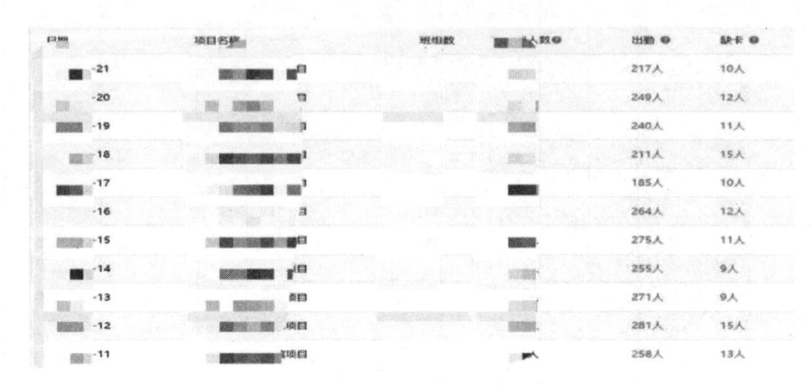

日期	项目名称	班组数	人数	出勤	缺卡
[illegible]-21	[illegible]		[illegible]	217人	10人
[illegible]-20	[illegible]		[illegible]	249人	12人
[illegible]-19	[illegible]		[illegible]	240人	11人
[illegible]-18	[illegible]		[illegible]	211人	15人
[illegible]-17	[illegible]		[illegible]	185人	10人
[illegible]-16	[illegible]		[illegible]	264人	12人
[illegible]-15	[illegible]		[illegible]	275人	11人
[illegible]-14	[illegible]		[illegible]	255人	9人
[illegible]-13	[illegible]		[illegible]	271人	9人
[illegible]-12	[illegible]		[illegible]	281人	15人
[illegible]-11	[illegible]		[illegible]	258人	13人

现场人数实时信息

2. 管理难点

（1）配合管理：由于劳务公司所招收的工人基本上以班组为单位，班组长在招收、使用方面处于主导地位，劳务公司实际管理力度有限，加上劳务工人文化素质不高、外出务工人数下降，工人服从管理的意识也出现下滑，在登记、备案、进场、核验等环节，实施难度相对较大。

（2）动态管理：劳务工人流动性较大，在各地区、各单位、各工地之间经常发生流动，同时装饰施工存在周期短、工种配合多等特点，装饰工人的流动性更为突显，使用实名制管理必须严格要求，不能放松，否则难以起到管控的作用。

3. 管理要点

（1）项目经理部及时登记新进场劳务工人信息，留存劳务工人身份证复印件、用工合同复印件及健康证明资料复印件等，实时更新实名制台账。

（2）项目经理部按时上报劳务季报，如实填写项目实际数据，反映施工现场实际情况。

（3）公司项目管理部门定期组织对劳务实名制管理工作进行检查、评比、通报及奖罚，收集各项目每月所记录的人员花名册。

（4）公司项目管理部门从任务分配入手合理调配本区域内各项目的劳务队伍，确保劳务队伍供需基本平衡和稳定。

4. 管理重点

（1）用工手续核验：按照法律规定，建筑装饰劳务工人由劳务公司进行招收、管理，实际操作中，无劳务公司的零散作业队伍仍然存在，挂靠劳务公司的队伍也屡见不鲜，劳务公司与劳务工人不签订劳动合同、不为工人缴纳社会保险等依然是制约劳务管理规范化的突出问题，因此在开展劳务实名制管理过程中，对身份证、上岗证等方面的管理相对容易实现，而对规范化的用工文件却难以收集。

（2）工人技术水平：建筑装饰劳务工人较少接受专业培训，往往是师带徒甚至自学成才，技术水平参差不齐，如何在入场关核验工人技术水平，真正识别优秀技术工人，只能依靠建立工人数据库，做好过程和完工验收记录，从而保证优秀工人不流失。

（3）实时动态监控：建筑装饰项目经理部要在工人出入现场的关键地点设置考勤机，对工人上班、下班实行全面有效的监控，才能发挥实名制管理的真正作用。对工人进场、退场、开展安全技术交底等管理行为，也要作为实名制管理的重点内容。

成功案例

某建筑装饰企业通过信息化助推劳务实名制管理

劳务实名制管理是劳务管理的基础工作，通过不断完善实名制管理体系，使建筑装饰企业做到对劳务班组“人数清、情况明、人员对号、调配有序”，促进劳务企业合法用工、切实维护农民工权益、调动农民工积极性、实施劳务精细化管理，增强企业核心竞争力。

目前大部分建筑企业实施劳务实名制时，更多依赖于人工操作，大量登记、复印、打印，人员投入大，基础数据统计烦琐，工作效率低下，数据准确度低，不可重复利用。如何高效便捷地实现劳务实名制、发挥大数据管理作用，信息化提供了解决办法。通过对劳务人员的信息化管理，建立劳务实名制系统，可有效提高项目的精细化管理水平。

某建筑装饰公司一直高度重视劳务管理工作，公司综合考虑工地现场和劳务工人实际情况，将面部考勤机、身份证识别器、手机、电脑、数据存储等终端设备，利用互联网和移动互联网技术联通，搭建公司劳务管理系统，在名册管理、考勤管理、报表管理、沟通管理、奖罚管理方面取得应用，方便项目的劳务管理和公司的劳务管控调配，并形成公司劳务大数据。

一、系统功能介绍

实名制系统为企业提供了三大功能：工人信息管理、项目用工情况记录、企业战略管理。手机 App、电脑 web 可同时使用。工人信息管理的主要内容包含：姓名、住址、出生日期、班组、工种、文化程度、联系电话、进退场信息等。

使用系统的优势在于：一是利用身份证识别器刷身份证办理进场，相比单机版简化入场手续，保证信息真实性；二是系统自动识别超龄工人，不合格人员不能办理进场；三是顺利办理进场的合格人员从系统导出三级教育卡、劳动合同，做到入场教育率100%、劳动合同签订率100%；四是全方位信息形成公司劳动力资源库，引导工人职业化发展。

对项目用工管理主要包括以下内容：一是劳务人员出勤动态实时掌握，项目人员、劳务班长通过手机App端口，查看每日上班人数、工人上下班迟到早退信息一手掌握。二是对劳务人员出工信息系统化记录，系统永久记录工人考勤，为企业管控成本、防止纠纷提供依据，同时为工人薪酬纠纷提供数据保障。三是实现班组、项目经理部、公司三方即时沟通，项目管理人员通过手机App或电脑，发送每日施工任务给班组，方便班组、项目经理部、公司三方即时沟通。

企业层面获得的管理提升在于以下方面：一是根据项目分布情况，实现全面管控，系统首页可以查看全公司项目分布情况，根据项目的地理分布，可以分析出企业的业务分布，为后续开拓市场提供方向。二是对劳务班组和劳务工人实施信息化管控和考核，规范企业用工。公司、项目管理人员可以通过手机App或电脑端，对班组或个人实现过程记录，保证了考核的真实性，为企业监控劳务资源，促进劳务分包良性竞争和健康发展。三是动态掌控企业的劳务资源情况，实现科学决策，利用系统的大数据，分析企业劳务资源储备的工种配比，是否合理，人员素质、年龄分布是否满足企业后续发展需要，为企业加快培育产业工人队伍、推进农民工组织化进程提供数据支撑。四是通过工效分析，准确配备劳动力。通过用工状况的劳动力曲线，分析产值与劳动力关系，方便公司与项目管控成本，同时准确预估劳动力计划。

二、系统主要特点

该系统以项目为导向，管理各项目所属劳务人员的进场、退场、考勤信息；发布任务、处理违章、分包考核、工资发放、教育培训等，并对劳动力进行深度数据分析。主要特点一是系统完善，突破单机版考勤局限性，实现数据联网；突破闸机的封闭式管理限制，只要网络能到达的地方，均能作为考勤机布点。二是使用方便，利用身份证识别器刷身份证办理入场，信息真实全面，办理效率高；可以利用系统导出三级教育卡、劳动合同签订，手续方便，减轻项目工作量；通过红外人脸识别，考勤准确、识别快、有效避免代打卡现象。三是功能齐全，考勤数据永久留存，方便查询；平台人员信息积累，形成公司劳务资源库；系统数据自动分析，根据用户需要，科学决策；利用系统考核，客观真实，有效管控公司资源；利用系统平台，信息传递及时，利于项目高效管理。

三、系统推广过程

（1）组织机构保障，管理制度先行，确保推广工作落地生根。2016 年年初，公司专门成立了由公司领导任组长，项管部门、科技部门为核心，各业务部门为成员的实名制管理试点的领导小组。项目经理部层面成立了由项目经理牵头，施工长、安全员、预算员、物资管理员等全员参与的实名制工作组，大型项目配备专职劳务实名制管理员。另外，公司修订了《劳务实名制管理手册（试行）》，为试点工作做到有据可依、有章可循。

（2）广泛宣传动员，营造实名制管理“势在必行”的管理环境。试点成功与否，劳务工人的认同感是关键。试点项目经理部在生活区开辟了“实名信息登记、打卡上下班”的告知栏，将各类管理规定、操作流程进行宣传公示。项目经理部组织分包单位和劳务班组进行人员登记、刷卡管理、出勤统计等培训交底、动员会，过程中组织班组长、工人召开座谈会，全面听取各方面意见。同时，项目经理部要求全体一线员工掌握考勤机操作流程，以加深大家的了解与认识。

（3）多级多岗联动，推动实名考勤高效运行。企业项目管理部门、科技部门、安监部门各指派一人服务项目经理部，帮助项目人员了解软件平台各模块功能和基本应用流程，学习各模块操作应用，能够保证人人学会信息录入、打卡监督，保证考勤系统时刻通畅运行，过程中项目管理部门收集改进意见和建议，及时反馈给科技部门。

四、系统推广效果

（1）劳务工人基本权益得到保障。实名管理的劳务工人信息平台，推动了劳务企业规范用工管理，补全了很多过去劳务管理的“短板”，如工人的身份信息、家庭住址、特种技能、学历的查询，更是直接推动了劳务工人基本权益的合法保障，逐步消除“以班组承包为主”这一传统用工模式的弊端，促进项目直接管控到劳务工人个体。

（2）“平安工地”构建进一步落实。先进的实名制管理系统和严格的身份管理，使进入工地的所有人员信息完整，验证属实，从而杜绝不良记录人员和超龄人员进入施工现场。对未经过安全教育及无劳动合同人员，不办理入场手续，牢牢守住“平安工地”的第一道防线。对在施工现场发现的不安全行为（如未戴安全帽、现场抽烟等不安全行为），通过手机拍照，上传平台进行记录，并进行处罚，降低安全事故的发生率。

（3）建筑行业诚信氛围大为改善。通过实名制管理，每个劳务工人都有一份不断更新的职业档案，劳务班组、劳务工人考核结果的基础数据应运而生，对约束劳务班组和工人行为起到很好作用，更多劳务工人愿意参与到项目合理化建议中来。

（4）项目工期、成本管控有了基础数据。依据系统平台产生的数据，可以分析出项目参建班组、工人的实际出勤情况，对照计划进行分析和比较，可以评判劳动力投入是否充足。对照阶段产值完成情况，还可以得出劳务工人工效，可以更加真实地了解劳务分包的用工成本。

4.8.3 劳务费结算管理

1. 概念释义

劳务费结算管理是指建筑装饰项目经理部对劳务分供方在每月项目履约完成后，与其进行费用核算的经济性行为，确保施工企业与劳务分供方权益，避免纠纷。

案例导引

2018年11月15号，在吸取上个月劳务结算单超开的教训后，项目施工员小吴同现场劳务班组负责人准备了卷尺、图纸等测量绘图工具，对截至当前班组完成的作业面工程量进行测绘。测绘结束后，小吴根据劳务合同清单，将相关尺寸数据换算成相应的工程量，扣除上月劳务结算单累计工程量，形成当月劳务结算单，并报预算员小李审核。

2. 管理难点

（1）劳务费用结算是根据劳务队伍在工程项目现场实际完成量和已确认的单价计算出其完成的劳务费总额。这一过程中，现场实际完成量的核算由于现场环境因素影响、人员调离等原因，工程量测算不完整、不准确，影响了劳务费用结算的真实性。

（2）工程项目实施过程中往往会发生一些合同外的签证变更，项目经理部和劳务队伍在工程量、劳务单价方面的确认手续一般比较滞后，容易造成争议。

3. 流程推荐

劳务预结算流程如图4-15所示。

4. 管理要点

（1）项目预算员（负责人）、项目施工员及劳务队伍每月20日核对当月现场已完成的工程量，根据劳务合同约定的单价核算当月劳务费用。

（2）项目经理审核当月劳务结算单，通过后报公司项目管理部门。

（3）公司项目管理部门和商务部门每月25日前完成项目《劳务结算单》的审核。

（4）公司分管领导审批通过后，报公司财务资金部，作为支付劳务费用的结算凭证。

5. 管理重点

（1）建筑装饰企业必须制订劳务费结算工作程序，按工作流程进行劳务费结算与支付。劳务费结算必须严格执行《劳务分包合同》，并按总量控制的原则，每月进行一次结算。

（2）建筑装饰企业要建立《劳务分包结算台账》，掌握所有项目的劳务结算信息；项目预算员要建立《项目劳务结算台账》；公司财务部门凭审批后的《劳务结算单》和劳务公司出具的发票办理支付。

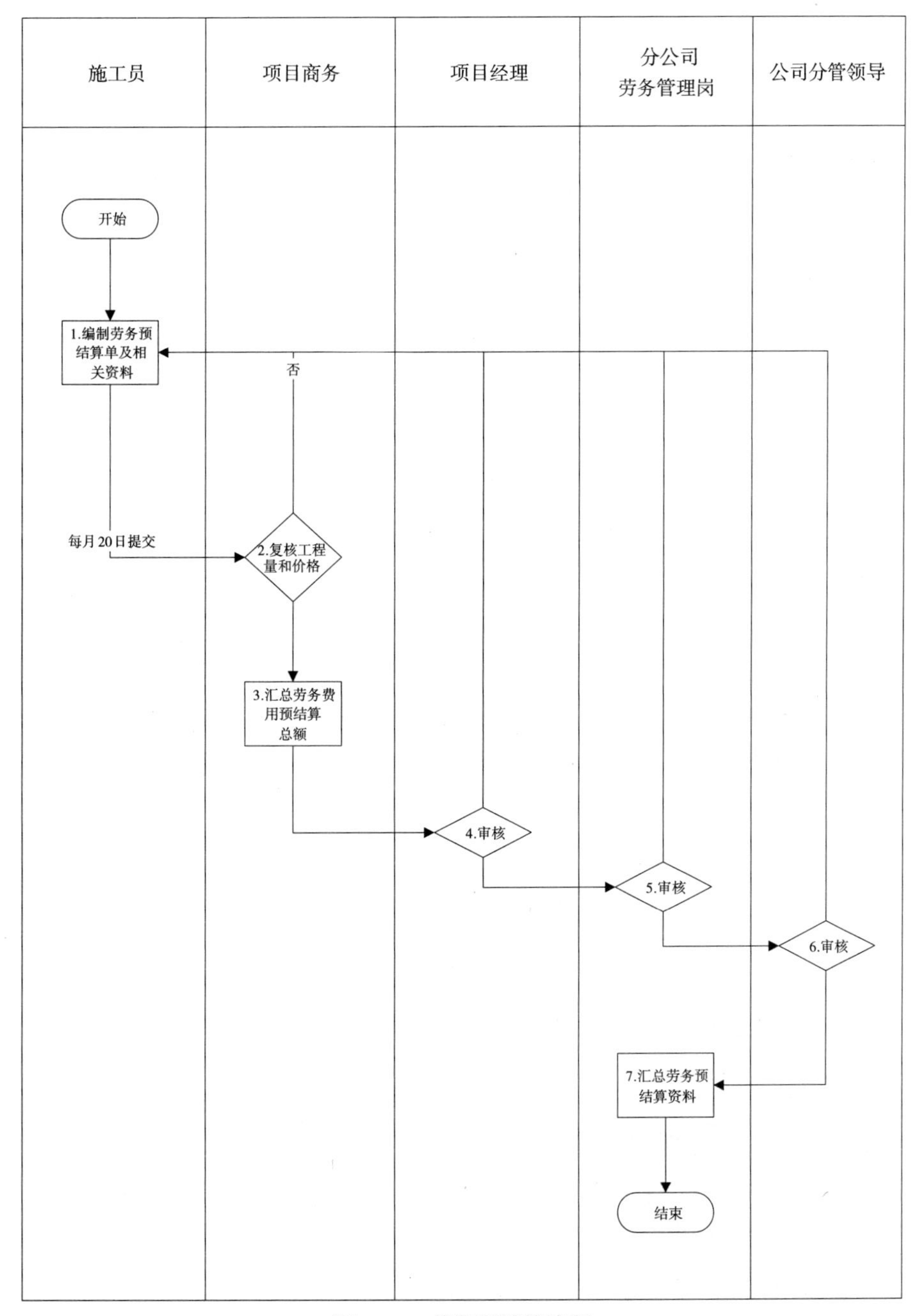

图 4-15　劳务预结算流程

（3）其他劳务费控制与支付：工程中的零星用工、定额工作内容以外的用工，原则上实行系数包干或总量包干。

（4）公司、项目经理部要对本单位、项目的劳务结算进行分析，公司还应督促项目经理部按月监督检查劳务人工费发放情况，并采用台账进行管理。

（5）劳务结算单需劳务分供方的法人代表或法人代表授权委托人签字确认。

6. 文件模板推荐

月度劳务结算单

项目名称：　　　　　　　　合同额：　　　　　　　　劳务队伍：

预结算时间：　　　　　　　　　　　　　　　　　　　编　　号：

序号	分部分项工程名称	工作部位	计量单位	劳务合同工程量	截至上月累计完成量	本月实际完成工作量	单价	金额	备注
1									
2									
奖罚单：		金额：		奖罚日期：					
其他费用：		金额：							
计时工单：		金额：							
任务单：		金额：							
本页费用项明细合计：									
大写：									

4.9 项目资金管理

4.9.1 资金计划管理

1. 概念释义

项目资金计划管理是指建筑装饰项目经理部根据项目合同条件、项目履约情况，编制用于指导和优化项目现金流管理的专项计划，包括收款额度及收款时点计划、借款额度及归还时点计划、月度资金结余目标预测及资金筹划措施等，便于项目掌握资金余缺变化情况，提前做好资金平衡安排，保证项目履约。

2. 管理要点

（1）建筑装饰项目要认真开展全周期现金流策划，形成资金计划，并在进场后一定周期内审批确定。项目资金计划对项目资金支付具有预算约束力，未按时完成项目资金计划编制以及资金未达到结余目标的项目，原则上不得向企业申请付款安排。

（2）项目资金计划包括月度资金收支计划、中长期资金预测。

（3）月度资金收支计划是依据当前企业债权债务以及下月生产经营投入计划等情况对下月资金收支所做的具体安排，便于公司进行综合平衡，统筹调剂，也利于各项目科学安排资金收支工作，对企业资金支付起强制约束作用。

（4）中长期资金预测是根据生产履约、市场经营以及日常管理等情况，对远期资金状况的综合预计，便于建筑装饰企业提前掌握未来一段时间资金状况，若出现大额缺口，可提前进行融资准备工作。

（5）若项目经理部对资金预测过于乐观，实际出现资金缺口影响运营需要企业支持解决的，由项目经理部承担融资成本，并对项目经理进行处罚；若项目经理部资金预测过于保守，导致公司对外融资资金闲置，不管是否使用，也应对项目经理进行处罚。

（6）项目资金计划一经确立，不允许随意变更，但发生以下重大条件变化时，必须进行调整：主合同及分供合同付款条件发生重大变化；工期延误在一个月以上（非装饰企业原因）；业主拖欠资金达一个月以上（非装饰企业原因）；其他不可抗力事件。

3. 管理重点

（1）月度资金收支计划应细分至每周，首先由各项目经理部在现金流策划的基础上，根据施工进度的变化条件，编制项目月度资金收支计划。经财务资金部门审定，由公司法人审批。

（2）建筑装饰企业一般于每季度开展一次资金预测工作，在季度第一个月份 10 日前编制完成，逐层编制审核汇总方式。根据资金余缺情况，财务资金部门拟定资金平衡方案，报送企业领导审批后，做好资金筹集和统筹安排。

（3）项目经理部是项目资金计划的第一责任主体，项目经理负责牵头组织项目资金计划的编制、申报和执行工作。

项目进场一定时间内，项目经理部需研究制订资金计划，由项目经理组织项目经理部相关人员，根据施工合同、项目承包责任状、商务策划方案、主要技术方案、施工进度计划、物资采购计划、劳务配置方案、管理人员配置方案等预测项目现金流情况。

项目经理部要对现金流情况进行合理分析，根据存在的资金短缺情况制订具体、有效措施，包括但不限于向业主超报量、向公司借款、承兑汇票、现金借款、保理融资、调整对分供方的支付等方式，实现项目资金平衡。

项目确实出现资金周转困难须向企业申请资金支持的，应在报送项目资金计划时，同时执行公司垫资报告流程，按权限进行审批。其中，因合约条件原因导致项目过程垫资的部分，可给予一定额度的借款支持，一般不收取资金利息。由于项目收款不力，需公司提供资金支持的，将收取资金占用费。

（4）财务资金部门是项目资金计划的主管部门，负责研究制订项目资金计划的编制方法，配合项目经理部完成项目资金计划的编制，负责牵头组织项目资金计划的审定，完成对项目资金成本计息及考核的具体工作。

（5）企业每月对月度资金计划完成情况进行考核。

4.9.2 资金回收管理

1. 概念释义

项目资金回收管理是指在建筑装饰工程项目实施过程中，项目经理部向建设单位上报进度产值，并按合同约定收取工程款的管理行为。

案例导引

根据与业主签订合同的进度款支付条款约定："承包人进场施工开始后，发包人按月审核完成进度合格工程量的80%向承包人支付工程进度款，承包人每月25日报送当月进度报量，发包人在次月20日以前审核完成，并在审核完成当月月底前支付工程进度款。"每个月的25日，项目经理小王及预算员小李就会约上建设方的项目管理部、审计部经办人员，以及监理等进行现场工程量核对，共同确认当月的施工进度。随后根据四方确认的工程量及合同清单价，形成当月的进度产值报建设方批复。建设方于当月30日前完成审核后，下发产值批复文件及下月进度款支付文件至项目经理部。随后小李根据确认的批复付款金额，会同公司财务部门，完成进度款申请资料，准备好工程发票，报送建设方，在建设方支付完工程款后登记收款台账。

2. 管理难点

（1）产值报量。产值报量看似简单，但要报好产值，满足项目需求则需要做一定的准备工作。一是产值报量前要充分分析当前项目资金的结余情况及下月的资金支付情况，以确保过程收款满足成本支出；二是为了尽可能提高建设方产值确认，应充分研究分部分项产值比例，研究如何尽可能多报量。

（2）过程收款。建设方批复项目工程产值后，根据合同约定得出工程款支付金额。但受制于建设方资金状况，工程款支付往往“缺斤少两”或者一拖再拖，对项目履约造成影响，因此如何按时全额回收工程款是重点工作。

3. 管理要点

（1）项目经理部应根据企业授权，配合财务资金部门及时回收项目资金。

（2）新开工的建筑装饰项目要按工程施工合同收取预付款或开办费。

（3）项目经理部根据月度统计报表编制《工程进度款结算单》，在规定日期报送监理方审批结算。如发包人不能按期支付工程进度款且超过合同支付的最后期限，项目经理部应向发包人出具付款违约通知书。

（4）项目经理部应根据工程变更记录和证明发包人违约的材料，及时计算索赔金额，列入工程进度款结算单。

（5）发包人委托代购的工程设备或材料，必须签订代购合同，收取设备订货预付款或代购款。

（6）工程材料价差应按规定计算，及时请发包人确认，与进度款一起收取。

（7）工程尾款应根据发包人认可的工程结算金额及时回收。

4. 管理重点

（1）为加强工程款的回收过程控制，建筑装饰企业应建立两级预警机制，对业主无法按合同履行付款义务的项目，要综合评估风险，减少盲目垫资，降低资金风险。

（2）建筑装饰企业在项目施工过程中，每月对业主工程款支付情况进行评估，对在建项目拖欠超过 1 个月的，必须由企业领导决策是否停工缓建；对拖欠时间超过 2 个月的，必须报企业领导班子评估决策，经审批后方能继续施工。

（3）为鼓励项目经理部积极回收工程款，合理使用资金，建筑装饰企业对项目资金计划的实施实行目标考核管理，对主要负责人员给予奖励或处罚。目标考核的主要责任人员包括项目经理、项目预算员（负责人）及其他相关人员。资金结余奖励主要针对项目通过自身努力，以超报量等手段提前回收工程款，且将资金沉淀下来的部分，每季度考核一次，对超收结余部分分段确定奖励比率。

5. 文件模板推荐

项目现金流分析表

项目名称及编码													
项目开工日期				本表填报日期						本项目第 次估算			
一、现金流估算情况													
时间													备注
内容	S	U	S	U	S	U	S	U	S	U	S	U	
（一）计划现金流入													
预付款													
工程款													
合计													
（二）计划现金流出													
分包费													
劳务费													
材料费													
机械费													
管理费													
税费													
保修金													
保证金													
合计													
净现金流量													
二、项目现金流实际情况													
现金流入													
现金流出													
分包费													
劳务费													
材料费													
机械费													
管理费													
税费													
保修金													
保证金													
合 计													
净现金流													
编 制				审核					批准				
时 间				时间					时间				

月份资金使用计划书

工程名称：				编制日期：　年　月　日				
编号	项目	至目前累计完成工作量	至目前累计付款总额	下月计划工作量	至下月底应付款总额 $C-D+E$	下月计划付款	至下月底付款比例 $(D+G)/(C+E)$	审批情况
一	分包（非清工）							
1								
2								
二	劳务（清工）							
1								
2								
三	物资采购							
1								
2								
四	周转材料							
1								
2								
五	机械设备							
1								
2								
六	现场其他直接费							
1								
2								
七	现场管理费							
1								
2								
八	其他（押金、税金等）							
1	押金类							
2	税费类							
九	合计（一～八）							
资金贡献情况								
十	项目	至目前累计	下月计划	至下月底累计				
	工程款收入							
	工程款支出							
	资金贡献							
项目经理部	商务经理		项目经理					
公司审批	项目管理部		商务部门					
	财务资金部							
	法人代表（总经理）							

工程收付款计划表

项目名称及编码							
项目基本情况							
收款计划				付款计划			
年份	月份	本月收款	累计收款	年份	月份	本月付款	累计付款
编制		审核			批准		
时间		时间			时间		

4.9.3 资金支付管理

1. 概念释义

项目资金支付管理是指建筑装饰企业和项目经理部，按照与供应方（劳务、物资等）的合同约定，根据其实际履约情况，结合回收工程款情况，向供应方支付相关费用的行为。

2. 管理要点

（1）每月初，项目经理部根据项目产值报量情况、合同收款和支付条款规定、物

资材料、劳务队伍实际完成工程量，制订支付计划，提交财务资金部门。

（2）财务资金部门会同项目管理部门、物资采购部门评审项目资金支付计划明细，根据评审情况进行调整，及时将结果反馈至项目经理部。

（3）物资采购部门负责物资材料款项支付管理，根据项目实际验收量、累计付款合同约定情况合理分配各项目材料款支付额度。若项目存在收款时间错位，财务资金部需统筹全盘考虑，给予临时资金支持，确保生产履约正常进行。

（4）项目管理部门负责劳务费支付管理，根据项目现场使用劳动力情况，结合劳务合同约定，向劳务分包企业支付人工费。项目要监督劳务费支付过程，确保农民工工资能够及时足额发放到工人手中。

（5）建筑装饰企业在对外付款时，应严格坚持“无合同不付款、无预算不付款、无结算不付款、无发票不付款、审批流程不齐全不付款”的原则。

3. 管理重点

（1）项目资金支付的总体原则是“以收定支、先收后支”。

（2）为保证项目资金计划与支付的科学合理,企业应建立“成本付现率”管理制度，即将“项目累计支付资金占累计成本的比率”，作为项目资金计划编制和资金支付的重要指标。

（3）建筑装饰企业应在资金支付额度范围内，严格按照下列顺序合理安排资金支付，确保资金使用科学。

①投标保证金支出，确保项目投标工作正常开展。

②融资本息（含偿还到期的票据款）、各类税金及附加费和司法诉讼等支付，避免对企业形象产生不利影响。

③职工工资、福利、报销等日常管理费用及项目间接费用等支出，切实维护企业员工利益。

④优质在建项目履约所需要的材料、劳务等支付。

⑤一般在建项目（业主拖欠少量工程款或短期资金困难）、收尾项目履约所需的材料、劳务等支付。

⑥完工项目外部劳务、材料等债务偿付。

⑦其他合理费用开支。

⑧对业主已经违约的项目，经评估后停工组建的，企业不再进行资金支付，对拖欠严重且无明显改善的风险项目，禁止支付。

4. 文件模板推荐

分包商 / 供应商支付申请表

<table>
<tr><td colspan="7">项目名称：</td></tr>
<tr><td colspan="2">分包商 / 供应商名称</td><td colspan="3"></td><td colspan="2">合同编号：</td></tr>
<tr><td colspan="2">合同形式：</td><td colspan="3"></td><td colspan="2">付款方式：□支票 □汇票 □电汇 □其他：</td></tr>
<tr><td colspan="2">合同价格：</td><td colspan="3"></td><td colspan="2">本期付款为该合同下第　　次付款</td></tr>
<tr><td colspan="2">收款人开户银行及账号</td><td colspan="3"></td><td colspan="2">本期付款对应工作时间截止至：</td></tr>
<tr><td colspan="2">数据类别</td><td>代号</td><td colspan="2">二级数据 / 计算公式</td><td>金额（支付币种：人民币）</td><td>备注</td></tr>
<tr><td colspan="2" rowspan="7">至本期止累计应付款</td><td>a</td><td colspan="2">完成工作量累计</td><td></td><td></td></tr>
<tr><td>b</td><td colspan="2">按照付款比例（i）应付款</td><td></td><td>i=</td></tr>
<tr><td>c</td><td colspan="2">工期奖 / 质量奖</td><td></td><td></td></tr>
<tr><td>d</td><td colspan="2">应付预付款</td><td></td><td></td></tr>
<tr><td>e</td><td colspan="2">退还保留金</td><td></td><td></td></tr>
<tr><td>f</td><td colspan="2">其他应付款</td><td></td><td></td></tr>
<tr><td>g</td><td colspan="2">至本期止应付款合计</td><td></td><td></td></tr>
<tr><td colspan="2" rowspan="7">至本期止累计扣款</td><td>h</td><td colspan="2">预付款抵扣</td><td></td><td></td></tr>
<tr><td></td><td colspan="2">预付款余额</td><td></td><td></td></tr>
<tr><td>j</td><td colspan="2">保留金</td><td></td><td></td></tr>
<tr><td></td><td colspan="2">保留金余额</td><td></td><td></td></tr>
<tr><td>k</td><td colspan="2">税金及基金</td><td></td><td></td></tr>
<tr><td>m</td><td colspan="2">其他扣款</td><td></td><td></td></tr>
<tr><td>n</td><td colspan="2">至本期止扣款合计</td><td></td><td></td></tr>
<tr><td colspan="2">至本期止累计应付净额</td><td>p</td><td colspan="2"></td><td></td><td></td></tr>
<tr><td colspan="2">此前累计已付款</td><td>q</td><td colspan="2">项目经理部财务按照实际填写</td><td></td><td></td></tr>
<tr><td colspan="2">本期应付款</td><td>r</td><td colspan="2"></td><td></td><td></td></tr>
<tr><td colspan="2">本期实际付款</td><td></td><td colspan="2"></td><td></td><td></td></tr>
<tr><td colspan="2">至本期止累计已支付金额</td><td>t</td><td colspan="2"></td><td></td><td></td></tr>
<tr><td colspan="4">本单对应工作内容是否已从业主收回工程款</td><td>是</td><td>部分回收　　%</td><td>否</td></tr>
<tr><td>项目经理部</td><td>项目预算员</td><td colspan="3"></td><td>项目经理</td><td></td></tr>
<tr><td rowspan="5">公司审批</td><td>商务部门</td><td colspan="5"></td></tr>
<tr><td>项目管理部门</td><td colspan="5"></td></tr>
<tr><td>财务资金部门</td><td colspan="5"></td></tr>
<tr><td>总会计师</td><td colspan="5"></td></tr>
<tr><td>法人代表（总经理）</td><td colspan="5"></td></tr>
</table>

4.10 项目综合管理

4.10.1 办公行政事务管理

1. 概念释义

项目办公行政事务管理，指建筑装饰项目经理部对涉及项目履约过程中的行政事务管理、办公事务管理、人力资源管理等活动的管理，具体包括企业相关制度的执行推动和反馈、日常办公事务管理、办公物品管理、文书资料管理、档案管理、会议管理、涉外事务管理，项目员工生活福利、车辆、安全卫生管理等。

案例导引

某建筑装饰项目经理部接公司办公室通知，要求向公司《希望》报刊投稿一篇，以宣传项目榜样，形成争先比优的良好氛围。项目经理小王征求项目人员意见，但无一人主动报名，技术负责人老董说，“这是一次学习提高的好机会，但我再过两年就要退休，还是把机会留给别人吧”。施工员小李说，“我刚来公司，比起项目的其他人差的远”，施工员老周说，“最近现场抢工，根本没时间写。”小王经理感觉大家对公文写作都不感兴趣,也缺乏必要的撰写公文的技能,于是邀请公司办公室主任前往项目现场,组织开展一次公文写作的培训。培训如期开办，经过 3 个多小时的授课，大家对此有了深入了解，对一般格式的公文有了更全面、深入的了解。在培训中，办公室主任还对如何向业主发文、如何规避法律风险、如何更准确表达项目意图等进行了重点传授。培训以后,小王明显感觉项目团队的成员对行政办公工作有了新的认识,对公文的撰写、传递等活动有了更高的标准。

2. 管理难点

（1）建筑装饰项目办公行政事务的涉及面比较广，管理人员要处理的事物十分繁重，工作压力大，对项目效益无法起到立竿见影的效果，直接导致了从业人员的抵触心理，积极性差。除此之外，为了增加对行政工作的了解，还要花费大部分时间查阅制度、梳理流程、参与活动，这些都增大了项目现场管理工作的难度，增加了管理者的心理压力。

（2）很多建筑装饰企业或项目经理部为了有效管理内部事务，设置了薪酬管理制度、人事管理制度以及企业文化管理制度等，以此来提升办公行政事务管理工作的效率。但是，从实际情况来看，当这些制度应用到实际项目履约工作中的时候，并不能切实有效地发挥作用，在解决问题的时候需要经过复杂的程序，直接降低了工作效率，不利于项目的正常运行和发展。

3. 管理要点

（1）明确岗位职责。建筑装饰项目经理部应设置专门岗位，主要是以项目资料员为主，承担日常行政办公事务。

（2）明确管理活动：日常办公行政事务管理包括日常事务的计划安排、组织实施、信息沟通、协调控制、检查总结和奖励惩罚等方面的管理工作；办公物品管理包括办公物品的采购、发放、使用、保管以及相应制度的制订；文书资料管理包括印信管理、公文管理、档案管理、书刊管理；会议管理包括会前准备、会中服务、会后工作。

（3）加强沟通协调。要以办公行政部门为枢纽，将企业、项目、业主、分供方等各方信息进行收集、整理、处理、分发，各司其职，各负其责，高效完成日常行政管理工作。

（4）注重信息的收集和整理。信息包括企业外部信息和内部信息。外部信息具体包括国家相关政策法规、社会习惯、风俗、时尚变化；市场需求、消费结构、消费层次的变化；竞争企业信息；科学技术发展信息；突发事件等。内部信息具体包括财务状况；生产状况；产销状况；采购、库存信息；设备的使用和管理；人才资源等。

4.10.2 沟通协调管理

1. 概念释义

项目沟通管理是系统化过程，其目的在于保证及时准确地提取、收集、分发、存储和处理项目信息，使得项目组织内外信息畅通。在建筑装饰项目内，沟通是自上而下或者自下而上的一种信息传递过程，在此过程中，关系到项目组织团队的目标、功能和组织机构各个方面；在与外部沟通中，项目人员与外界建立信息联系，成为促进项目各方面管理的纽带。

沟通的途径分为口头沟通、文字沟通、音频沟通、视频沟通等。口头沟通是运用最为广泛的沟通方式，是高度个人化的交流思想、内容和情感的方式，口头沟通的其局限性在于：语义的局限，不同的词对不同的人有不同的意义；语音语调使意思变得复杂，不利于意思的传递；组织中不同层次的人们之间还存在着沟通等级差距。文字沟通是在缺乏面对面的接触或具备远程通信设施的情况下比较有价值的沟通方式，特别是在面对很多人传递同一信息而且还需要有一个永久存档时，这种方法尤其有用，文字沟通存在的主要问题在于不能全面及时地获取信息和反馈交流。通过高度发达、高效的通信方式（音频、视频）使沟通变得更为有效，可作为一个极好的工具用来支持和强化其他形式的沟通，互联网技术为增强沟通效果发挥了重要的作用。

案例导引

项目总包单位计划于2018年12月拆除外施工电梯，而根据酒店装修的实际进度，

项目酒店部分的装饰材料进场时间预计仍需要持续2～3个月，如果拆除外施工电梯，对项目材料的搬运会产生巨大的影响，材料的搬运成本将远超预期。针对这一情况，项目经理小王利用公司与总承包单位的良好关系，积极与总承包单位项目经理沟通，提出希望可以延后拆除。但由于本项目不涉及总包管理费，如果延期拆除，总承包单位仍要求收取10000元/日的租金费用，这是项目经理部无法承担的。为了解决这一难题，小王多次寻找机会沟通，考虑到实际困难，总承包单位联系了其长期的合作供应商，即本项目室内电梯安装公司负责人以及发包人有关负责人，协商通过使用室内电梯搬运材料的方式。经过协商沟通，最终同意小王的项目经理部每日晚上8点至11点使用其中的3部电梯，并支付使用费和电梯运营人工费共计2000元/日，此举最终为项目节约了一大笔成本。

2. 管理难点

（1）建筑装饰项目在实施管理的过程中，需要获取和处理的信息量非常大，尽管有现代化的通信工具和信息收集、存储和处理工具，减小了沟通技术上和时间上的障碍，但仍然不能解决人们许多的心理障碍。组织沟通的复杂性在于：

①现代工程项目规模大，参加单位多，造成每个参加者沟通面大，各人都存在着复杂的联系，需要复杂的沟通网络。

②现代工程项目技术的复杂、新工艺的使用和专业化、社会化的分工，以及项目管理的综合性和人们专业化分工的矛盾增加了交流和沟通的难度。特别是项目经理和各职能部门之间经常难以做到协调配合。

③由于各参加者（发包方、项目经理、技术人员等）有不同的利益、动机和兴趣，且有不同的出发点，对项目也有不同的期望和要求，对目标和目的性的认识更不相同，因此项目目标与他们的关联性各不相同，造成行为动机的不一致。作为项目经理在沟通过程中不仅应强调总目标，而且要照顾各方面的利益，使各方面都满意，这就有很大的难度。

④由于建筑装饰项目是一次性的，一个组织从新成立到正常运行需要一个过程，有许多不适应和摩擦。项目经理部刚成立时，都会有沟通上的困难，容易产生争执。

⑤人们的社会心理、文化、习惯、专业、语言、伦理、道德对沟通产生影响，特别是国际合作项目中，参加者来自不同的国度，不同的社会制度、文化、语言及法律背景，因而从根本上产生了沟通的障碍。同时伴随的社会责任的差异也造成沟通过程中的问题。

⑥在建筑装饰项目实施过程中，组织和项目的战略方式和政策应保持其稳定性，否则会造成协调的困难，造成人们行为的不一致，而在项目生命周期中，这种稳定性是无法保持的。

（2）在建筑装饰项目实施过程中，由于沟通不力或者沟通工作做得不到位，常常使得组织工作出现混乱，影响整个项目的实施效果。主要是存在语义理解、知识经验水平的限制、心理因素的影响、伦理道德的影响、组织结构的影响、沟通渠道的选择、信息量过大等障碍。

①项目组织或项目经理部中出现混乱，总体目标不明，各人有各自的打算和做法，甚至尖锐对立，而项目经理无法调解或无法解释。

②信息未能在正确的时间内，以正确的内容和详细程度传达到正确的位置，人们抱怨信息不够，或者太多，或者不及时，或者不得要领。

③项目经理中没有产生应有的争执，但是在潜意识中是存在的，人们不敢或者不习惯将争执提出来公开讨论，从而转入地下。

④项目经理部中存在或者散布着不安全、气愤、绝望、不信任等气氛，特别是在项目遇到危机、企业准备对项目作重大变更、项目可能不再进行、对项目管理架构作调整或项目即将结束时更加明显和突出。

⑤实施中出现混乱，人们对合同、指令、责任书理解不一或者不能理解。

⑥项目经理部得不到企业职能部门的支持，无法获得资源和管理服务，项目经理花大量的时间和精力周旋于部门之间，与外界不能进行正常的信息沟通。

3. 推荐流程

沟通管理流程如图 4-16 所示。

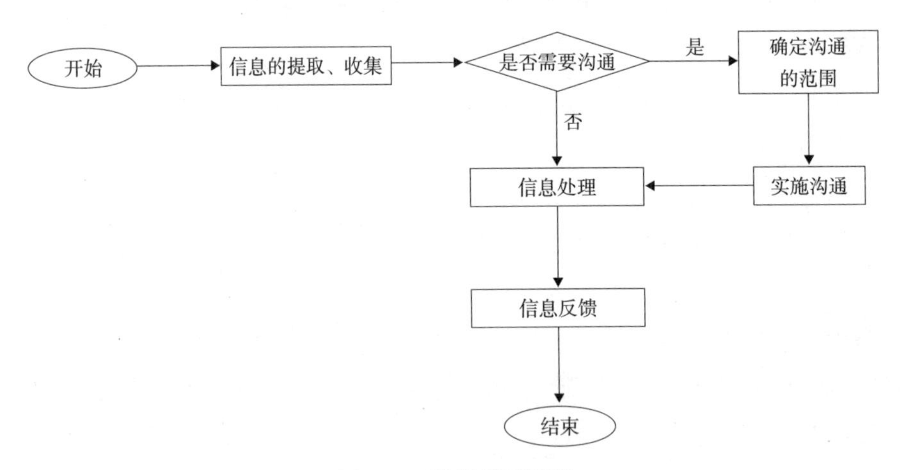

图 4-16　沟通管理流程

4. 管理要点

（1）项目经理是项目经理部的组织核心。通常，项目经理部所使用的资源由团队中不同职能的人员具体实施控制，项目经理和职能人员之间及各职能人员之间存在着共同的责任，应该具有良好的工作关系，经常进行沟通和协调。在项目经理部内部的

沟通中，项目经理起着核心作用，如何进行沟通以协调各职能工作，激励项目经理部成员，是项目经理的重要课题。

（2）项目经理与技术专家的沟通十分重要，他们之间存在许多沟通障碍。技术专家常常只注意技术方案的优化，而对团队和管理方面的影响注意较少。项目经理应该积极引导，从全局的角度考虑，既发挥技术人员的作用，又能使方案在全局切实可行。

（3）建立完备的项目管理系统。项目经理应明确划分各岗位职责，落实科学的管理流程，提供正式的沟通方式、渠道和时间，使大家能够按程序、按规则办事。

（4）项目经理应从心理学、行为学等角度激励各个成员的积极性。虽然项目经理没有给项目成员提升、加薪的权力，但是通过有效的沟通，采取一系列的有效措施，同样可以使项目成员的积极性得到提高。

（5）项目经理要注意改进工作关系。鼓励大家参与和协作，共同研究目标，制订计划，倾听项目成员意见，允许质疑，建立互相信任的和谐工作气氛。

（6）项目经理要坚持“公开、公正、公平”的沟通方式。对上层的指令、决策应该清楚、快速地传达到项目成员；对项目实施过程中存在和遇到的问题，不掩饰不逃避，让大家了解到真实情况，增强团队的凝聚力；合理分配工作，并能够客观公正地接受反馈意见；在项目内部建立公平的考评工作业绩的方法和标准，定期客观的对成员进行业绩考评。

（7）项目经理要带领相关人员形成比较稳定的管理团队，尽管项目是一次性的，但作为项目来讲，仍然是相对稳定的，各个成员之间彼此了解，能够大大减少组织摩擦。

（8）项目经理与企业职能部门经理之间的沟通是十分重要的，职能部门必须为项目提供持续的资源，支持项目管理工作，项目经理必须与职能部门经理形成良好的工作关系，项目经理和职能经理之间应该有清楚快捷的信息沟通渠道，不能发出相互矛盾的命令。

（9）项目经理要注重与业主的沟通。业主代表项目的所有者，对项目具有特殊的权力，而项目经理为业主管理项目，必须服从业主的决策、指令，项目经理最重要的职责是保证业主满意。项目经理首先要理解总目标、理解业主的意图，反复阅读合同或项目任务文件，要让业主一起投入项目管理全过程，通过沟通使项目经理在做出决策时能考虑到业主的期望、习惯和价值观念，了解业主对项目关注的焦点，随时向业主汇报情况。在业主作决策时，向其提供充分的信息，使其了解项目的全貌、项目的实施情况、方案的利弊得失及对目标的影响。

（10）项目经理要加强工作的计划性和预见性，让业主了解施工方、了解非程序干预的后果。业主和项目团队相互理解得越深，双方的期望越清楚，矛盾就越少。

（11）项目经理要注意与分供方的沟通。分供方主要指建筑装饰工程的设计单位、供应商、劳务队伍等，必须接受项目经理的领导、组织和协调、监督。在技术交底以及整个项目实施过程中，项目经理应该让分供方负责人理解总目标、阶段目标以及各自的目标、项目的实施方案、各自的工作任务及职责等，指导和培训其掌握项目管理程序、沟通渠道与方法。

5. 管理重点

（1）要明确沟通的目的。对于沟通的目的，项目管理人员必须弄清楚，进行沟通的真正目的是什么，需要沟通的人理解什么，确定好沟通的目标。

（2）实施沟通前先澄清概念。项目经理事先要系统地考虑、分析和明确所要进行沟通的信息，并估计接收者可能受到的影响。

（3）只对必要的信息进行沟通。在沟通过程中，项目经理部人员应该对大量的信息进行筛选，只把那些与所进行沟通人员工作密切相关的信息提供给他们，避免过量的信息使沟通无法达到原有的目的。

（4）考虑沟通时的环境情况。不仅仅包括沟通的背景、社会环境，还包括人的环境以及过去沟通的情况，以便沟通的信息能够很好地配合环境情况。

（5）尽可能地听取他人意见。项目管理人员在与他人进行商议的过程中，既可以获得更深入的看法，又易于获得他人的支持。

（6）注意沟通的表达。项目管理人员要使用精确的表达，把沟通人员的项目和意见用语言和非语言精确地表达出来，而且要使接收者从沟通的语言和非语言中得出所期望的理解。

（7）进行信息的反馈。在信息沟通后有必要进行信息的追踪与反馈，弄清楚接收者是否真正了解了所接收的信息，是否愿意遵循，并且是否采取了相应的行动。

（8）项目管理人员应该以自己的实际行动来支持自己的说法，行重于言，做到言行一致的沟通。

（9）学会聆听。项目管理人员在沟通过程中听取他人陈述时应该专心，从对方的表述中找到沟通的重点。只有学会聆听，才能够从各类型沟通者的言语交流中直接抓住实质，确定沟通的重点。

案例分析

某超大型项目施工管理总结

A公司承建了某车站站房室内装饰工程，不论是工程体量之大、工期之短，还是施工管理和技术难度之高等多方面，都开创了公司有史以来的新纪录。该项目在施工管理上的实践和探索，对于今后从事超大型装饰项目施工管理具有借鉴作用。

一、工程特点

该车站站房既是一项重大基础设施建设项目，也是一项重大民生工程，是国家客运专线的重要组成部分。该项目采用了全高架钢结构形式，建筑面积达 35 万 m^2，中央主站房高度约 60m，南北两翼各由 4 片巨大的雨篷组成，是当时铁路站房建设最先进也是难度最大的工程。

该工程具有多项特点和管理难点：生产规模大，预计装饰工程总量约 5 亿元，总装饰面积超过 50 万 m^2，仅铝管天花就达 16 万 m^2，石材铺贴达 22 万 m^2，各种玻璃及装饰面层近 30 万 m^2。施工工期紧，由于诸多因素的影响，工期压力被最后转移到装饰工程施工上，仅 9 月 8 日至 12 月 18 日的“百日会战”产值就要突破 4 亿元大关，期间还有 2.7 万伏高压通电、联调联试、高速场试运行、国际站房大会、全面调试运行等多个工期控制节点。交叉作业多，从 50 多米高的屋面盖板、吊顶施工到 25.0m、18.8m、10.25m、±0.000m 各楼层，再到地下地铁出入口和通道，土建、钢结构、给排水、暖通、消防、电气、电梯、装饰、智能化、铁道、地铁等全面立体交叉作业，无法遵循正常的施工工序。施工场地挤，既有其他施工单位施工的阻挡，作业面无法展开，又有每天数千人，高峰期近万人在现场作战和大量的各类材料、设备需要转运与堆放，装饰施工只能见缝插针。运输任务重，该工程的特殊性和紧迫性，±0.000m 层土方尚在开挖，10.25m 站台层被 10 条火车轨道所分隔，大型机械设备无法进入，导致垂直和平面运输极为繁重，材料搬运主要靠人工肩扛背抬。调整变化频繁，是边设计、边施工、边调整的“三边工程”，许多材料、工艺等需要边做边定边改，土建、安装、消防、电梯、钢结构、幕墙与室内装修之间需要相互配合，矛盾重重。重要活动多，从 400 多名来自于国内外的专家学者和领导参加的“国际站房大会”到省、市领导及有关单位的视察检查活动。

二、总体目标

工期目标：根据业主要求和总包方指导性整体工期计划，确保 2009 年 12 月 26 日正式通车，实际大面积开展施工的时间只有 100 多天。

质量目标：确保装饰工程全部达到国家现行的工程质量验收标准及设计要求；工程一次验收合格率达到 100%，满足主体工程创优计划要求，创“鲁班奖”；确保装饰工程创“全国装饰奖”。

安全目标：杜绝死亡、重伤和重大事故，一般事故频率不超过 3‰；做好施工现场防疫工作，杜绝食物中毒和传染病发生。

文明施工目标：做到现场布局合理，环境整洁，物流有序，标识醒目，创成标准化管理现场。

环保目标：严格按照标准，进行“绿色”施工，采取有效的环境保护与控制扬尘、噪声污染措施，保证施工过程和工作区无污染。

效益目标：积极开展推进精细化管理、推进降本增效的“双推”活动，努力提高业主投资效益，争取公司经济效益。

三、基本实践

（1）认清形势，统一思想。从公司领导到项目成员充分认识搞好该工程建设的重大意义，利用动员会、生产会和个别谈心等多种形式，广泛深入持久地开展宣传发动和思想教育，把项目管理团队和各个合作相关方的思想统一到又好又快地完成施工任务，为企业争荣誉、树信誉上来，使其成为激励和鞭策团队克难制胜的精神动力。

（2）加强组织，健全体系。在前期大量准备工作的基础上，一是成立了由公司主管生产的副总经理兼任项目经理、副总工程师兼任项目质量总监的项目领导班子，充分授予项目领导班子对项目管理的决策和指挥权，确保项目施工过程中决策果断、指挥有力、运转高效。二是抽调精兵强将充实项目管理力量，各类工程技术和管理人员逐步增加到60余人。三是根据现场布局和施工管理的需要，项目经理部内部划分为5大施工区域，分别成立5个施工组负责各区域施工管理，同时，设立了设计、技术、商务、质量、安全、环保、物资、劳务、治安、综合和文明施工等10个专业管理小组，为项目提供技术、管理和服务等各方面的支持与配合，形成了年轻有为、专业配套、精干高效的项目组织指挥和管理体系。

（3）明确目标，落实责任。项目经理部明确提出“四个确保”的奋斗目标，即确保在铁路系统敢打大仗硬仗、能打胜仗的良好形象；确保工期控制节点；确保安全生产和工程质量；确保业主投资效益和企业经济效益。同时，项目经理部通过明确分工，狠抓责任落实。“百日会战”伊始,与5大施工小组签订了以工期目标为主的“军令状”，其后，又围绕项目管理整个目标，签订了内部承包责任状，明确了各自的工期、质量、安全、环保、成本、文明施工等方面的目标责任和奖罚措施，有效保证和促进生产的快速发展。

（4）优化组合，动态管理。在抓好项目班子和管理团队优化组合的基础上，一是充分运用市场机制，对各项装饰材料、半成品和劳务队伍等生产要素，在认真考察、严格评审的基础上，公开招标、择优录用，超过一定采购规模的均选择两家以上，最多时选择了10家以上负责供应，以确保参与者在短时间内的生产供应能力和始终处于相互竞赛状态，不敢利用进场后的垄断地位进行要挟或懈怠，满足施工生产的需要。二是充分运用调控手段。建立量价浮动机制，根据各厂商、劳务队伍的能力和表现，采取合同约定单价，单价上下浮动，供应量、工程量不一次划定，逐步分配，以下达计划单为准；已经分配的工程量，一旦发现进度跟不上，立即进行重新调整，安排其他厂家或劳务队伍迅速插入施工；鼓励能干的厂商和劳务队伍多干多得，不能干的少干少得或及时清退出场。同时，及时组织突击行动，快速完成突击任务，包括派出专门管理人员和劳动力进驻半成品生产厂家帮助合作伙伴突击完成任务。三是充分利用

科技进步，技术组、设计组积极主动与设计院、业主、监理等方面沟通，提出意见和建议，及时制订了《二次钢结构焊接方案》《铝管帘天花吊装方案》《大面积石材铺贴方案》等多种专项技术方案和图纸，有效地解决了技术和设计问题。同时，组织开展科技攻关活动、QC小组活动，攻克了一道道技术、工艺和质量难题。四是充分发挥集团优势。公司在组织资源、提供资金支持、人才保障、决策和管理等方面，都对项目给予了大力支持，使组织优势、品牌优势得到了充分发挥，形成了强大的凝聚力和战斗力。

（5）百日会战，推进发展。为了统一思想意志，推进生产快速发展，公司于9月8日在现场召开了“百日会战誓师动员大会”，制订了“百日会战实施方案”，作了充分的战前动员，并与各施工小组签订了“军令状”，表彰奖励了前期施工的“钢结构突击队”。项目经理部提出了“三前”管理的理念与要求。一是超前谋划。对各自职责范围内的工作进行深入细致的策划，采取研讨会、座谈会、评审会等形式，尽量把各项工作想深、想细、想全，制订了商务策划方案、施工组织方案、质量控制方案、安全管理方案、治安保卫工作方案以及各项工作具体计划，减少和避免盲目行动；二是提前准备。各项装饰材料、半成品等提前送样、定样、定货，并派出专人进驻厂家实施全过程跟踪监督，确保物资供应数量、质量和时间；对各类资源的供应、施工过程中可能发生的困难和问题等不确定或是重大风险因素，制订切实可行的预案，作好应急准备。三是靠前指挥。项目领导和全体管理人员身先士卒，坚守岗位，战斗在第一线，认真履行职责，及时发现和解决影响生产发展的各种困难和障碍，“百日会战”期间没有放过半天假，晴天一身汗，雨天一身泥，每天工作十七八个小时，还经常通宵达旦，大家以不怕疲劳、连续作战、顽强拼搏的作风，确保了项目优质快速推进。

（6）突出管理重点，统筹兼顾。面对超重超难的任务，项目经理部坚持用科学的方法抓管理、促生产，突出各个阶段的管理重点，统筹推进各项工作协调发展。一是在时间上突出各个工期控制节点，采取突击队、两班倒，抢晴天、战雨雪、“5+2、白+黑”等措施连续作战，只争朝夕，抢进度、保工期。二是在空间上见缝插针，从近60m高空的二次钢结构焊接、铝管帘天花吊装到各个层面立体交叉作业，有条件就上，没有条件主动创造条件上，尤其是整个10.25m站台层大理石铺贴是采取下“围棋”式的办法完成的，不仅确保了自身施工进度，也推动了各施工单位生产的发展。三是在工作上突出安全、质量和成本管理，健全责任体系，狠抓过程控制，强调“管生产必须管质量、管安全、管成本”“谁主管、谁负责”。所有施工组长、劳务班长和专职质检、安监人员都佩带“质量安全监察”袖章上班，强化意识，明确职责，警示违章；从基础工作入手，抓放线、抓选材、抓对缝、抓平整度，大力纠正劳务班组不良行为，及时处罚违章行为；多次召开铝管天花吊装、石材铺贴等专题会，针对施工过程中存在的问题，进行反复研讨，查明原因，制订和落实纠正措施；与各施工组签订承包责任状，并建立健全各施工组成本日报制度;每周召开一次物资管理专题会制度,规范物资采购、消耗全过程管理。四是在推动工作上,突出领导带头、率先垂范,合理组织、灵活协调,遵循规范、严守纪律,表彰先进、鞭策落后,同时,注重加强内外协调,从主要领导到各生产组、专业组分层对接业主、设计、监理和总包方;每天一次调度会,及时协调处理各种矛盾,推进困难和问题的解决,创造宽松和谐的环境。

（7）学习实践,培育人才。项目经理部在立足当前,干好工程的同时,放眼未来,采取“三子齐下”的思路和方法,精心育人,打造健康快速成长的管理团队。一是敢压担子。承担如此繁重的施工任务,对于年轻人尽快成长无疑是一次难得的学习和实践机会,项目经理部解放思想,充分相信年轻人,依靠年轻人,积极启用年轻人,敢于给他们压担子,赋以重任,放在各施工组长、专业组长等重要岗位上培养锻炼;二是多铺路子。工作上积极地为年轻人创造条件,提前指引,及时提醒,早作准备,争取主动,当他们遇到困难和问题时,立即想方设法,帮助解决。当他们工作出现闪失时,除了批评教育,更多的是理解和引导,帮助他们吸取经验教训,为他们开创工作新局面扫清思想障碍,减少人为阻力,从各方面为年轻人撑腰打气,鼓励和支持他们放心大胆地干;三是武装头脑。项目既注重自身学习和实践,在艰苦环境和紧张工作中磨砺意志,增强驾驭全局的能力和解决问题的本领,又注重加强团队思想政治工作,增强员工的机遇感、使命感、责任感、荣誉感;经常组织职工参加研讨会、专题会等,互相学习交流;利用现场检查指导工作和每天一次生产会等途径,在部署工作和解决问题的同时,向团队宣讲形势和任务,宣讲总包方和公司的要求,宣讲项目管理、企业管理理念、知识和经验;在指导和安排工作过程中,主动帮助厘清思路,明确方法和步骤;在批评教育时,指出问题,分析原因,探讨改进途径和方法,形成了在干中学、学中干的良好氛围,使项目管理团队得到了实战的学习和锻炼。

四、主要成效

经历紧张、繁忙、高效的施工和管理过程,较为圆满地完成了任务,实现了目标,在多方面取得重大突破。一是生产规模的突破,该项目的生产规模使公司单个项目生产规模突破4亿元大关,超过许多装饰公司的年产值规模,创公司有史以来的新纪录。二是施工工期的突破,在“百日会战”期间,圆满实现了“9.10、11.20、12.20”等各个工期控制节点,短短100天完成产值超过4亿元,创全国装饰行业施工奇迹。三是技术工艺的突破,超大面积铝管帘天花、GRG轨道吸音墙、防火吸音层等均为全国铁路系统首次应用、超高二次钢结构吊装焊接属公司前所未有。四是整合资源的突破,大规模、多品种,来自于国内外市场的装饰材料、半成品等,从设计、反复送样确认到生产商、供应商的选择、产品生产、送货、安装、验收、整改全过程的组织、协调和管理,多专业劳动力的组织、协调和管理等,进一步提升了公司吸纳利用资源的能力。五是管理水平的突破,经过项目的艰苦实践,锻炼培养了一大批优秀人才,在如

何控制工期、质量、安全、成本和文明施工，如何组织利用资源，如何克难制胜等方面，积累了大量的施工和管理经验。六是精神成果的突破，面对超常规任务的压力，接受了超常规的挑战与考验，培育“坚韧不拔、勇于担责、团结一心、敢于胜利”的工作精神。七是社会信誉的突破，该工程的施工受到从上级的高度重视，部长、省长、市长和社会各界领导多次亲临工地视察指导工作，受到各方媒体和社会各界的关注与赞扬，为企业树立了良好形象，开创了良好的信誉。

第5章

履约实现——项目交付、维保阶段主要工作

5.1 完工总结管理

1. 概念释义

完工总结是指建筑装饰项目完工后，项目经理部和公司项目管理部门对工程项目在经济、管理、技术经验等方面进行总结，形成项目管理知识库，为后续项目管理提供借鉴。

案例导引

项目履约过程中，发生了各种形形色色的事情，有运筹帷幄的，如实现石材优化策划；有惊险刺激的，如因资金支付不及时，材料供货滞后，面临建设单位的进度罚款；有因为自己失误，如样品确认失误导致工期滞后；有外部单位影响，如总承包单位混凝土结构偏差大，项目人工、材料消耗增加但索赔困难。为了更好地记录这些事情，总结分享项目施工经验，也为后面项目实施避免再犯错误，项目管理人员结合自身经验，分别在如何协调项目资源、如何推进项目履约、如何提高项目盈利、如何提高项目质量防控安全事故等方面进行了详细总结，施工员小张在施工质量方面的总结为：

问题1：乳胶漆观感质量不合格，卧室飘窗乳胶漆表面被破坏、污染。

原因分析：乳胶漆原材料不符合要求，且未进行过滤，导致疙瘩颗粒感严重；卧室飘窗窗扇未及时关闭。

经验教训：在进行每道工序前样板先行，样板符合要求后进行大面施工，材料进场后现场施工人员对材料进行审核；有门窗处属易污染、易破坏区域，乳胶漆暂不进行施工，在竣工验收前夕进行施工，或施工后及时关闭门窗，避免二次污染。

问题 2：阳台墙面砖砖缝不符合要求，出现错缝。

原因分析：墙面砖施工前未进行排版就进行铺贴或施工工艺错误。

经验教训：施工前画出各户型排板图，进行专项技术交底，并先做样板，样板符合要求后进行大面积施工，且随时跟踪检查，发现问题立即纠错改正。

问题 3：走道吊顶平整度不符合要求，吊顶开洞不符合要求，吊顶未进行封边。

原因分析：施工班组未使用开孔器进行吊顶开洞，现场管理人员未进行技术交底，未及时跟踪检查。

经验教训：在进行每道工序前先做样板，样板符合要求后进行大面施工，类似大面积的工序施工一定要有标准可依。

问题 4：阳台、飘窗栏杆安装出现歪斜、观感质量差。

原因分析：工序错误，栏杆应该在抹灰前下料安装，抹灰后安装会导致预埋件裸露，影响观感质量，施工时无任何水平辅助工具，随手安装导致栏杆歪斜。

经验教训：栏杆应该在抹灰前下料安装，抹灰时将预埋件覆盖，安装栏杆时借用水平尺等工具复核垂直度。

2. 管理难点

（1）过程资料准备难：建筑装饰项目完工总结在项目竣工后开展，但相关数据、影像资料等需要在履约过程中收集、整理，形成经验性总结材料，需要在过程中做好基础资料准备。

（2）总结意识不到位：装饰项目管理人员普遍重视最后结果，在实施过程中往往忙于履约，完工后陆续撤场，难以形成系统性、全面性总结材料。

3. 流程推荐

项目完工总结流程如图 5-1 所示。

4. 管理要点

（1）项目经理在内部预验收通过后，3 天内组织项目人员编制完工总结。

（2）商务人员编制商务总结，安全员编制安全及文明施工总结，技术负责人编制质量、技术、资料管理总结，生产经理编制生产管理总结。

（3）项目经理汇总并形成项目完工总结初稿，上报公司项管部审批。

（4）公司项管部经理给出通过或重新编制的决策结果。

（5）项目经理根据意见，形成完工总结定稿并上报备案。

（6）公司项管部经理将《项目完工总结》存档备案。

5. 管理重点

（1）项目完工总结要具有典型性、推广性。

（2）项目完工总结案例依据要充分，数据要有支撑性依据。

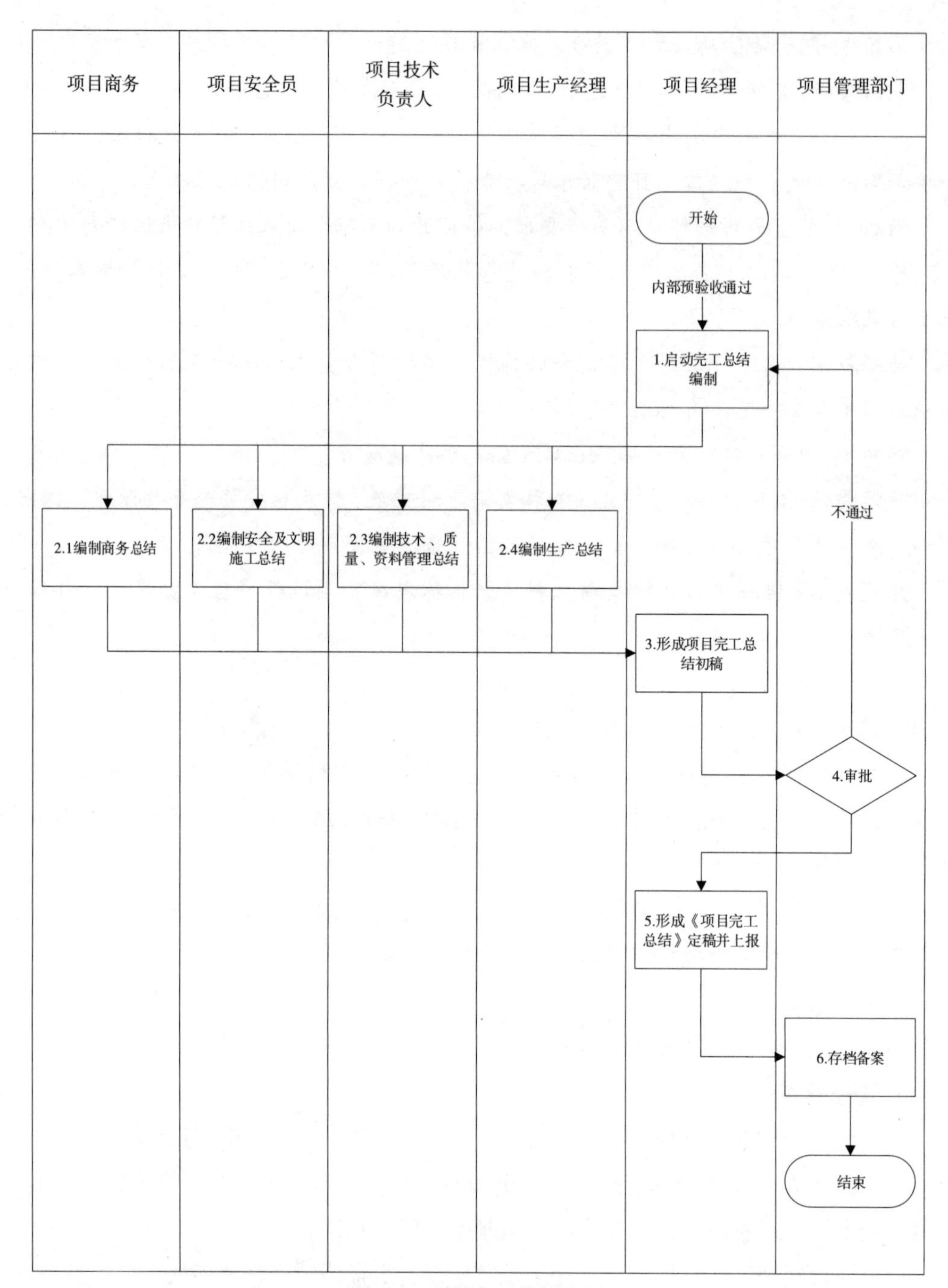

图 5-1　项目完工总结流程

5.2　竣工验收管理

1. 概念释义

竣工验收是指建筑装饰项目完工后，由建设单位会同设计、监理、消防及工程质量监督等部门，对该装饰项目是否符合规划设计要求以及建筑施工和设备安装质量进

行全面检验后，取得竣工合格资料、数据和凭证的过程，装饰工程竣工验收一般分内部预验收和外部验收。

案例导引

2019 年 3 月 1 日，A 建筑装饰项目正式完工。3 月 5 日项目经理部向公司项目管理部提出预验收申请，3 月 7 日，公司项目管理部组织公司总工程师、质量管理负责人、安全管理负责人、资料档案管理负责人等成立公司验收小组，在项目经理小王及其他主要负责人陪同下，对现场施工是否满足合同约定、规范要求及公司制度进行了内部验收。经过 2 天的内部检查，发现局部项目乳胶漆需修补、踢脚线安装不平整以及部分铝板收口打胶不平顺等质量问题，但整体质量满足竣工验收标准。检查组对项目下发了竣工验收合格单及质量整改单，要求项目经理部在一周内完成全部整改工作。

3 月 12 日，项目经理部完成质量整改、公司验收小组复验通过后向建设单位提出验收申请。3 月 15 日，建设单位组织装饰工程项目经理部、设计单位、监理单位对工程质量进行验收，并邀请质监站、安监站、公安消防等有关单位现场监督验收。

2. 管理难点

（1）现场条件。建筑装饰项目竣工验收的现场条件，并非现场材料、设备等安装完毕，而是在这一基础上需要满足建设单位使用需求、设计单位设计意图，且工程达到质量验收规范，满足安全性、可靠性、可持续性。

（2）资料条件。建筑装饰项目竣工验收并非仅对现场进行验收，资料的审查也是重要环节。竣工验收资料涉及内容多，包括施工合同、开工报告、图纸会审报告、施工组织设计、专项论证方案、材料进场验收记录、材料出厂证明文件及复试检测报告、检验批质量验收记录、隐蔽验收记录、技术交底、施工图纸等，多数资料须在项目开工阶段和过程履约阶段就要做好准备。

3. 流程推荐

完工项目质量预验收流程如图 5-2 所示。

4. 管理要点

1）项目内部预验收

（1）公司项目管理部门组织项目内部预验收。检查工程质量，发现问题及时补救；检查竣工图及技术资料是否齐全，并汇总、整理装订有关技术资料。

（2）项目内部预验收，应分层、分段、分项地由上述人员按照自己主管的内容，根据施工图和工艺流程逐项进行检查，找出漏项和需修补的工程，及时处理和返修。

（3）对查出的问题全部修补完毕后，公司项目管理部门要组织复验，解决全部遗留问题，为正式验收做好充分的准备。

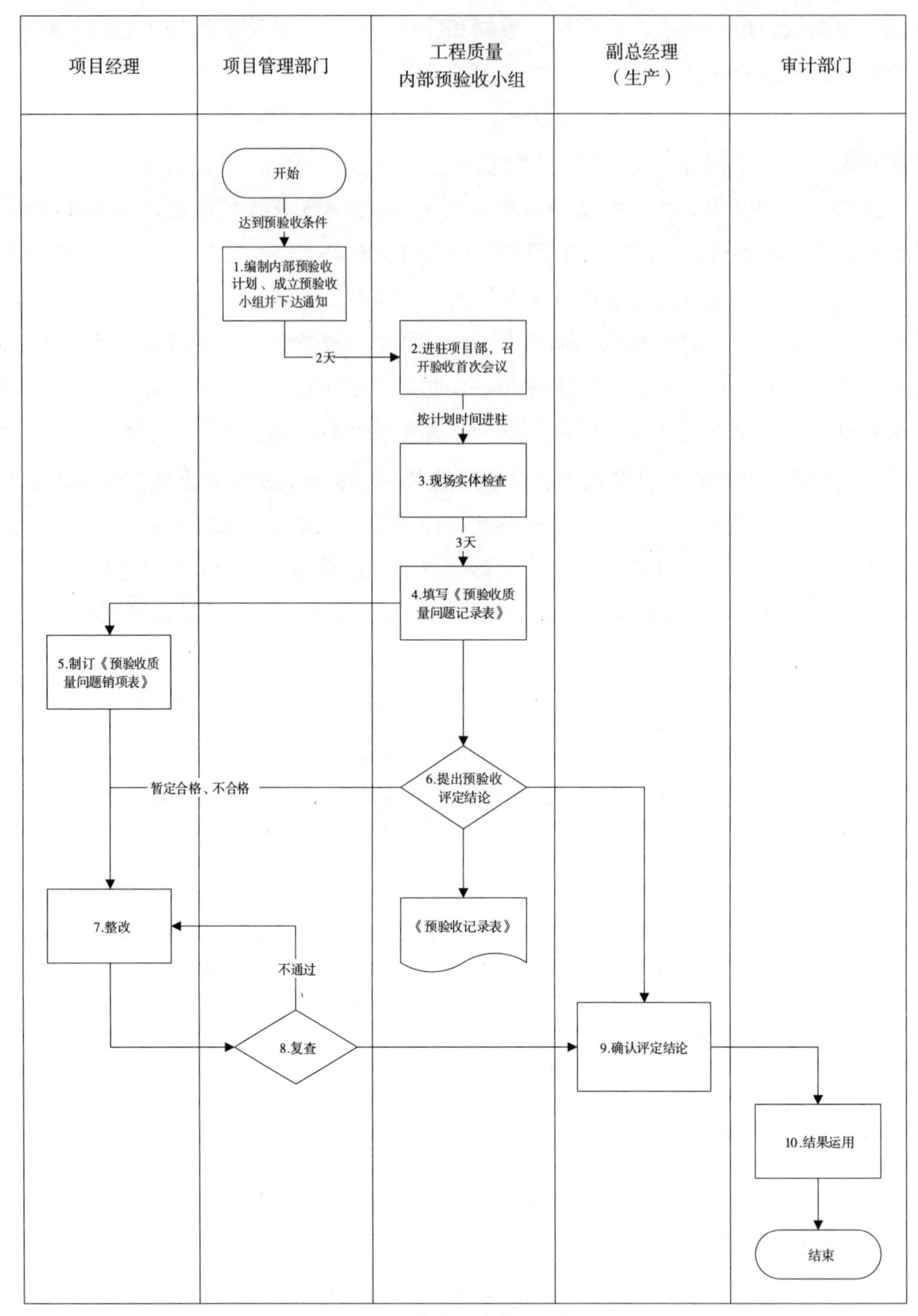

图 5-2　完工项目质量预验收流程

2）建设单位组织验收

（1）项目经理部提前 2 日向建设单位送交《竣工验收通知书》，建设单位在收到通知书后 3 日内应组织验收。公司项目管理部门组织项目向建设单位递交竣工资料。

（2）建设单位组织装饰工程施工单位和设计、监理单位对工程质量进行验收，并邀请质监站、安监站、消防等有关单位现场监督验收，并进行如下活动：集中会议，各方介绍工程概况及装饰施工的有关情况；分组分专业进行介绍；集中分组汇报检查；提出验收意见，明确具体交接时间、交接人员；签发《装饰工程竣工验收报告》并办理工程移交；建设单位、设计单位、质量监督、监理单位、施工单位在《竣工验收报告》上签字盖章；项目经理部办理装饰工程档案资料移交。

5. 管理重点

（1）项目内部预验收：内部预验收的标准应与正式验收一样，主要依据是装饰装修质量验收规范；工程完成情况是否符合施工图纸和设计的使用要求；工程质量是否符合国家规定的标准和要求，工程是否达到合同规定的要求和标准等。

（2）建设单位组织验收：项目经理部提前准备竣工验收资料，项目在交工过程中发现需返修或补做的内容，可在装饰工程保修承诺书上注明修竣期限。

5.3 劳务、物资结算管理

1. 概念释义

劳务、物资结算管理是指建筑装饰项目完工后，根据分供方合同约定、过程付款情况、奖罚情况等，由甲乙双方进行成本核对和确认的经济行为。

案例导引

2019 年 2 月 1 日，某建筑装饰公司根据 A 项目预计完工时间，委派合约商务部门组织项目召开内部结算启动会。项目经理部根据会议要求，制订了详细的实测实量计划，并由项目施工员、预算员及各分供方代表一同前往现场进行工程量测量。经过严格测量，预算员小李根据三方签字确认的明细单，结合合同清单进行工程量汇总和结算价计算。但是负责贴面的班组在谈判过程中，因为未达预期结算价，不认可结算金额，要求项目予以补偿。小李和项目施工员小吴据理力争，并将情况汇报给了项目经理小王，小王以该班组过程施工存在进度滞后、返修多等问题为由，驳回了班组的无理诉求，最后双方达成了一致。顺利办理完分供方的结算后，小李马不停蹄地与公司财务资金部门进行了成本核对，针对数据差异进行了逐项校核，最后双方形成统一意见，项目锁定成本 5760 万元。

2. 管理难点

（1）建筑装饰工程项目一般涉及较多分供方，在结算时需核对过程中预结算资料、过程奖罚资料等，而工程项目具有较长的周期性，结算时往往发生上述依据资料遗失、双方不一致的问题，导致结算工作滞缓。

（2）分供方结算过程中，在工程量核算时往往参考图纸工程量，无法真实反映现场履约情况，造成结算金额的失真和项目效益流失。

（3）项目履约过程中，甲乙双方受资金因素、现场作业条件及外单位等影响，往往出现未按合同约定执行的情况，如甲方资金支付不到位，物资供应滞后或物资供应存在质量问题影响甲方进度等，在结算时双方往往存在较大争议甚至纠纷，致使结算迟迟无法落地。

3. 流程推荐

1）实测实量流程

工程量实测实量流程如图 5-3 所示。

2）内部成本锁定流程

项目内部结算流程如图 5-4 所示。

4. 管理要点

（1）工程量实测实量工作需要项目经理部制订内部结算计划。公司合约商务部门要充分了解项目进展情况，确定项目内部结算启动时间，组织项目管理人员召开启动会议，并向项目管理人员下达内部结算计划及要求。

（2）工程量实测实量重点做好数据量取、读取及记录。项目施工员测量数据，分供方读取测量数据，项目预算员在图纸上记录测量数据，如测量数据无法在图纸上准确反映部位或标注数据，则在空白处作示意图，公司合约法务部委派人员进行现场监督。

（3）汇总实测实量数据。当日测量结束后，四方在图纸上签字确认。项目整体测量结束后，项目预算员收集各分部分项工程量测量数据后汇总。

（4）编制物资、劳务结算单。项目物资管理员整理复核材料送货单，编制材料结算单；项目施工员根据实测实量结果，编制劳务结算单及办公处结算单。

（5）审核物资、劳务结算单。由项目预算员审核结算单结算金额的准确性、有效性。

（6）组织结算谈判。项目经理与分供方法人或授权委托人进行洽谈，确认工作内容、工程量、单价、核减金额等。

（7）复核物资、劳务结算单。公司合约商务部门、财务资金部门及项目管理部门审核结算单结算金额的准确性、有效性。

（8）确认物资、劳务结算金额。分供方、项目经理部、公司部门及公司领导对结算金额签字确认。

5. 管理重点

1）工程量实测实量

（1）内部结算计划制订时间：根据建筑装饰项目实际产值完成情况、实际进度情

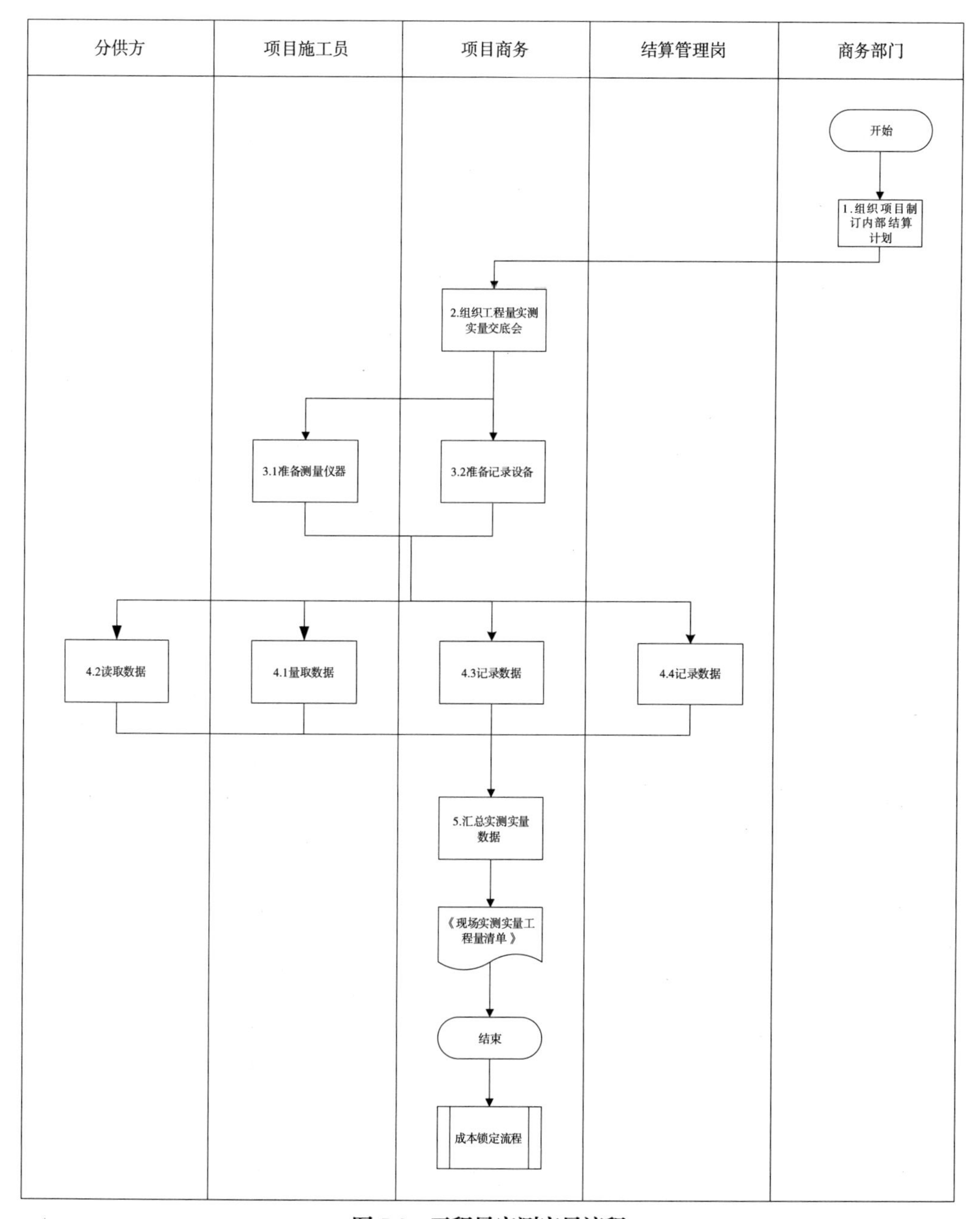

图 5-3　工程量实测实量流程

况判断项目预计完工时间，确保在项目完工前 30 天制订计划。

（2）内部结算计划内容：包括但不限于实测实量现场工程量完成时间、劳务成本锁定时间、材料成本锁定时间、半成品及租赁设施成本锁定时间、现场管理费及其他费用成本锁定时间、《内部结算书》定稿时间等。

（3）内部结算计划启动会参会人员：公司合约商务部门负责人、项目经理、项目施工员、技术负责人、项目物资管理员、项目预算员（负责人）。

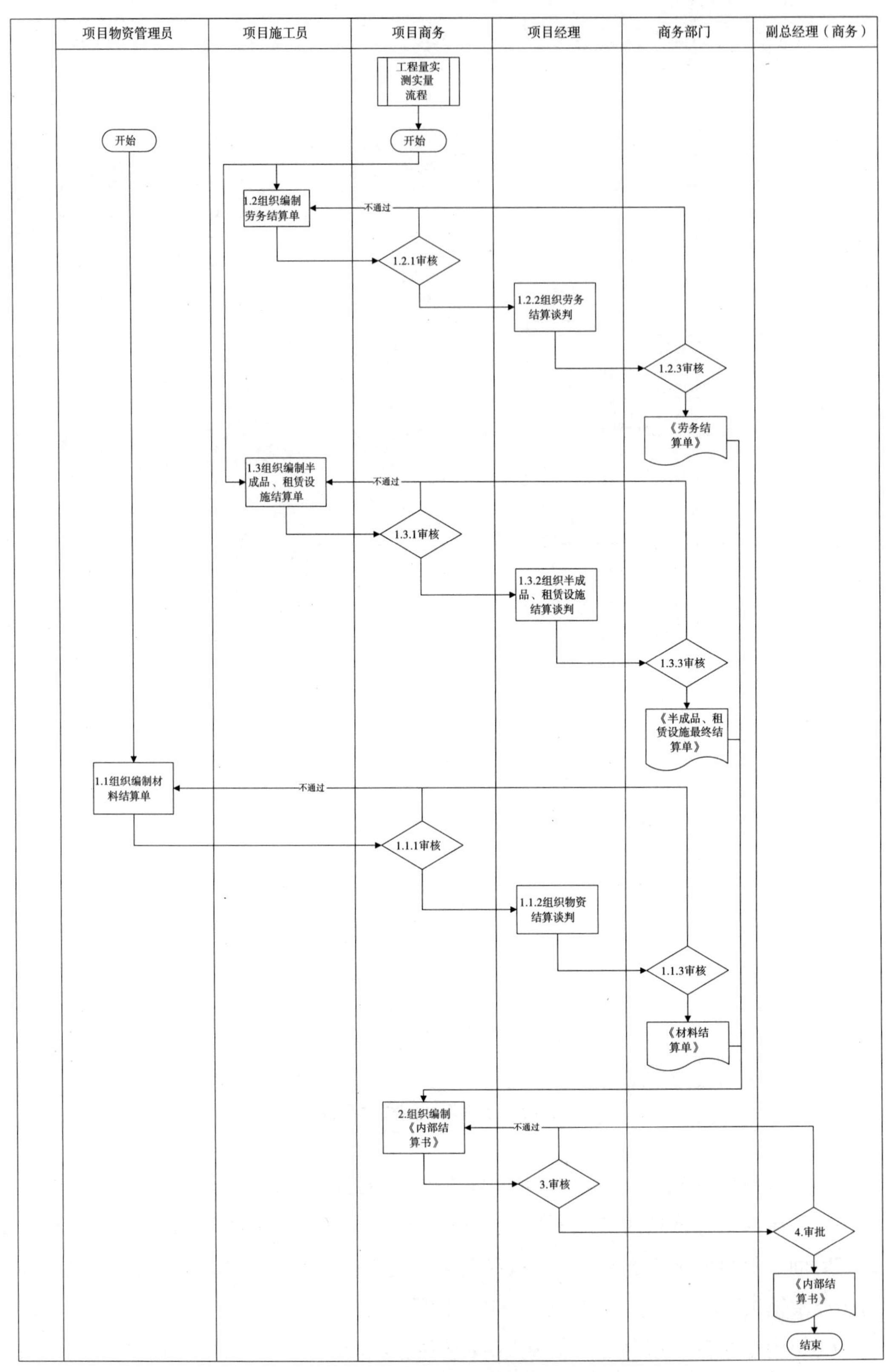

图 5-4　内部成本锁定流程

（4）项目内部结算计划下达要求：明确责任事项、责任人、要求完成时间及奖罚措施。

（5）参加实测实量人员：项目预算员（负责人）、项目施工员、劳务公司法人或其委托人、物资材料分供方法人或其委托人、公司合约商务部人员。

2）物资、劳务及其他分供方成本锁定

（1）结算单编制时间：分供方履约完成后 30 天内完成。

（2）结算单有效性：结算单由分供方合同中约定的法人或法人授权委托人签字、盖章。

6. 文件模板推荐

详见 298 ~ 300 页。

劳务结算单

工程项目名称：　　　　　　　　　　　　本次结算施工项目起止时间：

分包单位：　　　　　　　　　　　　　　　　　　　　　　　明细共　页

序号	分项名称	合同工程量	单位	签证增加工作量	合计工作量	自开工累计实际完成工作量	本次实际工程量	综合劳务单价	本工程结算金额（元）	备注
1										
2										
3										
4										
5										
施工员：						项目预算员（负责人）:			物资管理员：	
安全员评估意见：						质检员评定意见：				
项目经理：										
项目管理部门审核意见：								商务部门审核意见：		

材料费最终结算单

项目名称：　　　　供应商名称：　　　　结算单编号：　　　　截止日期：

序号	材料名称	规格型号	单位	采购单价（元）	结算数量	采购总价（元）	备注
合计（元）							
材料费最终结算款（含扣款后）（元）				违约罚款或协商扣款（元）			
材料费累计已付款（元）				材料费最终欠款（元）			
材料供应商（签字盖章）：							
物资管理员意见：			项目商务经理意见：			项目经理意见：	
项目管理部门意见：			商务部门意见：			财务部门意见：	

机械设备费最终结算单

项目名称：　　　　供应商名称：　　　　结算单编号：　　　　截止日期：

序号	机械设备名称	规格型号	单位	采购单价（元）	结算数量	采购总价（元）	备注
合计（元）							
机械设备费最终结算款（含扣款后）（元）			违约罚款或协商扣款（元）				
机械设备费累计已付款（元）			机械设备费最终欠款（元）				
机械设备租赁商（签字盖章）：							
项目施工员意见：		项目商务经理意见：				项目经理意见：	
物资主管部门意见：		商务主管部门意见：				财务主管部门意见：	

5.4　竣工资料整理与归档

1. 概念释义

竣工资料整理与归档是指建筑装饰项目竣工验收后，按照专业编制总目录、分目录和卷内目录对竣工资料、竣工图按一定的装订顺序和装订要求，移交给工程建设所在地档案馆和公司的管理活动。

案例导引

2019 年 3 月 22 日，A 项目经理部收到建设单位颁发的《装饰工程竣工验收报告》，项目正式通过竣工验收。但项目工作远未结束，项目随之面临的便是竣工资料和竣工图的整理汇编。但在整理移交过程中，项目经理部的资料多次被当地档案馆及公司退回，要求重新整改，包括竣工资料原件份数不够、竣工资料分类错误、竣工资料装订不合格，本以为是个轻松的工作，却遇到比较大的实施困难。项目经理小王立即前往公司项目管理部，寻求专业人员的支持和帮助。

2. 管理难点

（1）竣工资料涉及种类繁多，归档要求严格，每项资料对资料份数、是否需要原件、资料分类、资料装订、资料排序都有一定的要求，项目经理部在完成该项工作的时候往往会忽视上述要求。

（2）竣工资料的收集整理需要全过程实施管理，在项目进场后，就要立即开展相关工作，在实施过程中要时刻关注，及时收集归档。在实际生产过程中往往发生资料收集不及时导致资料缺失而需要重新补编的现象，造成竣工资料归档滞后。

3. 流程推荐

项目竣工资料归档流程如图 5-5 所示。

4. 管理要点

（1）竣工资料整理：项目管理人员根据建筑装饰工程建设所在地档案馆及公司制度要求，向资料员移交竣工资料，资料员对移交的和已保存的竣工资料进行整理。

（2）提交《竣工资料内部审批表》：资料员填制《竣工资料内部审批表》，连同纸质档案、电子档案，报公司项目管理部门。

（3）审核竣工资料：公司项目管理部门对竣工资料的有效性和完整性进行审核。

（4）移交竣工资料：审核通过后，移交档案馆的工程资料返还项目经理部，公司竣工资料移交公司办公室。

（5）归档竣工资料。项目资料员将工程竣工资料报送当地档案馆签收。公司办公室接收工程竣工资料并归档公司档案室。

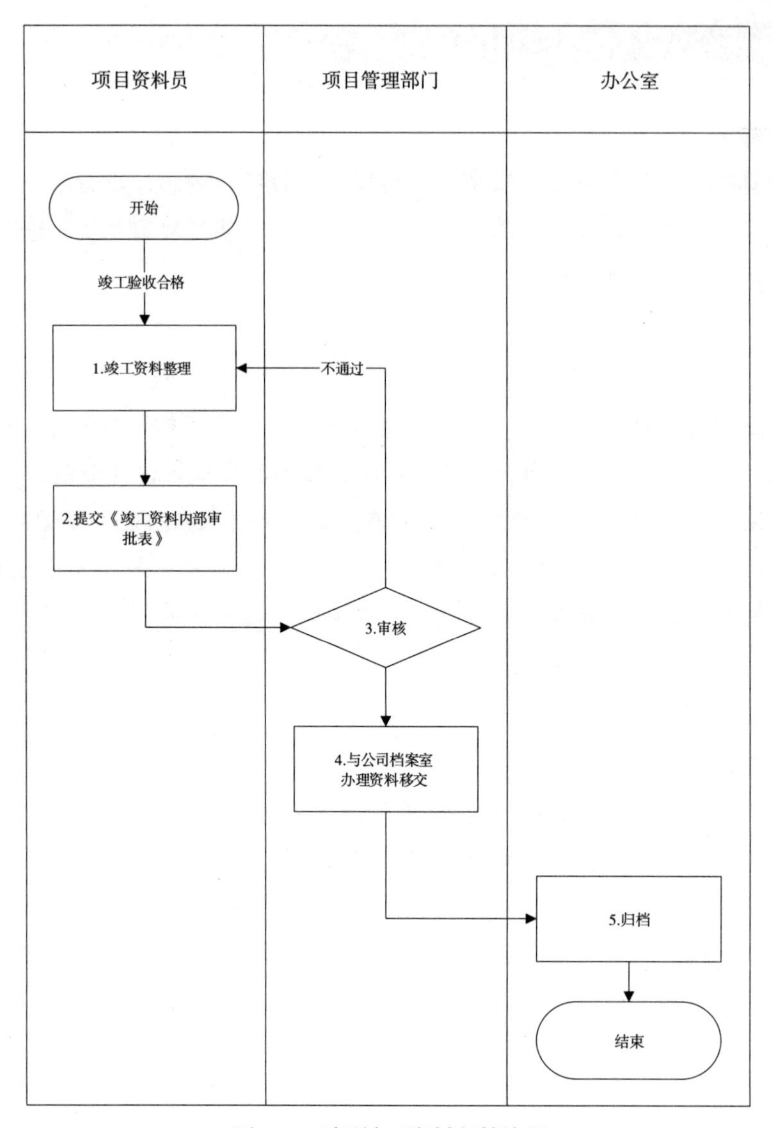

图 5-5 项目竣工资料归档流程

5. 管理重点

（1）竣工资料应按照专业编制总目录、分目录和卷内目录汇编，目录应详细，便于查找，各项资料应有汇总表。

（2）竣工资料应在生产活动中及时收集、整理，并确保资料的完整性和有效性。

（3）竣工资料应由项目资料员进行专项保管，任何人查阅竣工资料均需项目经理审批，直至资料移交。

（4）竣工资料移交须形成签收记录，签收记录包括签收单位用印、签收日期、签收人、签收内容等。

5.5　工程结算

1. 概念释义

工程结算，指建筑装饰企业按照承包合同和已完工程量，向建设单位办理工程价清算手续、获得结算经济文件、保证施工企业的权益、实现项目生产的经济价值的管理活动。

案例导引

某建筑装饰工程合同额 3672 万元，项目经理部与公司合约商务部门人员一起，贯彻计划先行的方针，切实抓好每个环节，从以下几个方面入手抓项目结算：

一、在施工过程中保证策划先行

此阶段对整个投标预算进行详细分析。将漏项、亏损项逐条列出子目、亏损额和应对措施，找出占比较大的子目作为重点控制对象，制订盈利比率目标。人人签订责任状，层层分解经济指标，将工程成本控制落实到人。利用二次谈判，减少亏损。例如，投标预算人工费单价为 31 元 / 工日，经过测算整个项目人工费预计亏损 177.6 万元，通过商务策划，研究造价定额资料，以省级文件作为依据，与建设方进行商谈，经过多次谈判，业主最终同意将人工费调整为 52 元 / 工日，从而减少亏损 97 万元。通过设计变更，扭亏为盈。例如，石材部分因辅材、人工费含量报价低于成本，预计亏损 120 万元，项目经理部经过与技术部门沟通，改变石材幕墙做法，由干挂法改为背栓法，避免了亏损。抓住管理重点子目，锁定利润。例如，工程中主要材料均为暂定价，总额达到 2600 万元，项目经理部对此部分材料积极进行策划，在向建设方提交暂定材料技术要求及规格时，尽可能提高技术标准，增加异形规格数量，后暂定材料部分实现利润 984 万元。层层落实指标，责任到人。在施工过程中，结合项目经理部与公司签订的目标责任书，对各项指标进行了分解，落实到每名管理人员，明确每种材料的采购价以及降低率、人工及材料控制指标和降低率、间接费的控制指标。

二、在签证办理过程中积极主动

办理签证时做到及时报送、定时催促、逐个落实。项目经理部在施工过程中，对于项目发生的各种变更均做了准确记录，根据与建设方签订的承包合同约定，及时编制签证资料，报送监理、业主进行确认，为后期结算工作做好准备。整个工程共送审签证 53 份，得到确认的有 48 份，签证报审金额 1139 万元，最终结算审定签证金额 1011 万元。

三、在竣工结算过程中备好资料

首先，按工程项目的列项，逐个到现场测量，然后与竣工图量进行对比，修改竣工图，从而保证竣工图中工程量不小于实际用量。其次，预算员、施工员共同研究施工节点，补充完善竣工节点图，确保结算报送的工作内容在竣工图中都能找到依据。最后，合同主要材料的批价、相关会议纪要资料、签证资料等由资料员整理，交预算员逐一检查、整理，做到报送不遗漏，确保价、争取价心中有数。

四、在结算评审过程中坚持评审把关

严格执行企业结算管理规定，落实结算评审制度。在结算书报送前，召集财务、物资、商务部门及项目相关人员进行结算评审，对项目的各项成本逐一核对，确保准确，为项目的结算兑现提供保障。

五、在结算谈判过程中积累利润空间

首先，是争取初审金额有利于二审工作的开展。最初审计初稿对项目非常不利，核减率达35%，通过对审计核减项逐条反复核查，逐项找出反驳意见；通过研究各项材料批价，经过对关键审计人员和其他审计人员沟通协商，改变审计意见，争取定额人工和辅材、主材损耗费用，从价格计算方式取得突破，为二审工作价格的确定打下了基础。其次，是把握最后环节，通过二审获得最后利润。向二审人员强调施工管理难点和施工工艺的复杂性、工程量的遮盖面、异形面的施工损耗、基层材料的含量。同时告知二审人员，一审期间漏掉的细节计算与量的计算等，要求二审人员既要核减，也要核增，由此来保证项目合理利润。

经过一年多的努力，结算终审额达到预期，取得良好的工程效益。

2. 管理难点

（1）结算资料有效性不强。受制于合同条款约定模糊、项目履约需要、现场争议等因素影响，建筑装饰工程项目生产过程中发生的签证变更的事实确认和量价确认滞后，往往在项目进入结算时仍无法明确，影响项目结算。

（2）结算资料完整性不足。装饰竣工图是工程结算核量的重要依据，但实际上竣工图确认流程冗长，涉及监理、总承包、设计院、建设单位多方，同时竣工图编制与现场实际不符，影响项目结算。

（3）人员调动影响。装饰项目结算需项目经理部各岗位人员协调配合，但受制于生产履约需要及人员不足问题，项目完工后项目经理及施工员往往调配到其他项目，致使结算资料的整理、结算对接受阻。

（4）结算效益。装饰工程结算是实现项目效益最大化的最后环节，如何通过合理的策划、必要的诉求提高项目经济效益也是结算管理的一个难点。

3. 流程推荐

项目外部结算流程如图5-6所示。

4. 管理要点

（1）整理技术资料。项目技术负责人整理并向项目预算员（负责人）移交项目技

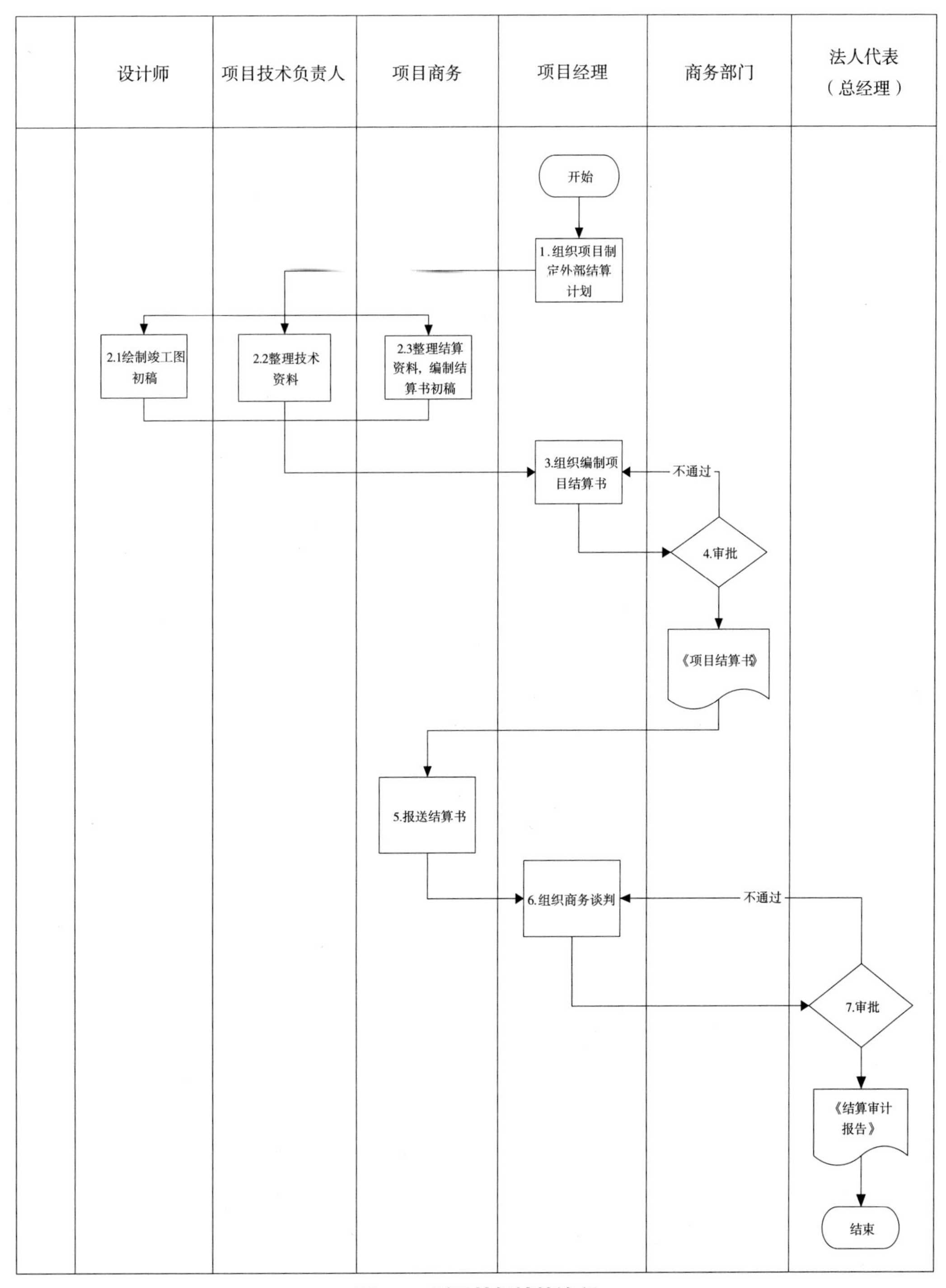

图 5-6　项目外部结算流程

术资料。

（2）项目竣工图绘制及审核。工程竣工前1个月或根据合同约定、业主要求等条件，项目经理部要及时安排绘图人员前往现场绘制竣工图。项目管理人员要对绘图人员进行交底，帮助其更好地完成竣工图绘制工作，防止差错，争取效益。竣工图绘制完毕后，要由项目经理牵头组织项目人员和绘图人员共同进行图纸会审，提出修改意见，在合理范围内争取效益最大化，并由绘图人员进行调整和修改绘图。

（3）整理经济资料。项目预算员（负责人）整理过程经济资料，并按照合同要求编制结算书。

（4）编制结算书。工程竣工后1周内由项目预算员编制完整、准确、翔实的初始结算书，结算书初稿编制完后，由项目经理组织项目相关人员对结算书进行认真评审，提出修改意见并做出修改，项目经理签字后，报公司合约商务部门审核。

（5）评审结算书。公司商务部门收到结算书后，指派预结算人员到施工现场复核工程量，对初始结算书进行审核，指导和配合项目预算员，结合竣工图纸、结算相关资料调整和编制第二次结算书。预结算人员将初始结算书、二次结算书等一并向主管领导汇报，由公司分管领导组织项目经理、项目预算员、商务部门负责人、财务部门负责人和其他相关部门人员共同进行结算评审，下达结算目标，确定最终结算报送金额。

（6）报送结算书。项目经理部根据评审意见对结算书进一步修改完善，在项目竣工后1个月内，向建设单位递交经批准的竣工结算报告及完整的结算资料，并办理签收手续。

5. 管理重点

（1）技术资料包括施工组织设计、设计变更单、技术核定单、工程联系单、隐蔽工程验收、现场影像资料、专项方案论证等，有利于提高项目结算效益，应由相关方签字、盖章确认。

（2）竣工图要依据施工图，将现场的设计变更单、技术核定单、工程联系单、施工工艺等予以真实反映。

（3）结算资料包括工程施工合同、补充协议及与造价有关的会议纪要、招投标文件及答疑资料、设计图纸交底和图纸会审纪要、设计变更、技术核定单、现场签证、索赔资料等，需要实行严格管理，确保结算资料完整、有效。甲方确认的施工组织设计、有关部门发布的政策性文件、其他施工中发生的费用纪录、甲方对材料及设备等核价计价记录、与调价有关的政策性文件，需要认真收集，作为结算的重要依据。

（4）工程结算书送交建设方时，要有签收记录。项目经理协同预算员及时与审核单位联系，定期催促审核单位，并积极配合审核单位审查。在审核过程中对歧义较大的问

题及时向公司主管部门汇报，需要公司协助解决的问题，必须在尽可能短的时间内解决。

（5）结算审查过程中，双方存在争议的部分，项目经理、预算员应及时沟通并补充相关资料。如双方争议不能达成一致，应及时将有关情况向主管领导汇报，由公司根据具体情况制定相应对策。

（6）对已停工工程，应根据工程施工合同约定，及时办理已完工程结算。对不具备条件办理结算或不能办理结算的，项目经理部应准备好相关资料，经批准后交法务部门处理。

成功案例

某项目结算管理案例

在 A 建筑装饰公司成立之初，某地产集团作为公司大客户，提供了不少项目。但随着时间的推移，与其合作的一系列项目结算、收款等问题也逐渐凸显，严重影响公司发展。

一、情况简介

该项目合同金额超过 1 亿元，自 2013 年 6 月开工，于 2016 年完工。完工后由于地产公司不予验收，导致工程迟迟无法移交。结算面临现场工程无人接收、收尾无法推进、维修存在争议等问题，结算工作停滞不前。结算资料如过程报量确认单、材料验收资料等均无从查找，认价资料不清、竣工图纸未审等问题给结算带来了巨大难度。

二、高度重视，统筹谋划

面对困局，A 建筑装饰公司高度重视，召开专题会议研究部署，狠抓落实。一是抽调业务骨干，明确责任。由项目经理牵头，合约法务部负责人配合，重组结算团队，全面推进结算。二是统筹谋划部署，分步推进。针对项目内装、外装、幕墙等 6 个不同的结算单体，对项目处于不同的阶段存在的突出问题分类处理。以维修、移交、验收为管理重点，破除启动结算的障碍；以工程收尾、修缮为管理重点，确保项目具备使用功能，同时完善竣工资料和签证变更手续；打通审批通道，重建关系。重新与业主、审计建立关系，通过反复沟通联系，疏通审批关键环节，及时掌握结算情况，缩短结算周期；加强高层对接，破解难题。加强双方高层对接，打破僵局，去除难题。

三、主抓关键，管理重点突破

一是快速验收，启动结算。依据现场情况，针对业主提出的大量维修要求，为避免因维修问题影响结算进度，公司狠抓修缮工作，能修的抓紧修，不能修的也及时反馈沟通，确保尽快验收进入结算。二是重新核算，明确目标。针对项目成本高、结算保底数字不理想的情况，重新制订创效目标。开展项目核算，内部摸清情况，严格按照外审标准进行自查梳理，保证结算创效有理有据。三是认价策划，提质增效。做好认质认价策划，安排专人对接，全程参与认价过程，落实认价效益。四是签证策划，增加效益。如铝镁锰屋面增加屋脊签证,报送业主为按米计价,甲方审核综合单价较高。五是查漏补缺，完善图纸。根据重新核算结果，补充原竣工图纸中与现场不符的节点以及补充策划节点图纸。标注如吊顶龙骨间距、乳胶漆的遍数、防水高度的技术参数，保障结算创效落到实处。六是未雨绸缪，重建资料。依据外审标准自查的结果，重新再造影像资料，做成铁证，打消审计疑虑，确保创效点产生效益。

经过结算小组成员共同努力，该项目于2018年11月移交至酒店公司。从承接到交付，项目经理部承担着巨大压力，付出了辛勤汗水，取得良好成效。

5.6 工程款清收管理

1. 概念释义

工程款清收，指建筑装饰工程项目结算后，根据合同约定，由装饰施工企业向建设单位收取剩余工程款的管理行为。

案例导引

A项目结算额6800万元，根据合同约定结算后支付至结算额的95%，即支付6460万元，过程中建设单位累计支付5440万元，仍需支付1020万元。考虑到单次金额支付较大，项目经理小王在拿到结算书第一时间就与建设单位取得联系，约谈工程款支付事宜，并安排工程款申请支付及工程款发票开具的相关工作。2019年11月公司顺利收到了尾款。

2. 管理难点

（1）业主资金困难。目前建设单位普通资金困难，依据合同应付款项往往难以到位，特别是施工完成后业主经营不善的项目，更是难以回收工程款。

（2）保修时间较长。建筑装饰工程一般保修期为2年，部分业主以防水保修为理由，延长保修期至5年，给建筑装饰企业回收工程尾款造成较大困难。

（3）人员调动影响。装饰工程尾款回收周期长，在此期间原项目管理团队人员四处调动，关注回收的力度减弱，影响工程款回收。

3. 流程推荐

工程款清收流程如图5-7所示。

4. 管理要点

（1）项目经理与建设单位开展清收谈判，如清欠谈判未达预期，则向公司上级领导汇报，必要时由公司领导进行清收谈判。

（2）项目预算员根据清欠谈判结果联系公司财务资金部门开具工程发票并报送至

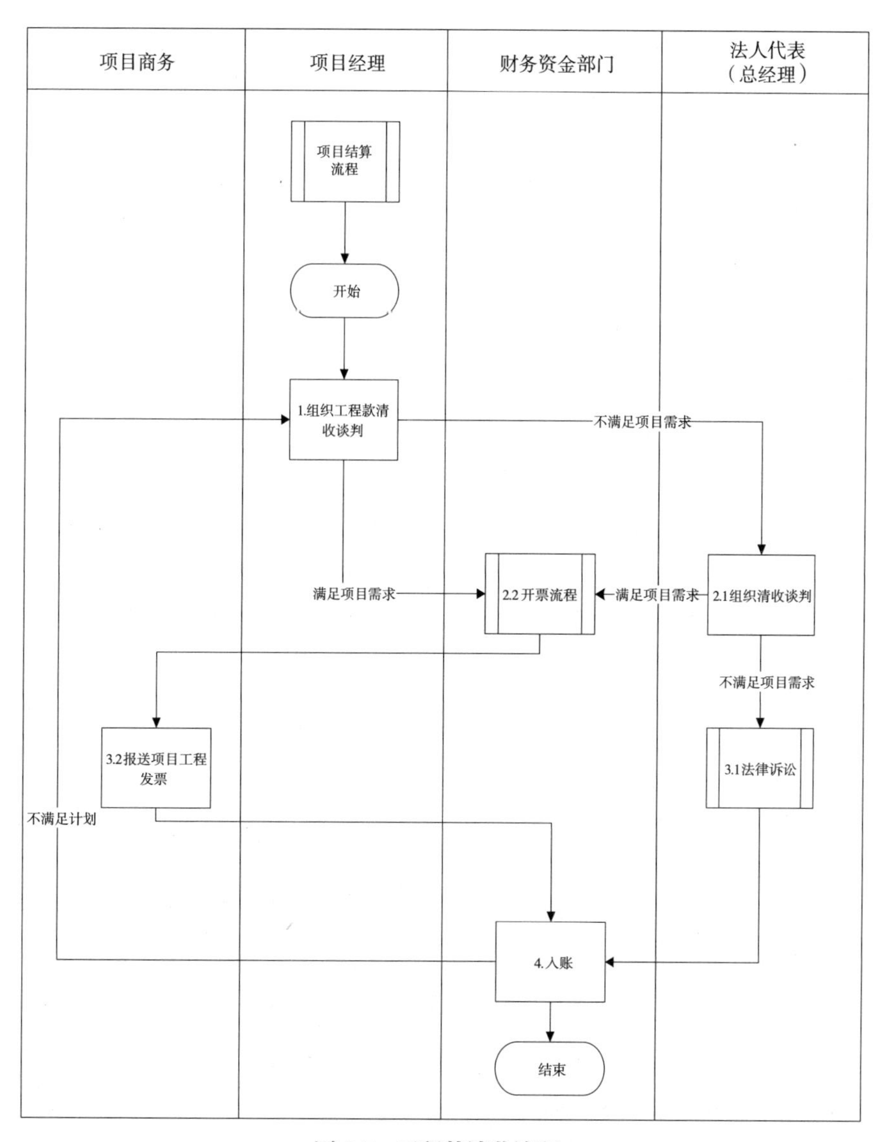

图 5-7　工程款清收流程

建设单位指定人员。

（3）公司财务资金部经理跟踪项目收款情况并反馈项目经理。

5. 管理重点

（1）充分了解建设单位项目资金情况，了解项目应收款、实收款，清收款的付款金额、付款时间。

（2）核查发票的合规性：建设单位信息、承包人信息、发票金额及税金金额、发票的完整性和有效性。向建设单位指定人员报送。建设单位人员收取发票后要求其提供签收记录。

（3）工程款到账当日向项目经理反馈收款情况。

5.7 工程保修与维修管理

1. 概念释义

工程保修与维修，指建筑装饰企业与业主根据建设工程承包合同约定，在保修期限和保修范围内出现的质量缺陷时，对现场进行维修已满足功能需求的行为。

案例导引

根据合同约定，A 项目竣工验收通过后 2 年内为质保期，2019 年 3 月 22 日项目通过建设单位及监理验收，2021 年 3 月 21 日质保到期。在移交给建设单位后的第 4 个月，也就是 2019 年 7 月 15 日，项目经理小王接到了建设单位项目管理部电话，反映酒店大堂乳胶漆大面积开裂和脱落，严重影响了酒店营业。小王随即安排维修人员于 7 月 16 日赶往现场。经查看，发现是原劳务班组未按要求施工导致装修质量问题发生，小王将这一情况向公司汇报后，指定维修人员，采购维修材料，在第一时间完成维修。公司项目管理部根据事实情况，在支付维修人员劳务费的同时双倍扣除了原班组的质保金。在项目完工半年后,项目管理部开展了回访工作。虽然 7 月即发生了返修，但由于项目反应快，处置及时，业主仍给予了高度评价。

2. 管理难点

（1）质量缺陷界定。建筑装饰项目竣工后，项目经理部各岗位人员随之调离，项目现场发生的缺陷是否由于质量问题还是人为因素或其他原因导致，难以准确评估。

（2）维修的及时性。虽然建设单位与建筑装饰施工企业签订的工程合同、施工企业与分供方签订的分包合同中明确约定维修需求，但因建设工程跨区域、人员调离等原因，维修活动开展往往存在滞后性。

3. 流程推荐

工程维修流程如图 5-8 所示。

4. 管理要点

1）公司层面

（1）项目管理部门制订工程回访计划，按期组织有关人员进行工程回访。

（2）回访中，对工程情况征求建设单位有关人员的意见，对提出的问题和发现的质量缺陷，项目管理部门应如实进行记录、整理。回访结束后，将回访记录统一收集存档并报公司备案。

（3）维修负责人原则上应由该工程原项目经理担任，当原项目经理无法到场时，项目管理部门应另派专人负责维修。维修任务完成后，由维修负责人通知建设单位有关人员到场验收。

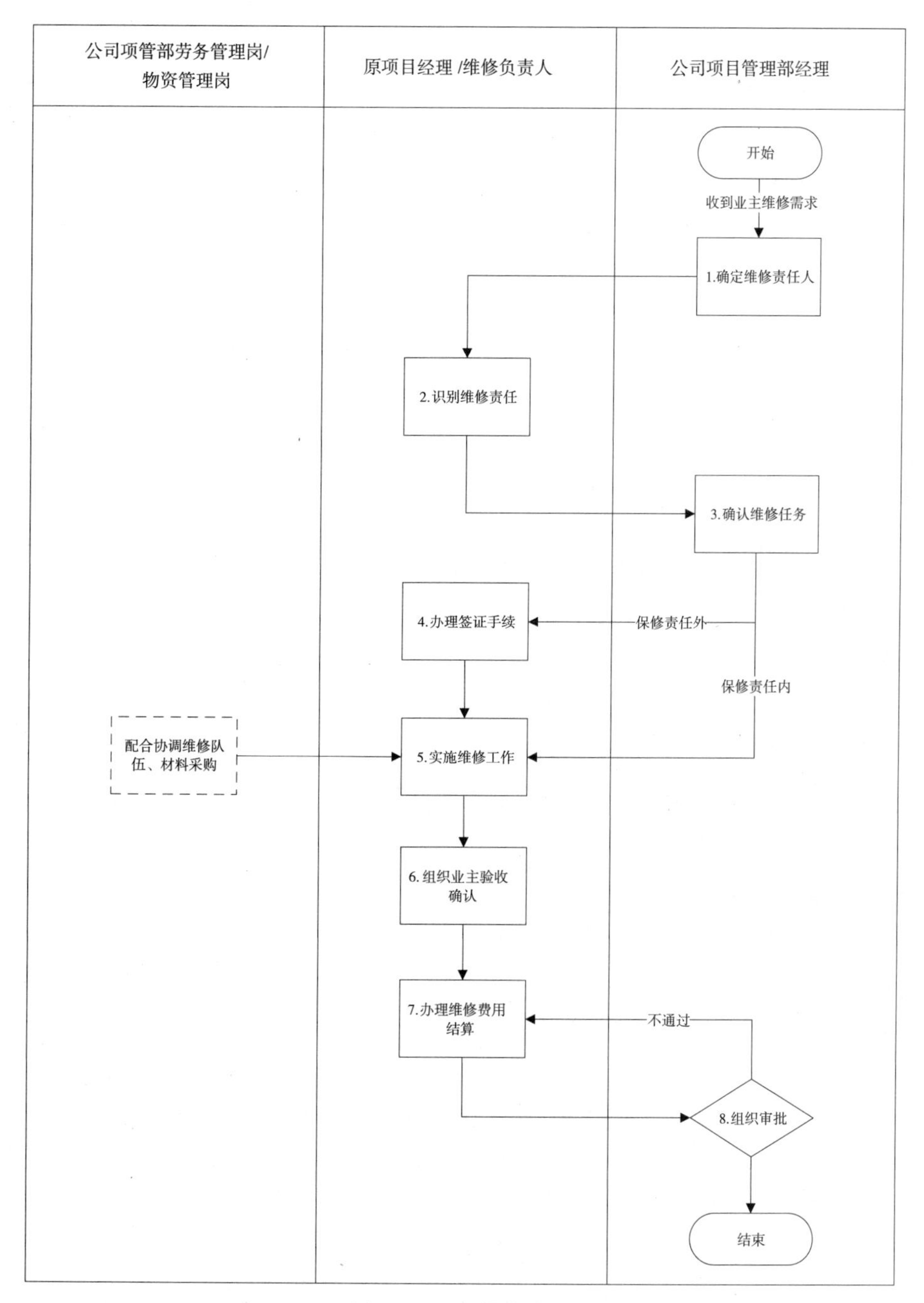

图 5-8　工程维修流程

（4）不属于施工原因造成的质量问题，当建设单位要求维修时，维修负责人应根据实际发生的维修费用，向建设单位办理经济签证，作为有偿保修的收费依据。

2）项目层面

（1）维修负责人根据建设单位保修需求，赴现场查看分析，识别划分维修责任，提出预计维修费，并提交公司项目管理部门负责人。要根据实际情况，通知原施工班

组、半成品供应商维修。如原劳务队伍、半成品供应商对维修事项存在争议或明确回复不修时，维修负责人上报公司项目管理部门，由其安排其他维修人员。维修过程中，维修负责人应收集维修前、中、后的照片及材料到场照片存档备查。

（2）公司项目管理部门负责人对维修负责人提交的维修任务进行确认。

（3）维修负责人对保修责任外的维修事项，向建设单位办理签证手续。

（4）维修负责人组织维修班组到场，确定劳动力、材料及完成时间后，实施维修工作。

（5）维修事项完成后，维修负责人通知建设单位有关人员到场验收，验收合格后在《工程维修完工确认表》上共同签字确认。

（6）建设单位验收后，维修负责人编制维修费用结算单，由劳务班组长、施工员、维修负责人等人员签字后上报项目管理部门审批。

（7）维修费用计入原项目成本。属原劳务队伍、材料商、半成品供应商责任的，详细统计工程量及费用，办理扣转手续。

5. 管理重点

（1）属保修责任外的，向建设单位反馈，并根据维修费用、客户关系等情况决定是否维修。属保修责任内的，列入维修事项。

（2）保修责任外事项应先办理签证，再实施维修。

6. 文件模板推荐

详见 312 ~ 314 页。

工程回访记录表

<table>
<tr><td>工程名称</td><td colspan="3"></td></tr>
<tr><td>业主名称</td><td></td><td>竣工时间</td><td></td></tr>
<tr><td>工程地点</td><td colspan="3"></td></tr>
<tr><td>回访日期</td><td></td><td>回访负责人</td><td></td></tr>
<tr><td colspan="4">被访问人员的部门、职务及姓名：</td></tr>
<tr><td colspan="4">回访情况及需要解决的问题：

业主单位签字或盖章 / 日期：</td></tr>
<tr><td colspan="4">上述需要解决问题的处理结果：

项目管理部 / 日期：</td></tr>
</table>

工程保修记录表

<table>
<tr><td>项目名称</td><td></td></tr>
<tr><td>业主名称</td><td></td></tr>
<tr><td>保修负责人</td><td></td></tr>
<tr><td>保修起止日期</td><td></td></tr>
<tr><td colspan="2">保修内容：

保修完成情况：

保修负责人：
日期：</td></tr>
<tr><td colspan="2">业主验收：

业主代表签名或盖公章：
日期：</td></tr>
</table>

业主满意度调查记录表

<table>
<tr><td colspan="2">业主名称</td><td colspan="4"></td></tr>
<tr><td colspan="2">联系方式</td><td colspan="4"></td></tr>
<tr><td colspan="2">项目名称</td><td colspan="4"></td></tr>
<tr><td colspan="2">项目经理</td><td colspan="2"></td><td>填表日期</td><td></td></tr>
<tr><td colspan="6">调查内容及评分</td></tr>
<tr><td>序号</td><td>评测因素</td><td>因素权数</td><td colspan="2">因素分值</td><td>加权分值</td></tr>
<tr><td>1</td><td>项目人员与业主/总包的沟通</td><td>0.10</td><td colspan="2">□100，□80，□60，□30，□0</td><td></td></tr>
<tr><td>2</td><td>项目施工质量与装饰效果</td><td>0.20</td><td colspan="2">□100，□80，□60，□30，□0</td><td></td></tr>
<tr><td>3</td><td>项目人员工作态度</td><td>0.10</td><td colspan="2">□100，□80，□60，□30，□0</td><td></td></tr>
<tr><td>4</td><td>项目人员处理问题的能力</td><td>0.05</td><td colspan="2">□100，□80，□60，□30，□0</td><td></td></tr>
<tr><td>5</td><td>项目施工准备和各项方案的制订</td><td>0.05</td><td colspan="2">□100，□80，□60，□30，□0</td><td></td></tr>
<tr><td>6</td><td>项目工期</td><td>0.10</td><td colspan="2">□100，□80，□60，□30，□0</td><td></td></tr>
<tr><td>7</td><td>项目安全管理</td><td>0.10</td><td colspan="2">□100，□80，□60，□30，□0</td><td></td></tr>
<tr><td>8</td><td>项目文明施工</td><td>0.10</td><td colspan="2">□100，□80，□60，□30，□0</td><td></td></tr>
<tr><td>9</td><td>项目的环境保护</td><td>0.10</td><td colspan="2">□100，□80，□60，□30，□0</td><td></td></tr>
<tr><td>10</td><td>项目与周边的协调工作</td><td>0.10</td><td colspan="2">□100，□80，□60，□30，□0</td><td></td></tr>
<tr><td colspan="5">合计</td><td></td></tr>
<tr><td colspan="6">其他需要说明的情况：</td></tr>
<tr><td colspan="3">业主（或监理）:（签字/盖章）</td><td colspan="3">填写日期：

年　月　日</td></tr>
<tr><td>填表人</td><td colspan="2"></td><td>联系电话</td><td colspan="2"></td></tr>
</table>

履约是大局
——代后记

所谓“履约”，就是履行双方约定的事情。对于建筑装饰企业而言，可以理解为企业根据与业主或总包方签订的工程合同，组织项目生产，按照约定要求提供装饰产品和服务的全部过程；对于建筑装饰企业的项目经理部而言，可以理解为项目经理部根据与企业签订的项目目标责任书，代表企业进行项目管理，按约定履行对企业的管理承诺和对业主的产品和服务承诺。

项目管理头绪众多、内容繁杂、交合包融。当我们拨开迷雾，顺着履约这个角度和线索去看项目管理时，我们会发觉履约蕴含了建筑装饰产品制造、项目管理等全部过程和内容，是保证装饰项目从概念到实体、从无形到有形的基础；是规范项目运作、整合客户要求、企业标准、项目行为和供应链资源的前提；是指引装饰企业运营、实现从发现客户需求到提供装饰产品和服务的线索；是建筑装饰企业体现生产交换关系、完成装饰产业价值实现的载体。

与制造行业相比，建筑行业具有组合社会资源多、涉及产业链长、工程对象差别大、项目管理过程复杂等特点，加上工期紧张、地点分散，造成企业履约要求高、矛盾多、难度大。其中，建筑装饰企业更是处于建筑产业链下游，是工程完整工期的末端、建筑效果的体现、使用功能的保障，在履约方面，除具备建筑业一般特点外，还面临受前端影响大、顾客需求差异明显、材料种类繁多等困难。具体而言，一是建筑工程的最终交付，必须基于装饰施工的完成，许多工程在前期工期延误的情况下，依靠压缩装饰周期确保合同工期，使得装饰施工时常面临时间短、任务重的局面，因而对项目管理、资源组织等提出更高要求。二是建筑作为凝固的艺术，无论是幕墙施工为建筑“穿上外衣”，还是室内装饰为工程“涂脂抹粉”，装饰设计水平的高低、施工工艺的好坏、建筑材料的品质，都直接决定了装饰产品的最终效果，成为业主和社会大众评价建筑产品最直接的判断依据。三是从建筑工程的使用功能上讲，除了最基本的挡风遮雨外，现代建筑科技为人类提供生活和工作方面的便捷，基本上都要通过装饰施工得以实现，无论是声、光、电、水、气，还是坐、卧、行、宿、食，装饰将建筑的使用功能发挥得淋漓尽致。由于建筑装饰履约的特殊性，在推进装饰项目管理过程中，必须要充分结合其特点，深刻把握其规律，准确抓住其管理重点，方能保证最终结果

圆满实现，而不成为“遗憾的艺术”。

之所以讲履约是事关建筑装饰企业运营、装饰项目管理的“大局”，有这么几方面的考虑。一方面，不抓好履约，就会偏离“以客户为中心”的发展要求。企业依靠顾客而存在，没有顾客或不能满足顾客要求，企业就不能生存，企业必须以顾客为中心。建筑装饰企业要完全按照客户需求设计产品，根据标准组织施工，整合资源建造产品，以此来获取经济收入。客户的要求绝大部分是以合约形式得以体现，履行合约，就是体现“以客户为中心”；反之，偏离或者背离合约，就有损客户需求，继而对产品制造、价值实现造成重大负面影响。另一方面，不抓好履约，就使得强化企业管理成为空谈。装饰企业管理的目的是做好项目，进而获取收益，做好装饰项目的依据是履行合约。管理不是坐而论道，检验管理成效在于履约实践，倘若管理不能保证履约有力、顾客满意，管理工作就失去了存在的意义。再者，不抓好履约，就无法有效整合装饰供应链资源。装饰企业围绕客户需求，通过分析工程合约要求制订施工计划，凭借内部责任书约定管控目标，利用对外采购合同组合资源，企业履约、团队履约、供应链履约，一切围绕装饰项目为核心的履约行为，共同构成物资流、信息流、管理流和资金流，成为促成装饰产品实现的生态链。进一步看，不抓好履约，就会丧失装饰企业的市场经济主体地位。契约和契约精神已成为社会主义市场经济价值观的核心基石，诚信与履约成为企业运营的基础，装饰企业要想在激烈的市场竞争中站稳脚跟、树立品牌、取得发展，就必须把履约放在第一位，只有履约到位、业主满意，产品质量才能形成口碑，客户服务才能成为美谈，经济效益才能得以实现。不能圆满履约，甚至严重违约，势必引起纠纷，影响品牌，长此以往，必然在行业中丢失竞争地位。

建筑装饰企业想要做好履约，就必须在认识上形成统一、在制度上建立保障，在行为上坚决贯彻，真正建立形成以履约为中心的企业运营和项目管控机制。

企业管理层作为组织的领导核心和价值中枢，要时刻将顾客需求铭记于心，将履约意识深植于脑，时刻秉持高效履约的紧迫感和责任感，用实际行动带头塑造履约形象，带领企业员工全员参与履约。企业要加大对契约精神、履约文化的思想宣传和舆论引导，树立履约典范，完善奖罚机制，培育“全员履约”的企业文化。利用文化的软实力去引导、提高员工对履约的思想认识，调动、激发员工履约的积极性、主动性和创造性。

制度规范是企业正常运行、平稳履约的基础。企业要加强对法律法规、标准规范的识别、了解和学习，全面掌握经营管理活动相关的法律法规、技术规范，使企业履约有章可循、有规可依。持续不断企业完善制度体系，制订企业管理标准，将法律法规、技术规范相关要求以及企业管理活动以制度、流程的方式形成标准化管理，并不断动态更新完善。认真研究行业技术标准，制订更加严格规范的企业技术标准，作为履约的检验依据，力争超越顾客期望。遵照 PDCA 循环原理，对企业规章制度、标准规范进行监控、检查、调整，从而不断地发现问题、解决问题、总结经验，形成自我调节、自我强化的管控机制，不断提高企业治理能力。

项目履约要抓好企业和项目经理部两个层面的工作。企业层面要运用系统的观点、理论和技术，通过策划、组织、监督、控制、协调等手段，抓好项目投标签约、施工准备、施工阶段、竣工验收、质量保修与售后服务等各阶段的全过程管理工作，对项目履约人力资源、技术、资金、材料、设备等生产要素进行合理配置，提高履约效率。项目经理部作为企业履约的单元组织，是工程履约的实施者，也是履约过程与顾客的直接对接者。项目经理部要建立以项目经理责任制为核心的责任考核体系，明确履约目标及奖罚机制。项目前期要做好项目策划、计划及相关资源准备安排工作，履约过程中要做好项目进度、成本、资金、质量、安全、环境技术、物资、劳务等管理工作，履约后期要做好项目收尾、工程验收、资金回收、结算清欠等工作，确保工程项目履约目标全面实现。

贯彻落实“履约是大局”，企业还必须抓好管理基础工作，包括标准化工作、定额工作、计量工作、数据信息工作、建立以责任制为核心的规章制度等。这些管理基础工作贯穿企业从决策到现场作业的全部过程，是支撑企业全面履约的保障基础，是“固企之本、强企之道、盈利之源”。强化管理基础工作是一门硬功夫，没有捷径可走，需要企业潜心投入，从点点滴滴的“小事”做起。当前，企业加强管理基础首先要从强化基层建设、基础工作和基本功训练下手，以此为着力点层层抓载体、抓落实，形成工作上精益求精、成本上精打细算、指标上“斤斤计较”的良好风气。其次，要以国内外一流企业为标杆，从生产经营全方位、全过程中找差距、析原因、定措施、消缺陷。同时，要建立强化管理基础工作的长效机制，促进管理创新，使科学管理成为推动企业进步、创新的强大动力。

建筑装饰是创造美好、贡献服务的行业，项目是核心，履约是大局，研究建筑装饰项目管理，确实需要将履约作为内核和主线，由此抓住根本、统揽全局、破解难题，推进项目管理科学向更高层次发展。

张旭海
2020 年 9 月 16 日

参考文献

[1] 中国建筑装饰协会 .2018 年中国建筑装饰年鉴 .2019.

[2] 白思俊 . 现代项目管理 . 北京：机械工业出版社，2002.

[3] 刘颖 . 建筑企业管理教程与案例 . 北京：清华大学出版社，2015.

[4] 毛桂平，周任 . 建筑装饰工程施工项目管理 . 北京：电子工业出版社，2015.

[5] 建设工程项目管理规范 .GB/T 50326—2017. 北京：中国建筑工业出版社，2017.

[6] 建筑装饰工程质量验收规范 .GB50210—2001. 北京：中国建筑工业出版社，2001.

[7] 建筑施工安全检查标准 .JGJ59—2011. 北京：中国建筑工业出版社，2011.